Springer

Berlin
Heidelberg
New York
Barcelona
Budapest
Hongkong
London
Mailand
Paris
Santa Clara
Singapur
Tokio

Professor Dr.-Ing. Dr. h. c. Rolf D. Schraft
Dipl.-Ing. Gernot Schmierer
Fraunhofer-Institut für Produktionstechnik und Automatisierung
Nobelstr. 12
70569 Stuttgart

ISBN-13: 978-3-642-88177-0

Die deutsche Bibliothek – cip-Einheitsaufnahme

Schraft, Rolf Dieter: Serviceroboter: Produkte, Szenarien, Visionen/Rolf D. Schraft
Gernot Schmierer
Berlin; Heidelberg; New York; Barcelona; Budapest; Hongkong;
London; Mailand; Paris; Santa Clara; Singapur; Tokio: Springer, 1998
ISBN 978-3-642-88177-0   ISBN 978-3-642-88176-3 (eBook)
DOI 10.1007/978-3-642-88176-3

Gestaltung und Satz: reform design Stuttgart
Umschlaggestaltung: reform design Stuttgart
                      Tel. 07 11 48 95 61 4

spin: 10675637   62/3020 – 543210 – Gedruckt auf säurefreien Papier

Rolf Dieter Schraft

Gernot Schmierer

Serviceroboter

Produkte

Szenarien

Visionen

Industrieroboter bekommen Gesellschaft

Legt man die letzte Zählung von Industrierobotern zugrunde, die von der United Nations
Economic Commission für Europa vorgelegt
wurde, arbeiten bald eine Million Industrieroboter weltweit in der automatisierten Fertigung. An der Spitze steht die Automobilindustrie,
dort führen die meisten Industrieroboter
Schweißarbeiten, vor allem Punktschweißen, aus.

Was heute in der industriellen Produktion
schon selbstverständlich beim Einsatz von Industrierobotern ist, daß schwere, schmutzige
und immer wiederkehrende Arbeiten von automatisierten Anlagen und Systemen übernommen werden, wird möglicherweise in ein
paar Jahren auch im Dienstleistungsbereich
alltäglich werden. Gerade in dieser Branche gibt
es vor allem bei Reinigungsaufgaben Tätigkeiten, die auch aus Humanisierungsgesichtspunkten schon lange zu den Anwendungsüberlegungen von Automatisierungsspezialisten
gehören.

Technische Fortschritte auf den Gebieten der
Sensor-, Steuerungs- und Antriebstechnik
machen es möglich, daß intelligente Robotersysteme auch außerhalb der industriellen
Fertigung ihre Anwendung finden können.

Das überproportionale Wachstum des Dienstleistungsbereiches gegenüber anderen Branchen
macht es notwendig, auch in diesem Bereich
Überlegungen bezüglich Optimierung und Verbesserung der Arbeitsmethoden einzuleiten.
Fast alle Bereiche der steigenden Dienstleistungsindustrie beziehen heute schon moderne
Informations- und Kommunikationstechniken zur
wirtschaftlichen und kundenfreundlichen
Erledigung der Aufgaben ein und bauen diese
ständig aus.

Weitere Wirtschaftlichkeitsbetrachtungen
und Bestrebungen nach einer menschengerechten Gestaltung der Arbeitsbedingungen
auch im Dienstleistungsbereich zielen künftig
vermehrt auf eine teil- oder vollautomatische
Mechanisierung von Arbeitsabläufen ab.

Führende Roboterexperten prognostizieren,
daß die Zahl der Serviceroboter mittel- und langfristig die der Industrieroboter übertreffen
wird. Die Entwicklung läuft auf diesem Gebiet
mit einer großen Geschwindigkeit. Innovationen und vor allem Kreativität sind die Triebfedern, die diesem Prozeß die notwendige
Dynamik geben.

Die beiden Herausgeber des vorliegenden
Buches haben zusammen mit dem Fraunhofer
IPA die wichtige Aufgabe übernommen,
Transparenz in die aktuelle Entwicklung zu
bringen. Sie haben den hohen Anspruch
an ihre Arbeit gestellt, dies nicht nur für den
deutschen Forschungs- und Entwicklungsmarkt zu tun, sondern vielmehr den momentanen Stand weltweit darzustellen. Diese
Aufgabe wird weitergehen. Ich wünsche Ihnen
dazu viel Kraft und das notwendige Durchhaltevermögen.

Prof. Dr.-Ing. Dr. h.c. mult. Hans-Jürgen Warnecke,
Präsident der Fraunhofer-Gesellschaft

Innovationsimpulse im Dienstleistungssektor

Seit Beginn der 90er Jahre hat der Prozeß der Globalisierung in Deutschland deutlich an Dynamik gewonnen, was u.a. auf das Hinzukommen neuer Marktanbieter aus den Ländern des amerikanischen und asiatischen Raumes und nicht zuletzt des früheren Ostblocks zurückzuführen ist. Entscheidend mitgeprägt wird diese Entwicklung durch die heute zur Verfügung stehenden Informations- und Kommunikationstechnologien, die das einstige Problem räumlicher Entfernungen inzwischen fast zu einer Quantité négligeable machen.

Die Zurückerlangung alter Wettbewerbsstärke und damit eine nachhaltige Belebung der deutschen Wirtschaft ist vor diesem Hintergrund nur dann zu erreichen, wenn wir uns mit einem leistungsfähigen Angebot zu adäquaten Preisen diesen globalen Herausforderungen stellen.

Diverse Unternehmen haben die Zeichen der Zeit bereits erkannt, passen ihre Strukturen den neuen Rahmenbedingungen an und schaffen sich mit innovativen Produkten und Verfahren wieder kalkulatorische Spielräume in ihrem erweiterten Wettbewerbsumfeld.

Mit Blick auf die zunehmende Bedeutung des Outsourcings vor allem von Dienstleistungen wird es zur nachhaltigen Stärkung der eigenen Wettbewerbsposition jedoch sehr darauf ankommen, Innovationsimpulse nicht nur im Industriesektor zu setzen, sondern insbesondere auch auf den tertiären Bereich zu lenken. Ziel muß es sein, auf diese Weise mit einem attraktiven Preis/Leistungs-Verhältnis die Inanspruchnahme vorhandenen Serviceangebots zu erhöhen sowie neue Betätigungsfelder für Dienstleister zu erschließen. Dienstleistung muß in Deutschland wieder erschwinglich werden bzw. bleiben!

Gerade die Serviceroboter bieten günstige Voraussetzungen, diesem Anspruch gerecht zu werden. Dies haben die Autoren in dem vorliegenden Fachbuch an vielen Beispielen eindrucksvoll aufgezeigt. Modernste Technologie wird in diesem Zusammenhang für die „Dienstleistungsgesellschaft" von morgen aussichtsreiche Entwicklungsperspektiven auf zum Teil völlig neuen Anwendungsgebieten eröffnen.

Hier ergeben sich nicht nur für bestehende, sondern besonders auch für junge Unternehmen sowie Spin-offs hervorragende Chancen, mit innovativen Konzepten an diesem Prozeß zu partizipieren. Ihnen kommt neben Kreativität und dem Gespür für Neuerungen vor allem zu gute, daß sie frei von den – nicht selten – schwerfälligen Entscheidungsstrukturen der größeren Betriebe sind und entsprechend flexibel, schnell, unbürokratisch und marktnah agieren können. Aus unserer Erfahrung sind dabei die Unternehmen am aussichtsreichsten, die im Wege von strategischen Allianzen ihre Konzepte umsetzen und insofern ihre unternehmerische Performance durch professionelles Coaching optimieren. Auf der Basis derartiger Partnerschaften (z.B. mit „Venture capital"-Gesellschaften oder etablierten Unternehmen) begleitet die IKB Deutsche Industriebank AG innovative Projekte mit Eigen- und Fremdkapital und leistet damit ihren Beitrag, neue Technologien zur dringend erforderlichen Produktivitätssteigerung im deutschen Industrie- und Dienstleistungssektor zu verankern.

Georg-Jesko v. Puttkamer,
Mitglied des Vorstandes,
IKB Deutsche Industriebank AG

Die Evolution vom Industrieroboter zum Personal Robot

Der endgültige Durchbruch gelang dem Roboter in der industriellen Produktion in den achtziger Jahren. In den neunziger Jahren setzt sich dieser Aufwärtstrend bei Industrierobotern fort. Für den Jahrtausendwechsel prognostizieren Statistiker, daß die Anzahl installierter Einheiten weltweit die magische Millionengrenze überschreiten wird.

Trotzdem orientieren sich jetzt schon namhafte Roboterhersteller um: Wegen der voraussehbaren Sättigung des Marktes investieren sie in den Dienstleistungsbereich als künftigem Anwendungsfeld mit einem enormen Wachstumspotential. Innovative Entwicklungen auf dem Gebiet der Sensor-, Steuerungs- und Antriebstechnik erschließen eine Reihe von neuen Einsatzmöglichkeiten für Robotersysteme außerhalb der industriellen Fertigung. In der Evolution vom Industrieroboter zum Personal Robot stellen diese sogenannten Serviceroboter eine Zwischenstufe dar. Sie sind mobil, manipulieren Dinge, treten mit dem Menschen in Interaktion oder übernehmen selbständig Aufgaben, die den Menschen entlasten. Ihre teil- oder vollautomatischen Tätigkeiten dienen nicht der industriellen Erzeugung von Sachgütern, sondern der Verrichtung von Leistungen an Menschen und Einrichtungen: Sie führen Dienstleistungen durch.

Das überproportionale Wachstum des Dienstleistungsbereichs gegenüber dem primären und sekundären Sektor ist ein weithin akzeptierter Befund. Zuwächse des Dienstleistungsbereichs werden als Wegmarken des Fortschritts gesehen, das Spektrum und die Verfügbarkeit von Dienstleistungen als wichtiges Maß der Lebensqualität gewertet.

Der künftige Einsatz der Serviceroboter bietet die Chance, Aufgaben im Dienstleistungsbereich

- im Gesamtergebnis wirtschaftlich,
- jederzeit verfügbar,
- flexibel und individuell,
- qualitativ hochwertig sowie
- ökologisch und sozial verträglich

auszuführen. In zahlreichen Dienstleistungsbereichen werden Anstrengungen unternommen, Serviceroboter zu entwickeln bzw. sie in größerem Maßstab einzusetzen. Serviceroboter werden, anders als im Bereich konventioneller Industrieroboter, individuell nach Art, Umfeld und Ablauf der Aufgabe angepaßt sein, wenn auch wesentliche Teilsysteme wie z. B. mobile Plattformen, Antriebs- und Steuerungstechnik, Sensoren und Bediensysteme, modular aufgebaut und auf andere Einsatzfälle übertragbar sein können.

Das vorliegende Buch erhebt keinen Anspruch auf Vollständigkeit, sondern versucht einen repräsentativen Überblick über den weltweiten Stand der Entwicklungen auf dem Gebiet der Serviceroboter zu geben. Zur Zeit laufen in vielen Ländern unterschiedliche Forschungs- und Entwicklungsaktivitäten mit sehr großer Spannbreite. Dabei finden sich staatlich finanzierte Großforschungsprojekte ebenso wie Erfindungen von begeisterten Ingenieuren, und alle sehen in dem wachsenden Markt eine Chance, ihr Produkt wirtschaftlich zu plazieren.

icht nur auf dem Gebiet der visuellen und
rafischen Darstellung sind wir mit dem Buch
eue Wege gegangen. Auch im Marketing
chlagen wir eine zukunftsweisende Richtung ein
nd haben dank Herrn Hubert Grosser in der
KB Deutsche Industriebank AG in Düsseldorf
inen Partner gefunden, der sich schon in
er Vergangenheit für innovative Strategien
nd Visionen engagierte.

anken möchten wir auch den Mitarbeitern
es Fraunhofer IPA, die durch ihre fachlichen Bei-
äge und kritischen Diskussionen zum Ge-
ngen dieses Buches maßgeblich beigetragen
aben. Besonders erwähnt seien Frau Andrea
iller sowie die Herren Baum, Cottone, Dahl-
emper, Erhardt, Gehringer, Hägele, Horne-
ann, Meißner, Müller, Ritter, Rust und Herr
ndreas Wolf, der uns außerdem zur neuen gra-
schen Gestaltung ermutigte.

ür ihr außerordentliches Engagement bei der
atenrecherche möchten wir Frau Melissa
elein danken. Die fachjournalistische Unter-
tützung von Herrn Roland Dreyer erleichterte
ns die Arbeit ungemein. Die Herren Kellner,
otulla und Kull gestalteten das grafische
ayout mit großem persönlichen Einsatz und
aben verstanden, dem innovativen Gehalt des
achbuchs die adäquate visuelle Form zu
eben.

olf Dieter Schraft, Gernot Schmierer
tuttgart, im April 1998

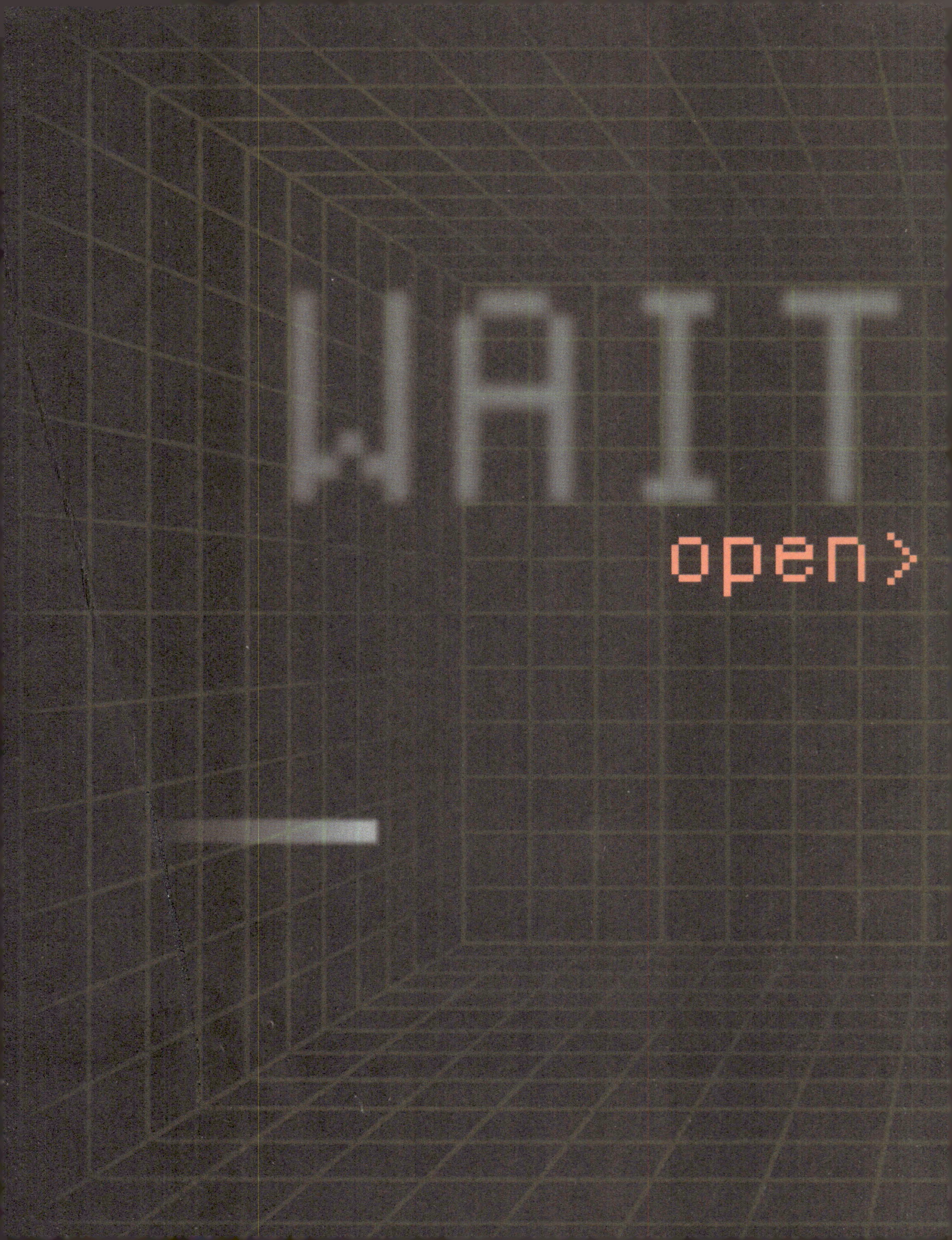

WAIT
open>

Inhaltsverzeichnis

<RETURN>

Serviceroboter sind Leitprodukte der Zukunft

Serviceroboter betanken Fahrzeuge, sanieren Kernkraftwerke, versorgen ältere Menschen, überwachen Museen, erforschen den Mars oder reinigen Flugzeuge. Was also ist ein Serviceroboter?

Verschiedenste Institutionen und Vereinigungen bemühen sich derzeit um eine greifbare Definition. Die International Federation of Robotics IFR erarbeitete 1997 einen Vorschlag:

„A Service Robot is a robot which operates partially or fully autonomously to perform services useful to the well-being ... of humans and equipment. They are mobile or manipulative or a combination of both."

Diese Aussage lehnt sich an die 1994 vom Fraunhofer-Institut für Produktionstechnik und-Automatisierung (IPA) vorgestellte Definition an:

„Ein Serviceroboter ist eine frei programmierbare Bewegungseinrichtung, die teil- oder vollautomatisch Dienstleistungen verrichtet. Dienstleistungen sind dabei Tätigkeiten, die nicht der direkten industriellen Erzeugung von Sachgütern, sondern der Verrichtung von Leistungen für Menschen und Einrichtungen dienen."

Beide Definitionen sind sicher noch nicht endgültig. Klar ist aber: die Einsatzgebiete der Serviceroboter lassen sich nicht so einfach eingrenzen wie bei jener Robotergattung, aus der sie hervorgegangen sind: den Industrierobotern.

Roboterhersteller suchen neue Märkte

Seit Industrieroboter Ende der sechziger Jahre erstmals in der Fabrik eingesetzt wurden, wuchs die Anzahl installierter Einheiten bis 1996 auf rund 860 000. Da jedoch viele der Industrieroboter der ersten Generation inzwischen verschrottet worden sind, gehen die Europäische Wirtschaftskommission der Vereinten Nationen UN/ECE und die IFR davon aus, daß 1996 etwa 680 000 Industrieroboter weltweit ihren Dienst verrichteten: das sind sechs Prozent mehr als 1995.

Mit 400 000 Systemen stehen mehr als die Hälfte dieser Roboter in Japan. Deutschland liegt mit 60 000 Industrierobotern weltweit hinter den USA auf dem dritten Platz. Die Studie von UNECE und IFR erwartet, daß im Jahr 2000 weltweit bis zu 950 000 Industrieroboter eingesetzt werden.

Die prozentual größten Steigerungen gäbe es nach dieser Schätzung in den Ländern Asiens (außer Japan). Der deutsche Markt verhält sich im Moment noch relativ stabil. Dennoch suchen namhafte Roboterhersteller bereits heute nach neuen Märkten, die auch in Zukunft hohe Umsätze garantieren sollen. Ihr Augenmerk richtet sich immer mehr auf den Dienstleistungs- und Servicesektor, der auch in Zukunft ein enormes Wachstumspotential besitzen wird.

Dienstleistungen und Service bieten attraktive Roboterszenarien

Ein Serviceroboter in jedem Haushalt? Ein Serviceroboter als Bestandteil des Warenkorbes 2015? Serviceroboter als Massenprodukt des 21. Jahrhunderts? Diese Fragen beschäftigen weltweit die Ingenieure, die ihre Arbeiten diesem reizvollen Automatisierungsbereich gewidmet haben.

Die eingangs aufgezählten Beispiele zeigen, daß es nahezu unmöglich ist, globale Potentialschätzungen für den Einsatz von Servicerobotern zu geben. Statistiken, wie sie bei Industrierobotern existieren, wurden aufgrund der vergleichsweise hohen Variantenvielfalt und der derzeit noch geringen Stückzahlen installierter Serviceroboter nur ganz vereinzelt erstellt.

Sieht man den Serviceroboter als Zwischenstufe in der Evolution vom Industrieroboter zum Personal Robot, dann hat dieses Produkt in der Tat alle Voraussetzungen, um zu einem Leitprodukt der nächsten fünfzig Jahre zu avancieren.

Wie einstmals die Dampfmaschine, die Eisenbahnen, die Elektrotechnik, das Automobil, das Erdöl, die Kunststoffe und schließlich das Fernsehen könnte sich der Serviceroboter im Sog der Informations- und Kommunikationstechnologien als Massenprodukt zu Beginn des 21. Jahrhunderts etablieren.

Ein Buch für die Praxis

Dieses Buch will den Erfinder oder Entwickler eines Serviceroboters von der Idee bis zum Konzept begleiten. Und es will Entscheider zu innovativen Entwicklungen von Servicerobotern ermutigen, in dem es dann beispielhaft bereits realisierte Lösungen, ausgereifte Produkte und Demonstratoren der angewandten Forschung vorstellt. Am Ende werden beispielhaft Visionen vorgestellt, die im Umfeld der Autoren diskutiert werden und vielleicht bald zum Demonstrator reifen können.

Von der Idee zum Produkt

Fusion von Software und Mechanik

Serviceroboter entstehen aus einer Synthese von Mechanik, Steuerungstechnik und Software. Ihre Entwicklung ist ein komplexer und sensibler Prozeß: seine Phasen von der Idee bis zum Produkt stellen wir hier in ihrem systematischem Ablauf vor.

Dazu stützen wir uns auf Methoden, die bereits erfolgreich bei der Entwicklung von Servicerobotern eingesetzt und dabei verfeinert wurden. Entscheidend ist hier die enge Verflechtung von technischen und betriebswirtschaftlichen Aspekten bereits in der Planung: von einem Entwickler erwartet man heute gleichermaßen Wirtschaftlichkeitsdenken und technische Kompetenz.

Idee

- Visualisieren
- Beschreiben
- Analyse (technisch-wirtschaftlich)
- Anforderungen
- Qualitätsmerkmale

Produktdefinition

- Funktionale Analyse
- Funktionale Strukturierung
- Lösungssuche und Bewertung
- Konzeptfindung

Konzept

- Teilsysteme und Teile
- Entwurf
- Funktionsmuster/Prototypen
- Simulationen
- Test und Optimierung
- Ausarbeitung
- Herstellung

Produkt

Ökonomische und technische Bewertungen gehen Hand in Hand

Der Weg führt von der Idee über die Produktdefinition, das Konzept und den Entwurf zum Produkt. Jedes Etappenziel erreicht man prinzipiell über die gleichen Elementarschritte

- Informationsbeschaffung
- Lösungssuche
- Analyse
- Bewertung
- Auswahl

Der Entwickler hat bei diesem systematischen Ablauf stets eine transparente Entscheidungsgrundlage für Fortsetzung oder Abbruch des Projekts.

I.) Von der Idee zur Produktdefinition

Am Anfang der Entwicklung steht die Idee eines Serviceroboters, die sich entweder auf seine Funktion oder auf den Geräteaufbau bezieht. Diese Idee muß zunächst dargestellt werden: man beschreibt dazu die Kernaufgaben, das Einsatzumfeld und das Systemnutzenprofil.

Im ersten Schritt der Ideenbeschreibung legen wir die Kernaufgabe des Serviceroboters (z.B. "Boden reinigen") fest. Dann definieren wir das Einsatzumfeld: dazu gehören die Einsatzorte und die drei Kategorien Betreiber, Benutzer und Benutzer des Serviceroboters. Diese drei Gruppen können von unterschiedlichen oder identischen Personenkreisen gebildet werden.

Systemnutzenprofil bewertet Vorteile

Das Systemnutzenprofil ermöglicht eine Einstufung und Bewertung der angestrebten Vorteile durch den Einsatz eines Serviceroboters. Das Profil ist strukturiert in finanzielle, qualitative, sozialethische und imagebezogene Aspekte. Das Profil ermöglicht eine Gegenüberstellung der Vorteile zu vergleichbaren bestehenden Dienstleistungen.

Soll etwa ein Kostenvorteil durch den Serviceroboter erreicht werden, empfiehlt sich ein
abschätzender Kostenvergleich auf der Basis des
Marktpotentials und der Verrichtungszeit.

Visualisieren hilft kommunizieren

Wenn eine Idee Wirklichkeit werden soll, muß
man sie sich in allen Details bildhaft vorstellen
und vergegenwärtigen. Zur Visualisierung einer
Idee bieten sich neben unbewegten Bildern
und Skizzen vor allem Animationen auf Compu-
terbasis an. Der Aufwand zur Erstellung sollte
in dieser noch weitgehend unsicheren Entwicklungsstufe möglichst gering gehalten werden.
Es gibt verschiedene, zum Teil sehr kostengünstige
und einfach zu bedienende Softwaretools,
mit denen sich bereits sehr realistisch wirkende
Animationen erzeugen lassen.

Ein Nutzen der Visualisierung liegt in der einfacheren und besseren Kommunikation der Idee.
Die Visualisierung vermittelt, welche Funktion mit
welchem Grundtyp eines Systems wie erfüllt
werden soll. Als Nebennutzen erhalten die Entwickler oft bereits während des Erstellens der
Visualisierung ein Gefühl für die kritischen Teilsysteme und Funktionen.

Technisch-wirtschaftliche Analyse
und Bewertung

Die technische Analyse soll die prinzipielle technische Machbarkeit nachweisen. Auf der
Basis der Ideenbeschreibung werden die kritischen
Teilsysteme und Funktionen identifiziert und
technische Lösungsansätze für deren Realisierung
unter Berücksichtigung der verursachenden
Kosten gesucht.

Für jedes kritische Teilsystem muß dabei zu-
mindest ein unter technischen und finanziellen
Gesichtspunkten realisierbarer Lösungsansatz
gefunden werden. Dies ist schlechterdings die
Voraussetzung, um die Entwicklung weiter-

zuverfolgen. Dann müssen die Entwicklungs-
und Herstellkosten für die Servicesysteme abge-
schätzt werden.

In der wirtschaftlichen Analyse wird auf Grund
statistischer Daten das größtmögliche Marktpotential für die zu erbringende Dienstleistung
ermittelt. Aus diesem Wert wird das Marktpotential für das Servicesystem abgeleitet: man
schätzt, wie viele Servicesysteme zur Verrichtung der im Marktpotential definierten Anzahl an
Dienstleistungen erforderlich sind. Dieses
Marktpotential für die Servicesysteme wird wie-
derum auf Zielmärkte und Zielkunden aufgeteilt. Berücksichtigt man dann noch Faktoren wie
beispielsweise die angestrebte Marktpene-
tration (in Abhängigkeit des Stückpreises), erhält man das bewertete Marktpotential.

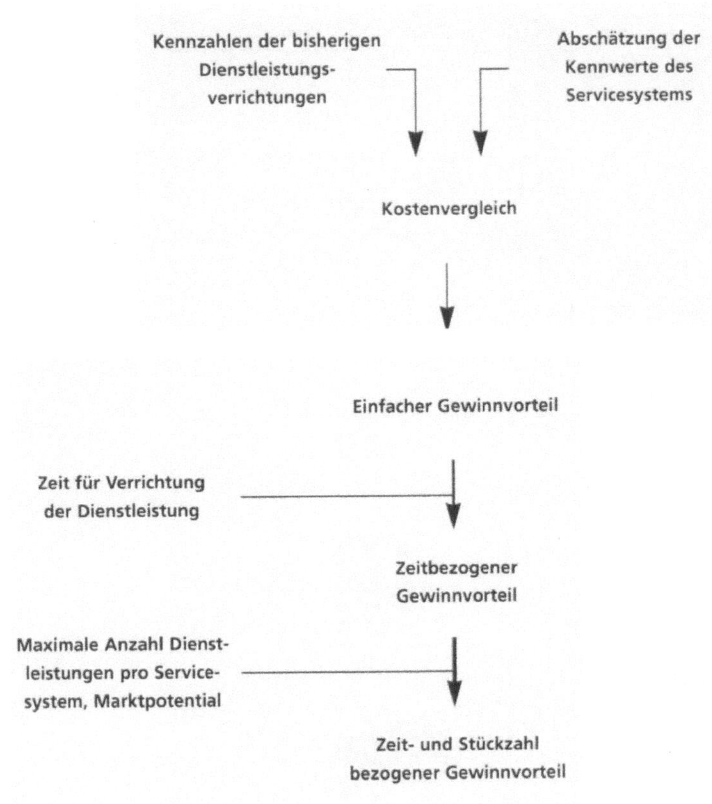

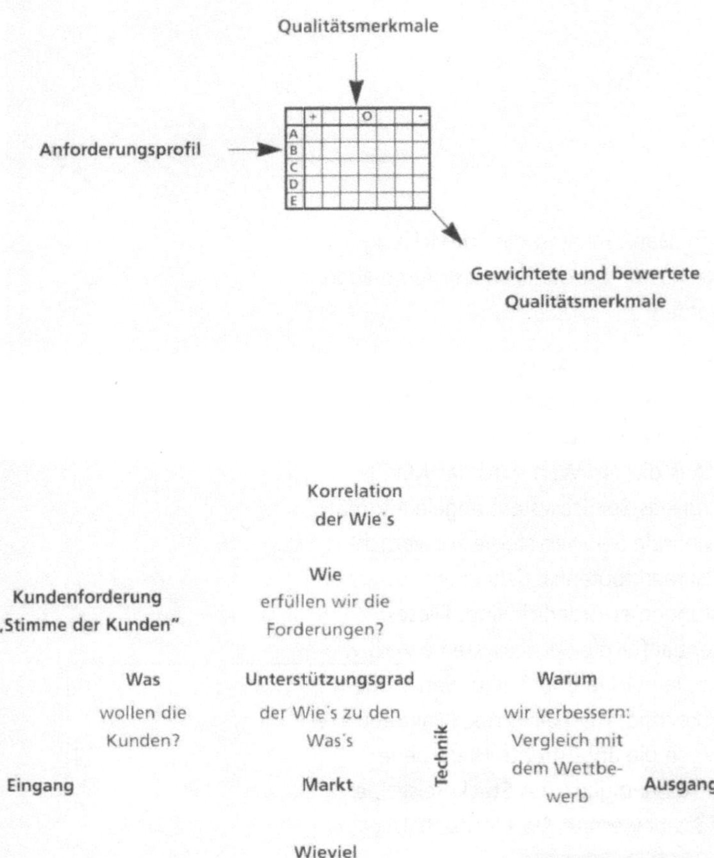

Das House of Quality (HoQ)
dient der gut nachvollziehbarenDoku-
mentation der Denk- und Planungs-
ergebnisse. Seine „Zimmer" entsprechen
zehn Schritten, die der Reihe nach
durchlaufen werden müssen. Begonnen
wird im Eingang mit den Kundenin-
formationen der Marketingabteilung,
die dann im zweiten Schritt in die
Sprache des Unternehmens umgesetzt
werden.

Quality Function Deployment (QFD)
ist ein Verfahren zur Planung und
Entwicklung von Qualitätsfunktionen
entsprechend den vom Kunden ge-
forderten Qualitätseigenschaften in
jeder Phase von der Forschung über
die Produktentwicklung und Fertigung
bis zu Marketing und Verkauf.

II.) Von der Produktdefinition zum Konzept

Das Anforderungsprofil listet die strukturierten und gewichteten Anforderungen an das Servicesystem auf. Dabei sind neben den Anforderungen von Betreibern, Benutzern und Bedienern auch die Anspüche des entwicklenden Unternehmens aufgeführt. Das Anforderungsprofil kann an existierenden Produkten gespiegelt werden, um deren bisherigen Erfüllungsgrad aufzuzeigen.

Die Qualitätsmerkmale werden in einer Liste zusammengefaßt, die alle technischen Merkmale zur Bewertung des Servicesystems umfaßt. Dazu zählen Daten wie die geometrischen Größen, Gewichte, Kräfte, Geschwindigkeiten, Genauigkeiten, aber auch Angaben über Oberflächenbeschaffenheiten und Dichtigkeiten. Für die einzelnen Qualitätsmerkmale werden Optimierungsrichtungen und Zielwerte definiert.

Qualität ist oberstes Gebot

Werden die Anforderungen und Qualitätsmerkmale im Sinne eines House of Quality (HoQ) der Methode Quality Function Deployment (QFD) gegenübergestellt, so läßt sich aus den einzelnen Abhängigkeiten eine Gewichtung der Qualitätsmerkmale anhand der Anforderungen erzielen. Die gewichteten Qualitätsmerkmale stellen das Bewertungskonstrukt für den weiteren Entwicklungsprozeß dar. Alle Funktionen, Teilsysteme und Teile müssen für eine optimale Erfüllung der Qualitätsmerkmale entwickelt werden.

Mit den gewichteten Qualitätsmerkmalen ist die Produktdefinition vollständig, die nun eine Ideenbeschreibung und -visualisierung, eine technisch-wirtschaftliche Analyse und ein Anforderungs- und Qualitätsprofil enthält.

Qualität	Funktion	Verteilung
Merkmale	Mechanisierung	Diffusion
Attribute	Tätigkeit	Entwicklung
Gütekennung		Evolution

Funktionale Analyse und Strukturierung

Eine funktionale Betrachtung von Service-systemen hat das Ziel, funktionale Lösungen für die Verrichtung der Dienstleistung zu erarbeiten, ohne dafür direkt Bauteile oder Softwaremodule als Lösungsteil zu verwenden. Damit ist eine Betrachtung des Systems möglich, die eine harmonische Verzahnung von Software, Steuerung und Mechanik impliziert.

Die funktionale Analyse beginnt meistens bei der Kern- oder Hauptfunktion des Systems. Die Funktionen werden immer weiter detailliert und in Unterfunktionen aufgebrochen, bis eine ausreichend genaue Beschreibung des Gesamtprozesses vorliegt. Die Beschreibung einer Funktion erfolgt im allgemeinen durch ein Verb und ein Substantiv.

Die Funktionen und ihre Unterfunktionen müssen anschließend in eine Struktur gebracht werden, aus der ihre Zusammenhänge deutlich werden. Zur Darstellung der Funktionenstruktur sind verschiedene Techniken verfügbar, die zumeist baum- oder klassenartige Konstrukte zum Ergebnis haben. Die Auswahl der anzuwendenden Technik hängt in erster Linie von der Komplexität des Servicesystems und der Gewichtung von Software zu Mechanik ab. Die Strukturierung der Funktionen sollte zugleich eine Reorganisation der Funktionen zum Ziel haben. Dabei wird die Struktur fortlaufend während ihrer Erstellung auf Optimierungsmöglichkeiten durch Zusammenfassen oder Substituieren überprüft.

Die fertige Funktionenstruktur kann anschließend wieder in eine strukturierte Liste überführt werden. Diese Funktionenliste wird entsprechend dem Vorgehen bei der Methode Quality Function Deployment in einer Matrix zu den gewichteten Qualitätsmerkmalen in Bezug gesetzt.

Aus den Abhängigkeiten läßt sich eine Gewichtung der einzelnen Funktionen ermitteln. Darüber hinaus wird ermittelt, welche Funktionen für die Erfüllung welcher Qualitätsmerkmale verantwortlich sind.

Die Funktionen werden abschließend durch Prozeßwerte ergänzend beschrieben, die die Leistungswerte der Funktionen beinhalten. Sie lassen sich teilweise aus der Gegenüberstellung mit den Qualitätsmerkmalen ableiten.

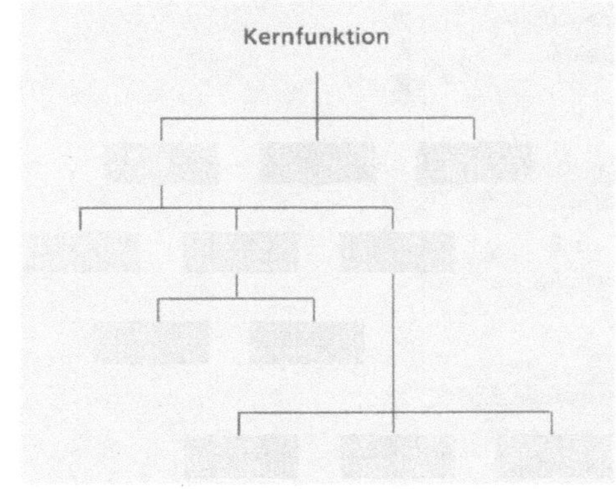

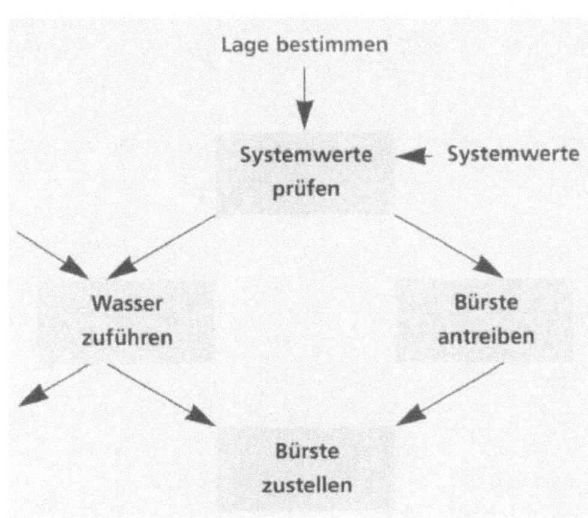

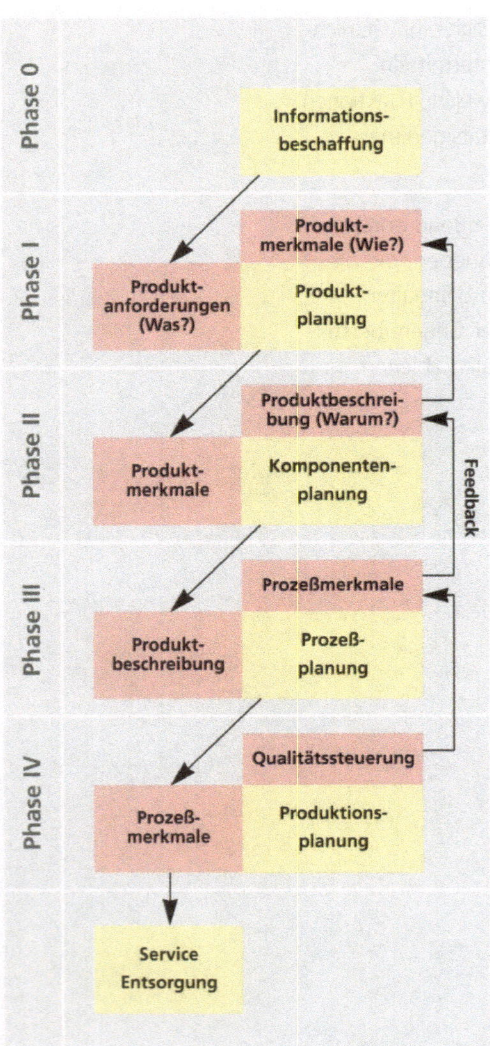

Die 6-3-5-Methode ist eine teambasierte Brainstorming-Strategie, mit der optimale Problemlösungen gewonnen werden können.

Konzeptfindung und Bewertung

Basierend auf der funktionalen Struktur werden für die einzelnen Funktionen alternative technische Lösungen zu deren Erfüllung erarbeitet. Die Generierung von Lösungsvorschlägen kann durch Methoden wie beispielsweise die 6-3-5-Methode unterstützt werden. Die Lösungsvorschläge werden gesammelt und hinsichtlich der technischen Machbarkeit vorbewertet. Die ausgewählten Vorschläge werden zu Konzepten weiter konkretisiert.

Die alternativen Konzepte werden gegenübergestellt und entsprechend der Quality Function Methode in Matrizen hinsichtlich der Erfüllung bezüglich Funktion und Qualitätsmerkmalen bewertet. Ergebnis ist eine Auswahl an einzelnen Konzepten, die zu einem Gesamtkonzept vereint werden müssen.

III.) Vom Konzept zum Produkt

Ausgehend von den einzelnen Konzepten wird ein Gesamtkonzept geschaffen, das zugleich das Servicesystem in seinem Aufbau (Teilsysteme, Teile) charakterisiert. Nun müssen die Funktionen den Teilsystemen und Teilen zugeordnet werden. Dazu stellt man die Liste der Teilsysteme der Liste der Funktionen gegenüber und stellt die Abhängigkeiten in einer Matrix dar. Eine weitere Gegenüberstellung ermöglicht es, die Qualitätsmerkmale den Teilsystemen zuzuordnen. Daraus können Qualitätsmerkmale für die einzelnen Teilsysteme und Teile abgeleitet werden.

Simulationen und Praxistests
decken Fehler auf

Für die Gestaltung der Teilsysteme werden
analog wie bei den Funktionen Konzepte ausgearbeitet. Simulationsprogramme ermöglichen
eine funktionale und gestalterische Bewertung
der einzelnen Konzepte. Sie werden konkretisiert und in einen Entwurf überführt, der
anschließend zu technischen Zeichnungen
und Softwaredesign ausgearbeitet wird. Zur
Überprüfung der einzelnen Funktionen und
der Gesamtfunktion können Funktionsmuster
und Prototypen erstellt werden, die reale
Tests durchlaufen müssen.

Eine ausreichende Praxiserprobung unter
Real-World-Bedingungen ist insbesondere bei
solchen Systemen unverzichtbar, die direkt
mit Personen interagieren. Menschen zeigen
eine nicht abschätzbare Bandbreite an ra-
tionalen und irrationalen Reaktionen. Der weit
verbreiteten Angst vor dem "ausrastenden
Roboter" sollte nicht durch unzulängliche Funk-
tionserprobung und sich daraus im Regel-
betrieb ergebenden Fehlfunktionen Vorschub
geleistet werden. Die Sicherheit von Menschen
in der Umgebung eines Serviceroboters muß in
absolut jeder Situation gewährleistet sein.

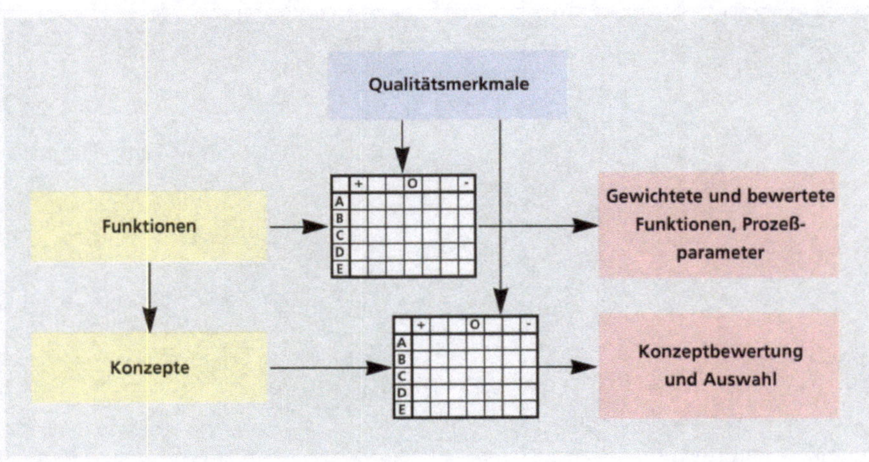

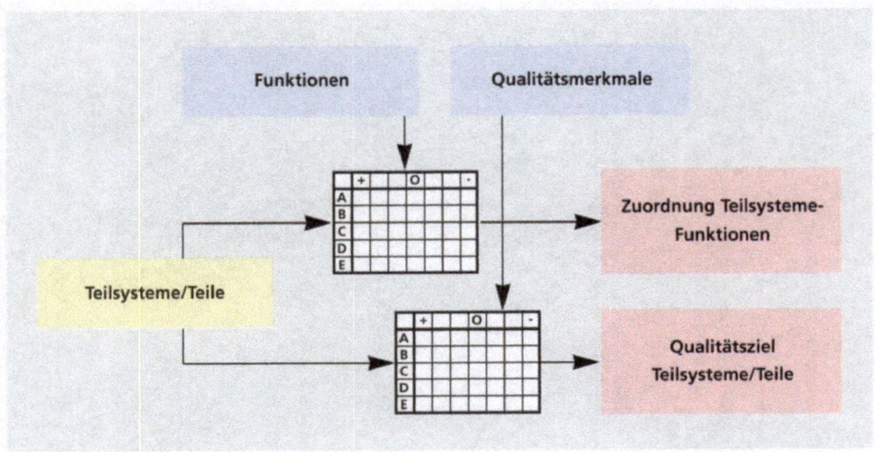

Basisfunktionen eines Serviceroboters

Orientierung in Bewegung

Drei Fragen sind für jeden frei fahrenden
mobilen Roboter entscheidend:

- Wo bin ich gerade?
- Wo will ich hin?
- Wie komme ich dahin?

Die Antwort darauf findet er stets mit den
selben Basisfunktionen, unabhängig von der
Anwendung und der Einsatzumgebung.

Ein Serviceroboter arbeitet in der Regel in einer
Umgebung, die ihm zuvor nicht bekannt ist
und die sich verändern kann. Die Umgebungserfassung liefert die notwendigen Informationen
über die Einsatzumgebung mit Hilfe künstlicher
Sinnesorgane, den Sensoren. Auf der Basis
dieser Informationen berechnet der Serviceroboter ein internes Bild seiner Umgebung:
das Umweltmodell.

Dieses Umweltmodell bildet die Grundlage
für die Lagebestimmung des Roboters, also seiner
Position und seiner Orientierung. Die zugehörige Ortungsfunktion beantwortet die Frage
„Wo bin ich?" und nutzt dabei beispielsweise
markante Punkte der Umgebung.

Die Frage „Wo will ich hin?" wird von den aus-
zuführenden Aufgaben des Serviceroboters
bestimmt. Ein Transportauftrag ist durch einen
Start- und Zielpunkt definiert. Bei einem Reinigungsroboter dagegen wird kein definierter
Zielpunkt vorgegeben, sondern die zu reinigende Fläche.

Eine globale Bewegungsplanung und eine
lokale Bewegungsführung sind erforderlich, um
das Ziel zu erreichen. Die Bewegungsplanung
gewährleistet die zeitoptimale Ausführung der
Aufgaben. Dazu erzeugt sie auf der Grundlage
des Umweltmodells Wegepunkte, die die Bewegungsbahn des Serviceroboters beschreiben.

Die Bewegungsführung berechnet dann durch
Interpolation detailliert die Bahn des Roboters
zwischen diesen Wegepunkten. Falls Hindernisse
den Weg versperren, die ursprünglich nicht
im Umweltmodell enthalten waren, ermöglicht
sie Ausweichmanöver.

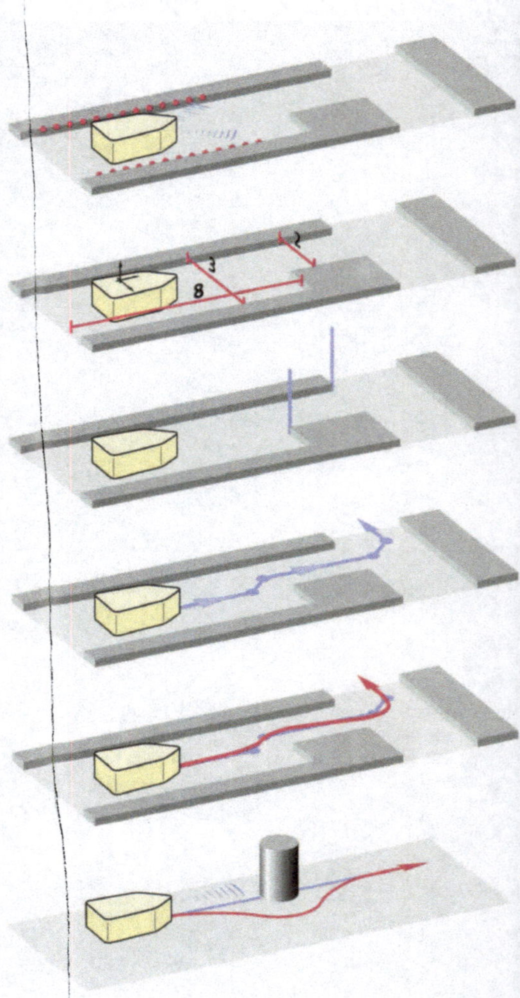

Von oben nach unten:
Umgebungserfassung; Umweltmo-
dellierung; Ortung; Bahnplanung;
Bewegungsführung; Hindernisvermeidung;

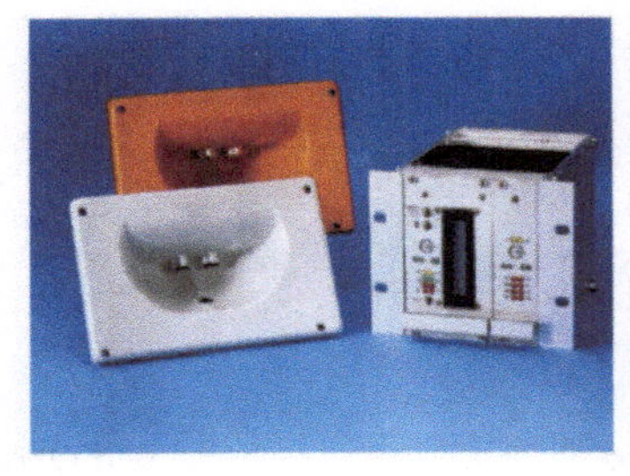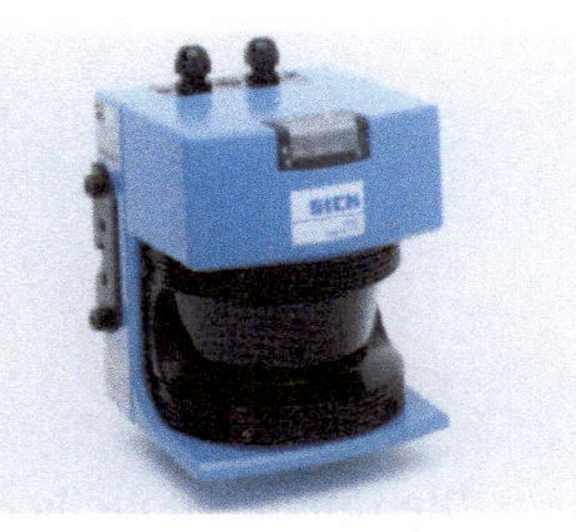

Ultraschallsensor mit sicherheitstechnischer Zulassung, Firma Elan Schaltelemente GmbH, Wettenberg (links); 2D-Laserscanner PLS, Firma Sick AG, Waldkirch (rechts)

Die Umgebungserfassung

Die Einsatzumgebung eines Serviceroboters läßt sich in der Regel nicht ebenso automatisierungsgerecht gestalten, wie dies im Produktionsbereich möglich ist. Ein Serviceroboter wird in einer unstrukturierten, häufig a priori unbekannten und sich verändernden Umgebung in Anwesenheit von sich bewegenden Personen eingesetzt.

Aufgrund der fehlenden räumlichen Trennung zwischen dem Arbeitsbereich des Serviceroboters und dem Aufenthaltsbereich von Personen und Gegenständen erwachsen besondere Anforderungen an die sensorische Erfassung der Umgebung. Die externe Sensorik stellt damit als Schnittstelle zwischen Roboter und Umgebung eine Basistechnologie für den Einsatz von Servicerobotern dar.

Den Ultraschallsensoren kommt dabei aufgrund der mit ihnen einfachen und kostengünstigen Bestimmung der Entfernung zu Objekten eine herausragende Bedeutung zu. Daneben werden auch Laserscanner und zunehmend Bildverarbeitungssysteme eingesetzt.

Durch Bewegung eines Ultraschallsensors oder durch spezielle Sensoren auf der Basis von Mehrfachanordnungen kann die Meßrichtung verändert werden. Diese sogenannten Ultraschallscanner liefern ein Bild der Umgebung vergleichbar einer Radarkarte. Für jeden Abstrahlwinkel ergibt sich ein Entfernungsmeßwert. Da sich die Messungen verschiedener Ultraschallsensoren gegenseitig beeinflussen, werden die Messungen häufig nacheinander ausgeführt. Die Laufzeit des Luftschalls begrenzt die Meßrate, so daß sie für schnellfahrende Roboter nicht mehr ausreicht.

Daher setzt man immer häufiger optische Laserscanner ein, die die Position eines Objektes mittels Laufzeitmessung eines Laserlichtimpulses auf Picosekunden (10^{-12} s) genau bestimmen. Der Laserstrahl wird dabei optisch abgelenkt, etwa über einen rotierenden Spiegel.

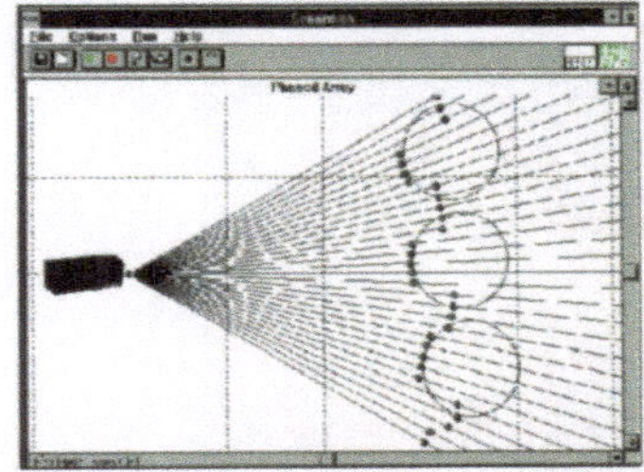

Ultraschall-Scan auf stehende Papierrollen

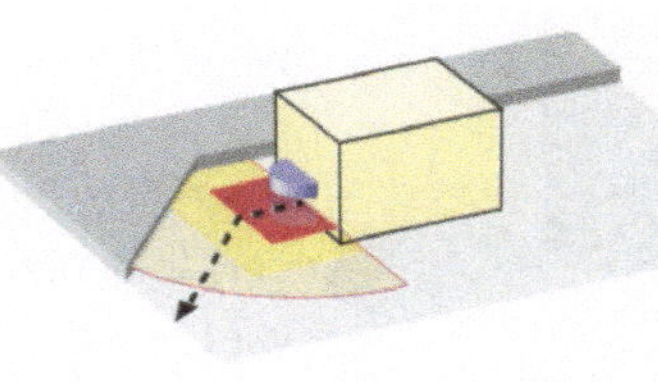

Raumerkennung mit optischem Sensor

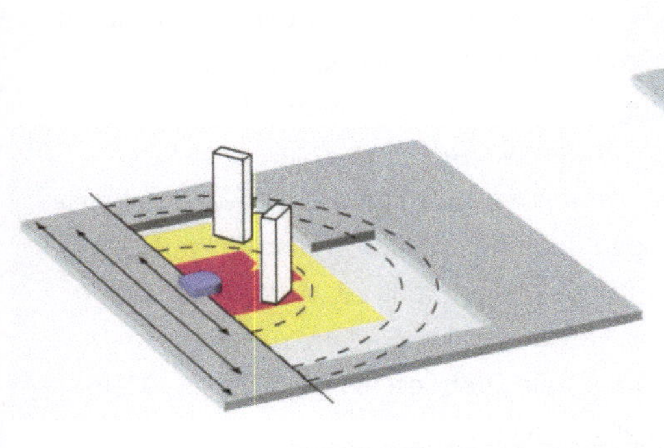

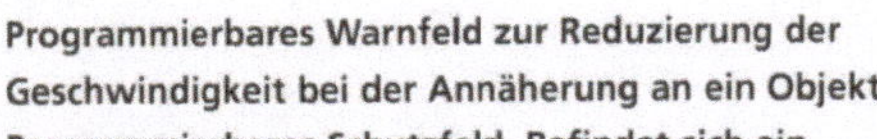

Die Umweltmodellierung

Für eine sicher kollisionsfreie und zielorientierte Fortbewegung benötigt ein Robotersystem Informationen über den aktuellen Zustand der Umgebung. Um Meßfehler zu eliminieren, werden die Meßdaten mehrerer, idealerweise sogar nach unterschiedlichen physikalischen Prinzipien arbeitenden Sensoren miteinander verrechnet und zu einem Umgebungsmodell zusammengefügt. Der sinnvollen Fusion dieser Multisensordaten widmen sich derzeit viele wissenschaftliche Arbeiten.

Um die Vielzahl von Umgebungsinformationen verarbeiten zu können, werden verschiedene Algorithmen zur Datenreduktion verwendet. Erste Verfahren basieren auf einem Rastermodell der Umgebung. Dabei wird jedem Rasterpunkt ein Wert zugeordnet, der angibt, ob sich an der zugehörigen Position ein Objekt befindet. Da ein Rastermodell einen hohen Speicherbedarf hat, wurden Verfahren entwickelt, um Bereiche rechentechnisch zusammenzufassen.

Durch eine iterative Aufteilung einer Fläche in jeweils vier Quadrate läßt sich der Rechenaufwand durch das sogenannte Quadtree-Modell reduzieren. Ferner werden häufig Kantenmodelle eingesetzt, bei denen lediglich die Berandung der Umgebung als Polygonzug aufgenommen wird.

Die Ortung

Sowohl für die Bahnplanung als auch für die Bewegungsführung ist die Kenntnis der aktuellen Roboterposition erforderlich. Eine zurückgelegte Wegstrecke wird, wie bei einem Kilometerzähler, über die Messung der Radumdrehung bestimmt. Da sich durch unterschiedliche Fehlereinflüsse wie Schlupf ständig kleine Fehler aufaddieren, nimmt die Genauigkeit dieser sogenannten Lagekopplung mit zunehmender zurückgelegter Wegstrecke ab. Deshalb sind in regelmäßigen Abständen Referenzmessungen („Stützmessungen") notwendig, durch die der schlupfbedingte Fehler kompensiert werden kann.

Die Orientierung läßt sich unabhängig von äußeren Referenzen mittels Kreisel- oder Drehraten-Sensorsystemen bestimmen. Diese Meßsysteme werden schon lange für Ortungs- und Stabilisierungsaufgaben in der See-, Luft- und Raumfahrt, sowie militärisch in Flugkörpern und Militärfahrzeugen eingesetzt.

Die ersten Kreisel beruhten auf dem physikalischen Prinzip der Drehimpulserhaltung. Eine schnell rotierende Masse ist kardanisch in einem Rahmen aufgehängt. Aufgrund der Drehimpulserhaltung behält der Körper seine Lage im Raum bei, so daß an den Kardanaufhängungspunkten die Verdrehung der Maschine abgegriffen werden kann. Analog existieren Bauformen mit nur einem oder zwei Freiheitsgraden. In anderen Bauformen wird aus dem Drehmoment, das zur Aufrechterhaltung einer konstanten Lage relativ zum Rahmen nötig ist, die Drehgeschwindigkeit des Meßsystems berechnet.

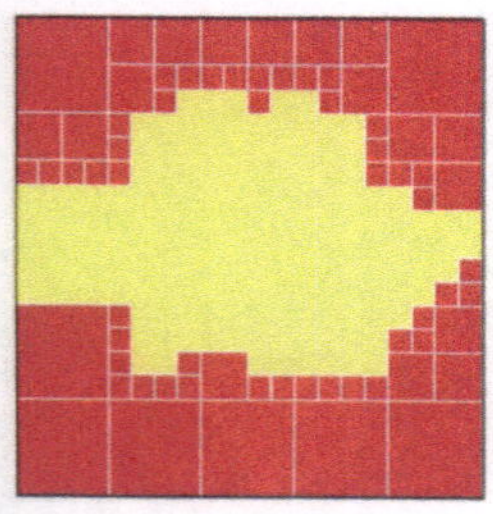

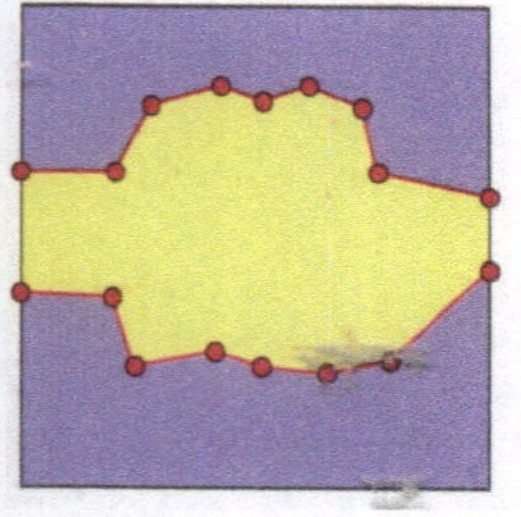

**1. Rastermodell.
Grundelemente: Quadrate
bzw. Würfel gleicher
Größe**

**2. Quad-/Octree-Modell.
Grundelemente: Quadrate
bzw. Würfel der Größe 2ⁿ**

**3. Vektormodell
Grundelemente: Linien
bzw. Polygone**

Neben diesen klassischen Kreiseln wurden neue
Bauformen wie die Solid State Gyros entwickelt, die schwingende Strukturen enthalten.
Angetrieben werden diese Strukturen über
elektrische Felder oder Piezokristalle. Eine Ro-
tation erzeugt an den Strukturen eine der
Drehrate proportionale Coriolis-Kraft, die in der
Struktur weitere Schwingungen erzeugt.
Die Phasenverschiebung zur anregenden Schwin-
gung wird gemessen und in das Ausgangssignal des Sensors umgewandelt. In aktuellen
Forschungsarbeiten werden die Strukturen
miniaturisiert und auf dem gleichen Chip zusammen mit der Auswertungselektronik integriert.

Die höchste Genauigkeit, die größte Robustheit
und den größten Meßbereich bieten Laser-
und Faserkreisel. Die optischen Kreisel nutzen den
Stagnac-Effekt, bei dem die Verschiebung
der Lichtwellenlänge beim Drehen eines ringför-
migen Strahlengangs ausgewertet wird. Das
Ausgangssignal ist der Drehrate proportional.

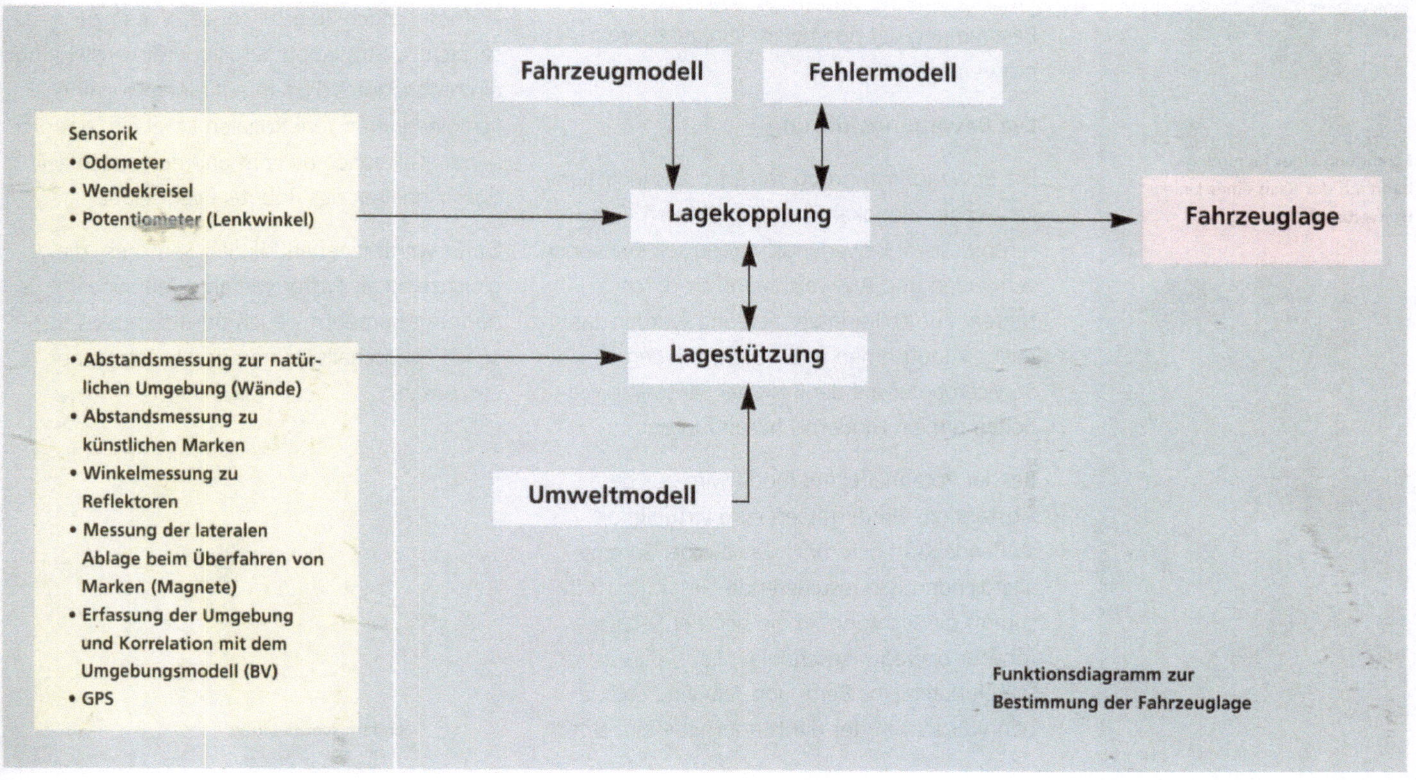

Funktionsdiagramm zur
Bestimmung der Fahrzeuglage

Die Bahnplanung

Die Bewegungsplanung legt zu Beginn einer Operation einen globalen Fahrkurs fest, beispielsweise in Form von Zwischenpositionen. Je nach Aufgabe des Serviceroboters werden dabei unterschiedliche Strategien eingesetzt.

Für Transportaufgaben werden die Zwischenpositionen auf der Grundlage des Umweltmodells so geplant, daß das Ziel zeitoptimal erreicht wird. Dabei hält das System stets einen ausreichenden Sicherheitsabstand zu Hindernissen ein. Bei der automatischen Bodenreinigung sind die Zwischenziele hingegen so zu plazieren, daß die gesamte zu reinigende Fläche abgedeckt wird. Da die ungereinigt übrig bleibende Fläche so gering wie möglich sein soll, muß der Serviceroboter auch sehr dicht an Raumbegrenzungen und Hindernissen entlang fahren können. In Abhängigkeit der jeweiligen Raumgeometrie sind dafür Algorithmen zur Bestimmung der optimalen Reinigungsbahn notwendig.

Die Bewegungsführung

Die Bewegungsführung sorgt für ausgeglichene Fahrwege und lokale Bahnkorrekturen. Eine sensorbasierte Bewegungsführung soll Kollisionen vermeiden und Ausweichmanöver durchführen. Zur Kollisionsvermeidung wurden zahlreiche Algorithmen entwickelt, die den Serviceroboter auf der Basis der Sensorinformationen um ein Hindernis herumführen.

Bei der Potentialfeldmethode wird aus dem Abstand zu Hindernissen eine virtuelle abstoßende Kraft berechnet. Die aus der Summe aller Hindernisse resultierende Gesamtkraft bestimmt die Richtung, in die sich der Serviceroboter bewegt. Anschaulich kann dieses Verfahren durch eine Berg- und Talbahn beschrieben werden, in der die Hindernisse einzelne Bergspitzen darstellen und der Zielpunkt in einem Tal liegt. Das Bewegungsverhalten des Serviceroboters entspricht dem einer Kugel, die durch diese Landschaft hinunter ins Tal läuft.

Aufgrund prinzipieller Schwächen dieses Verfahrens, beispielsweise der Neigung zu Schwingungen in der Bahnkurve, wurden weitere, verbesserte Strategien entwickelt, etwa das Vektorfeld-Histogramm, bei dem die Hindernisdichte in unterschiedlichen Richtungen zur Steuerung der Fahrrichtung herangezogen wird.

Sicherheit und Kollisionsschutz

Insbesondere beim Einsatz von Robotern in Bereichen, in denen sich Personen aufhalten, kommt der Sicherheit des Systems eine große Bedeutung zu. Um die sicherheitstechnischen Anforderungen zu erfüllen, setzt man zusätzlich zu Strategien der Hindernisvermeidung ein redundantes System auf einem wesentlich niedrigeren funktionalen Level ein, das drohende Kollisionen erkennt und durch rechtzeitiges Anhalten des Roboters vermeidet.

Dafür werden neben taktilen Sensoren, die gleichzeitig als Puffer wirken - den sogenannten Bumpern - auch berührungslos messende Ultraschallsensoren und Laserscanner eingesetzt.

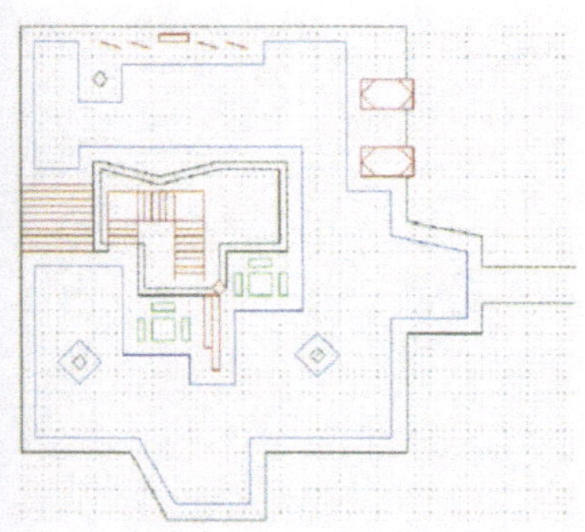

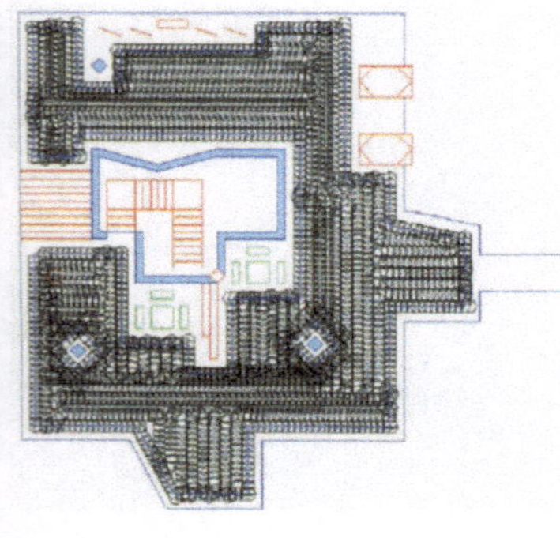

Erzeugung einer Reinigungsbahn auf der Basis eines Linien-Umweltmodells

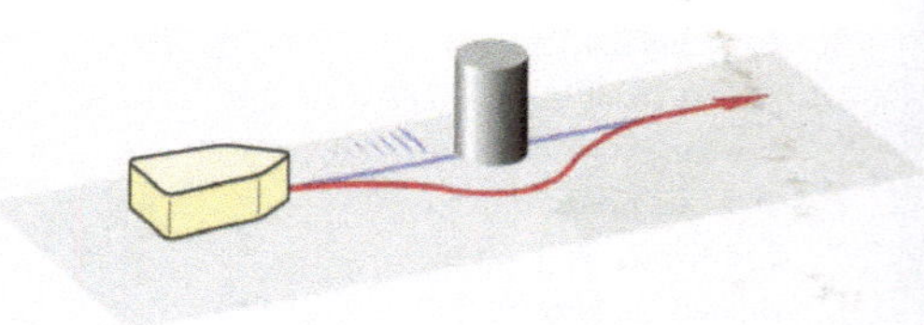

Hindernisvermeidung

Ultraschall

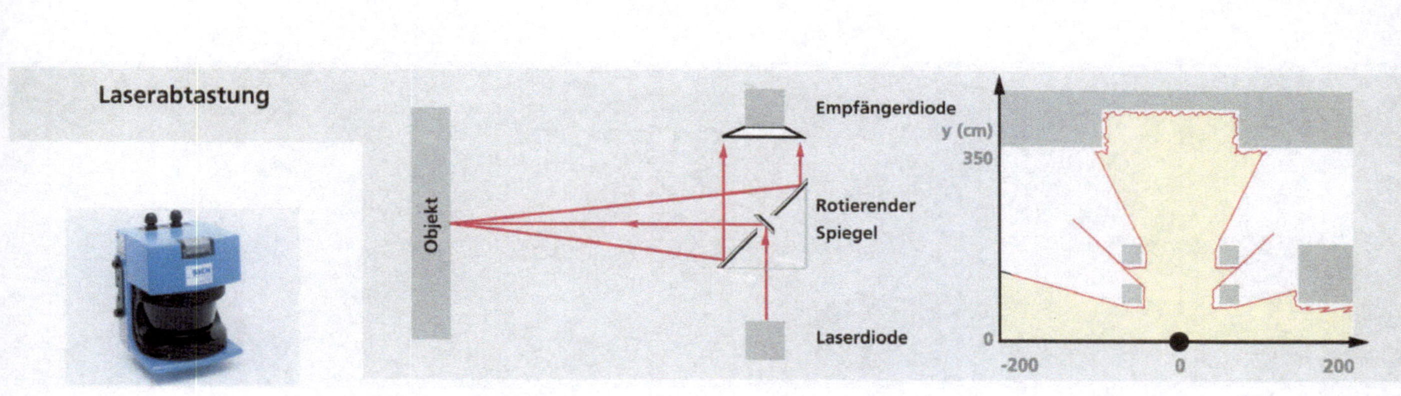

Laserabtastung

CCD-Kamera

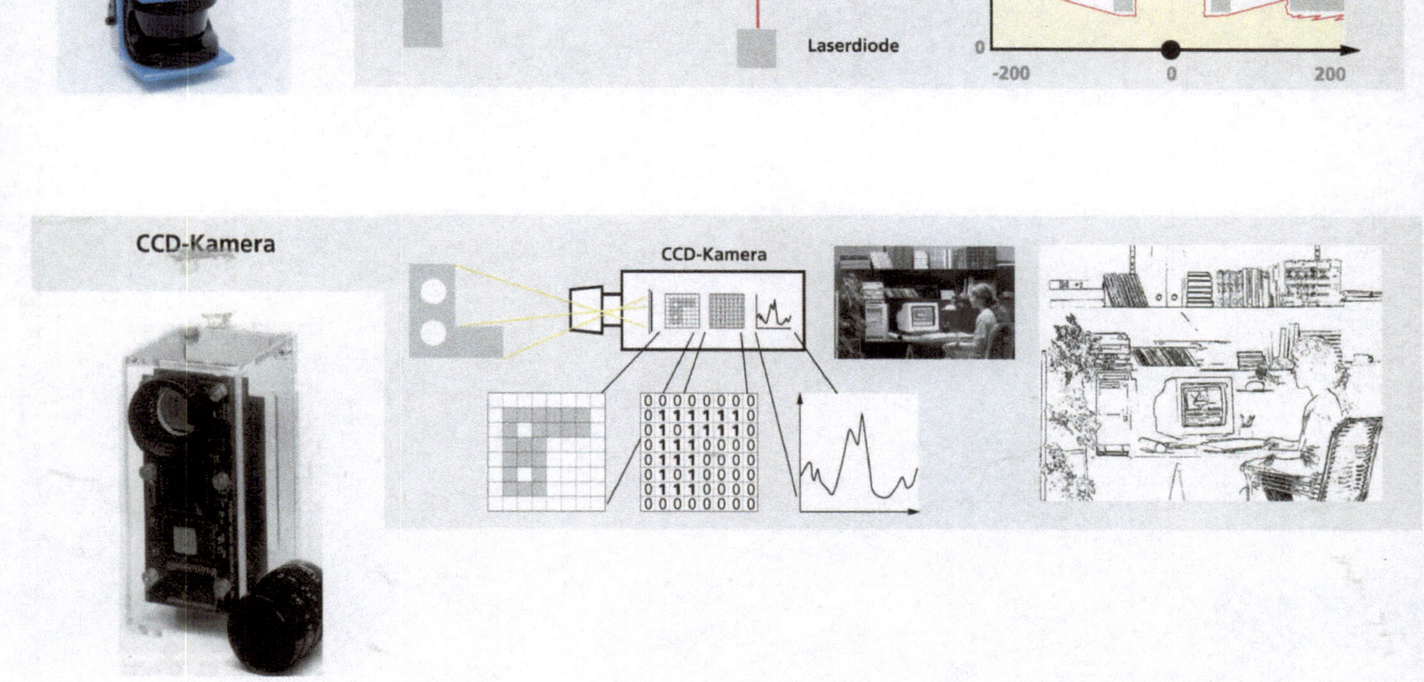

Szenarien -
Serviceroboter
im Einsatz

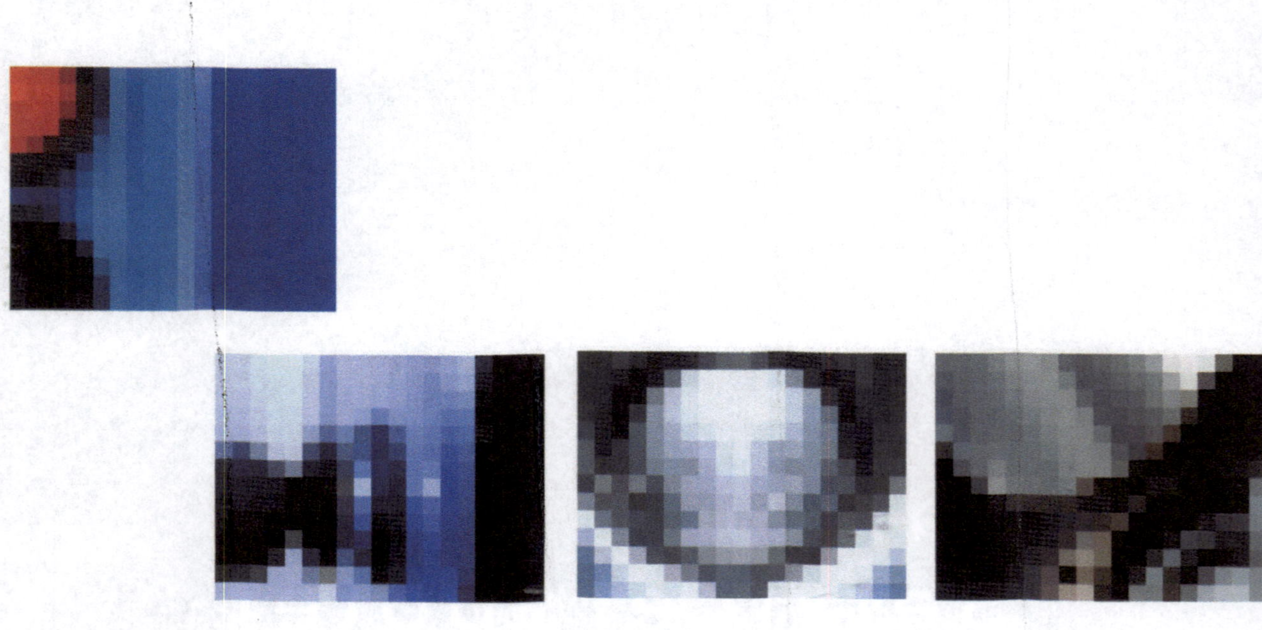

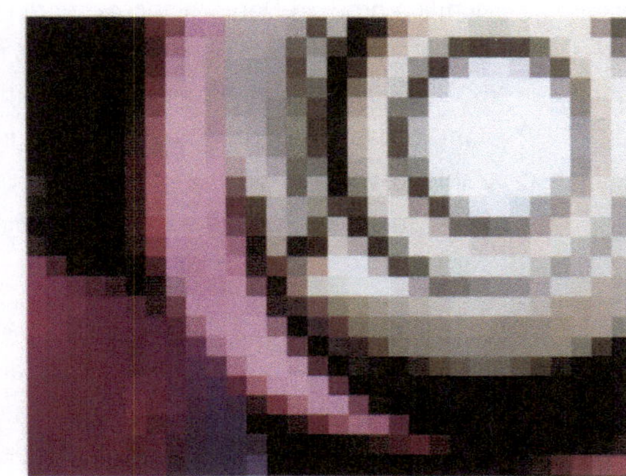 

Tanken

Entspannung auf der Kraftstoff-Oase

Fast alles am Automobil ist heute automatisiert. Nur das Tanken geschieht noch wie zu Zeiten von Carl Benz und Rudolf Diesel: von Hand. Die benzin- und benzolgeschwängerte Luft einer Tankstelle kennt keine Klassenunterschiede – der Ölfilm am Griff der Zapfpistole ist für alle da.

Ende des 19. Jahrhunderts war die Zahl der motorbetrieben Kutschen noch so gering, daß die gesamte Tankstelle auf einen Pferdewagen gepackt werden konnte und von Stadt zu Stadt zog. Die ersten stationären Tankstellen setzten auf offenen Wettbewerb. Die Zapfsäulen der großen Anbieter standen einträchtig nebeneinander, und der Kunde konnte vor Ort seine Lieblingsmarke auswählen. Mit steigender Anzahl der Fahrzeuge und der Kraftstoffsorten entwickelten sich markengebundene Tankstellen.

Während einzelne Teilsysteme des Gesamtsystems Tankanlage wie etwa die Zapfpistole oder die Pumpstation, ständig weiterentwickelt wurden, ließen die Ingenieure das Optimierungspotential beim eigentlichen Tankvorgang – beim Einführen der Zapfpistole in den Tankstutzen – bislang weitgehend außer Acht.

In Europa gibt es 50 000 Tankstellen

Dabei ist das Rationalisierungpotential beachtlich groß. In Deutschland existieren etwa 10 000 Tankstellen. Europaweit sind es rund 50 000. Manuell dauert ein durchschnittlicher Tankvorgang in Deutschland (35 Liter) inklusive Zahlungsvorgang sieben Minuten. Robottanken kann diese Zeit bis auf auf zwei Minuten verringern.

Schwerer noch wiegt das ökologische Argument für den Tankroboter. In Deutschland entstehen jährlich über 10 000 Tonnen giftiger Dämpfe beim Tanken. Über 90% dieser umwelt- und gesundheitsbelastenden Emissionen können beim Robottanken abgesaugt werden. Die heutigen Saugrüsselzapfpistolen schaffen nur 60%.

Ein wichtiger Vorteil vor allem für behinderte Menschen: sie müssen zum Tanken nicht mehr aus ihrem Fahrzeug aussteigen. Robottanken bringt allen Autofahrern mehr Sicherheit und Komfort.

1927 **1950** **1970** **1980** **1990**

Fraunhofer IPA Tankroboter – die Tankstelle von morgen?

Die Tankstellen von gestern

„Wo ist der Tank?"

Bei der Variantenvielfalt vorhandener privater PKWs ist die Frage „Wo ist der Tank?" sicherlich nicht ohne weiteres zu beantworten: ohne technische Nachrüstung ist hier ein automatisches Betanken nicht möglich. Anders sieht es bei gewerblich oder öffentlich genutzten Fahrzeugflotten wie Linienbussen aus. Hier ist auch das natürliche Bedürfnis des Fahrers, „es" selbst machen zu wollen, eher weniger ausgeprägt. Zumal „es" bei einigen Hundert Tankvorgängen pro Tag gewaltige Arbeitszeitkosten verursacht.

Als in den achtziger Jahren die Industrieroboter ihren Siegeszug antraten und die Automatisierung auch außerhalb der Fabrikhallen immer mehr Beachtung fand, wurde auch über Robotereinsatz beim Betanken von Kraftfahrzeugen nachgedacht. In diesem Umfeld sind bis zum heutigen Tage fünf unterschiedliche Robotertanksysteme entwickelt worden, die sich teilweise schon im Praxiseinsatz befinden.

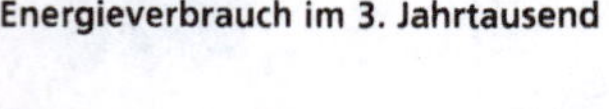

Energieverbrauch im 3. Jahrtausend

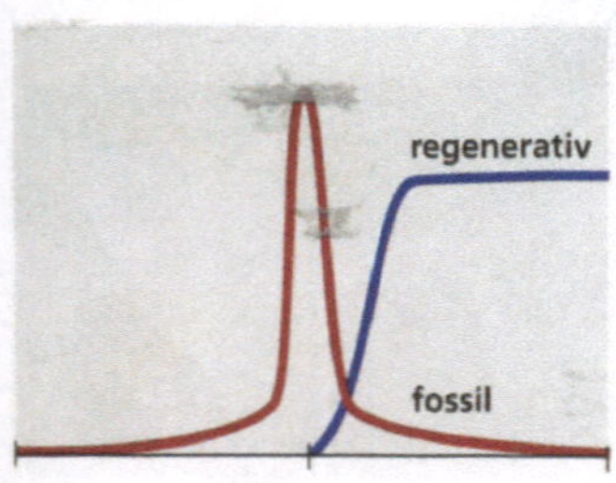

Wasserstoff kann nicht mehr manuell getankt werden

Man unterscheidet hier Anlagen, die für fossile Kraftstoffe geeignet sind, und Systeme, die das Betanken alternativer Kraftstoffe wie etwa Wasserstoff ermöglichen. Spätestens wenn in einigen Jahren die Umstellung von fossilen auf regenerative Kraftstoffe erfolgt, ist ein manuelles Betanken von Fahrzeugen aus sicherheitstechnischen Gründen nicht mehr denkbar: mit flüssigem Wasserstoff wird man nur von Roboterhand bedient werden wollen. Eine feste und absolut dichte Verbindung Fahrzeug zur Tanklanze ist hier eine grundlegende Voraussetzung.

Omnibusflotten werden flott gefüllt

Robin, das Robotergesteuerte Betankungssystem mit Individueller Netzwerkankopplung, befüllt in Saarbrücken seit 1993 die städtischen Linienbusse. Die Saartal-Linien, das Saarbrücker Nahverkehrsunternehmen, waren der erste deutsche Verkehrsbetrieb mit einer vollautomatischen Tankanlage. Robin wurde von der Anton Bauer GmbH, Dillingen, in Zusammenarbeit mit der Raab Karcher Tankstellentechnik GmbH, Hamburg, entwickelt und hergestellt. Nach über zweijähriger Entwicklungszeit ging 1993 die robotergestützte Tankanlage für 150 Linienbusse in Betrieb. Anlaß zur Entwicklung der Pilotanlage gaben die hohen Rüstkosten, die beim Betanken der Omnibusse durch die Fahrer entstanden. Bei einer Rüstzeit von fünf Minuten ohne den eigentlichen Tankvorgang waren das bei den Saartal-Linien mit ca. 140 Betankungen pro Tag damals jährlich etwa 158 TDM.

**Robin, Anton Bauer
GmbH, Deutschland**

Zapfpistole steuert zielsicher
in den Stutzen

Beim Einfahren des Omnibusses in die Tankspur übermittelt ein Sender im vorderen Dachbereich des Fahrzeugs dem Tankroboter alle notwendigen Daten. Der Fahrer lenkt derweil den Bus in eine Radmulde, die das vordere rechte Rad des Busses positioniert und einen Referenzpunkt für das Robotersystem markiert, von dem aus die Abstände des Tankstutzens bekannt sind.

Parallel zur Fahrzeuglängsachse bewegt sich nun der Roboter schienengeführt auf die Höhe des Tankstutzens. Der vordere Ausleger, der die Zapfpistole trägt, wird pneumatisch bewegt. Die Feinjustierung erfolgt hierbei mittels fünf induktiver Abstandssensoren, die den Weg zur Kontaktplatte am Einfüllstutzen messen. Ist die Zapfpistole eingeführt, kann der Befüllungsvorgang beginnen. Nach Abschluß des Tankvorgangs fährt der Roboter in seine Grundstellung zurück, und die Tankspur kann verlassen werden.

Automatischer Tankwart
an konventioneller Zapfsäule

Oscar orientiert sich mit seinem Betankungssystem noch stärker als Robin an bestehenden Tankanlagen. Das erste Oscar-System wurde von der französischen Firma Robosoft Ende der achtziger Jahre gebaut und bis heute weiterentwickelt; das jüngste System ist Oscar MK5. Um den Roboter gruppen sich drei Systeme für die Eingabe, die Identifikation und die Betankung. Die Identifikation erfolgt über einen Transponder am Fahrzeug und ein Lesegerät an der Tankstelle. Der Roboterarm ist parallel zur Fahrzeuglängsachse verschiebbar und führt eine leicht modifizierte Zapfpistole mit Abstandssensoren, die über einen Schlauch mit einer konventionellen Zapfsäule verbunden ist.

Oscar funktioniert ansonsten auch ähnlich wie Robin. Der Bus fährt in der Tankspur bis zu einer Markierung, an der eine Art Verkehrsampel den Fahrer zum Halten auffordert. Dann werden die Fahrzeugdaten aus dem Tranponder gelesen; das Fahrzeug und dessen Geometrie werden erkannt. Der Roboter positioniert sich grob vor dem Einfüllstutzen. Die Sensorik des Betankungssystems hilft bei der Feinjustierung der Zapfpistole am Roboterarm. Die Befüllung beginnt.

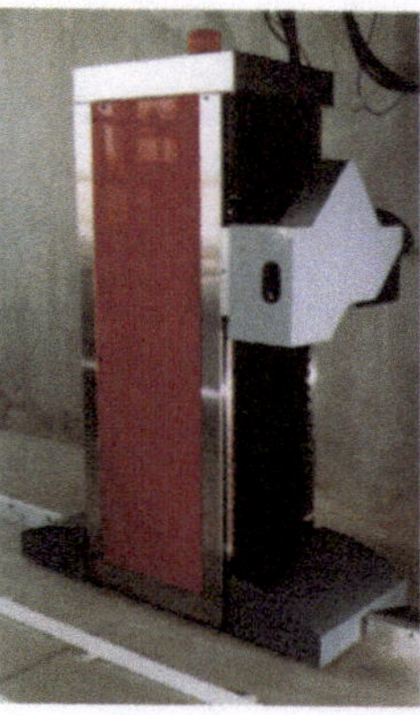

**Bustankanlage Oscar Mk5,
Fa. Robosoft, Frankreich**

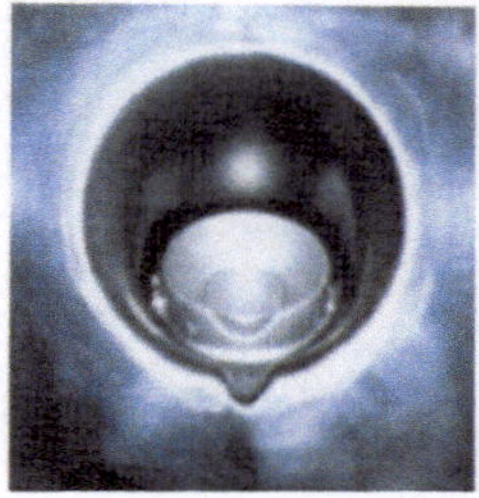

Einfüllstutzen

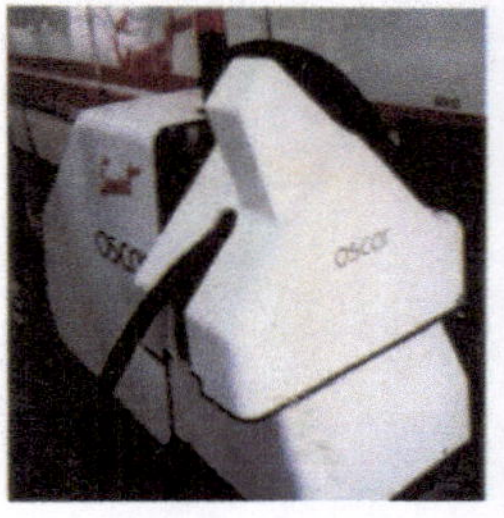

**Bustankanlage Oscar,
Fa. Robosoft, Frankreich**

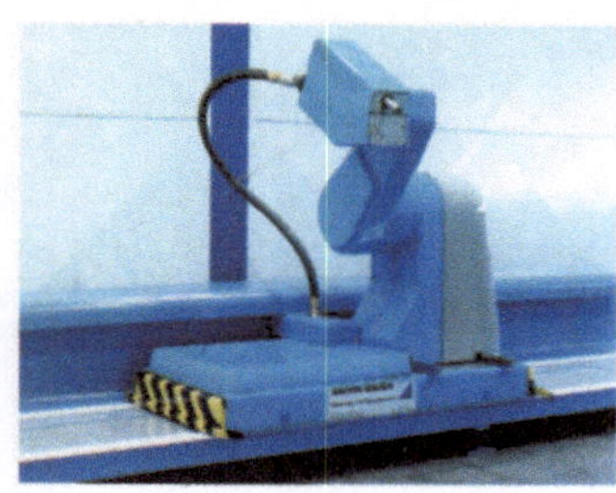

**Bustankanlage Robin,
Anton Bauer GmbH,
Deutschland**

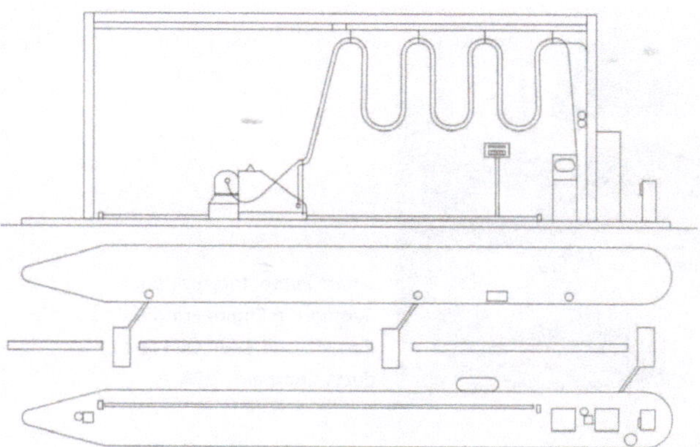

Der Roboter findet seinen Weg
fast in jeden Tank

Auch die Smart Pump muß wissen, wo die Tankklappe ist. Fast jedes Fahrzeug kann mit dieser
Anlage automatisch betankt werden, wenn es
mit einem aktiven Transponder und einem
robotergerechten Tankverschluß nachgerüstet
wurde. Über den Transponder werden alle
für die Betankung notwendigen Geometriedaten
des Fahrzeuges zur Smart Pump übermittelt.
Die kanadische Firma ISE Ltd. entwickelte zusammen mit der Shell Oil (USA) dieses automatische Betankungssystem, das in Sacramento
(Kalifornien) Anfang 1997 als Prototyp in
Betrieb ging.

Der Roboter der Smart Pump ist eine klassische
Portalkonstruktion, bei der zwei Linearachsen
die Quertraverse tragen. An ihr ist die Teleskop-
achse mit dem Betankungskopf befestigt.
Am Portal befindet sich der Empfänger für die
Daten des Fahrzeugtransponders, eine Kamera zur Lokalisierung der Fahrzeugkontur und
eine Sicherheitssensorik.

Wird das zu betankende Fahrzeug abgestellt,
gleitet das Bedienterminal neben das Fenster
der Fahrertür, und der Tankwunsch kann über
einen Touchscreen eingegeben werden. Der
Roboter fährt zur Tankklappe, öffnet diese und
betätigt den nach innen klappenden Tankverschluß. Der Tank kann befüllt werden.

**Smart Pump, International
Submarine Engineering Ltd.,
Kanada und Shell Oil Pro-
ducts Company, USA**

Ohne PKW-Nachrüstung geht nichts

Das von der schwedischen Firma Autofill entwickelte System betankt PKWs mit seitlichem
Tankverschluß. Es besteht aus einer Pumpe,
einem aus Linearachsen aufgebauten Roboter
und einem Bedienterminal, das mit dem Zentral-
computer der Tankstelle verbunden ist. Fahrzeuge, die diese Tankstelle nutzen möchten,
müssen mit einem speziellen Tankverschluß
nachgerüstet worden sein.

Stellt der Fahrer den PKW vor dem Bedienterminal so ab, daß er ohne auszusteigen das
Eingabegerät bedienen kann, befindet sich das
Fahrzeug automatisch im Arbeitsbereich des
Autofill-Systems. Ein an der Tankklappe nachzu-
rüstender Transponder übermittelt Geometriedaten an das System. Der Kunde steckt seine
Kreditkarte in den Automat und wählt den
zu tankenden Betrag. Wenn der Code der Karte
erfolgreich überprüft worden ist, beginnt
Autofill mit dem Tankvorgang.

In einem ersten Schritt positioniert der Roboter
seine drei Linearachsen so, daß sich die Zapfpistole vor der Tankklappe befindet. Dann öffnet ein Vakuumgreifer die Tankklappe. Die
Zapfpistole wird mit Hilfe von Abstandssensoren
feinpositioniert und eingeführt. Ist der Befüllungsvorgang abgeschlossen, fährt der Roboter
in seine Grundstellung zurück. Seit Dezem-
ber 1996 arbeitet ein Autofill-Tankroboter an
der OK Service Station in Mördby bei Stock-
holm sowie in Oslo bei der Norsk Fina. Im Frühjahr 1998 ist in München eine weitere Instal-
lation in Betrieb genommen worden.

Autofill, Schweden

**Tankvorgang, Autofill,
Schweden,**

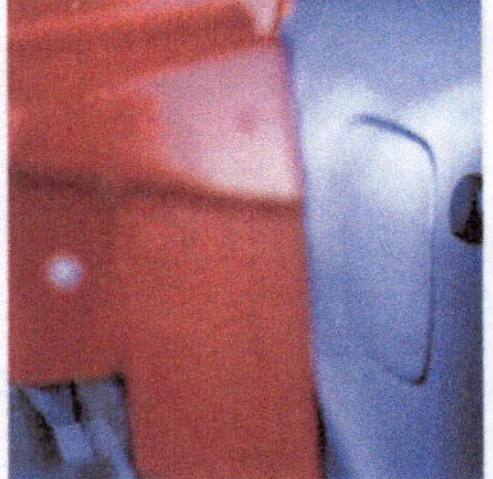

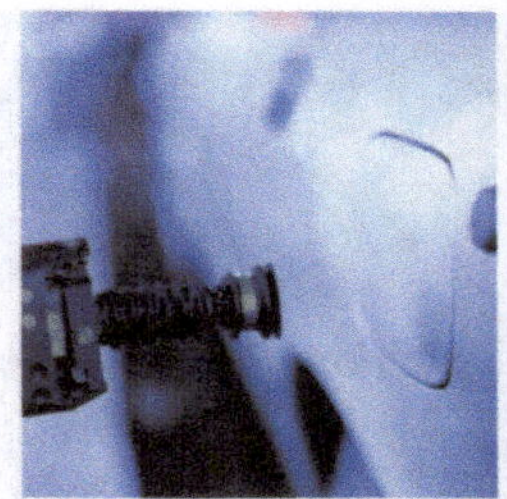

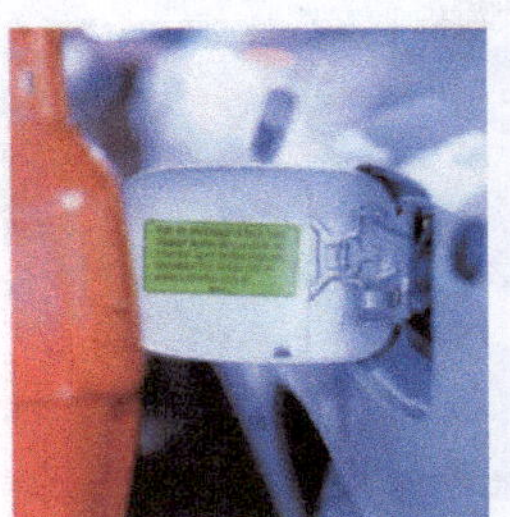

Manuelle und Roboter-Zapfpistole im Vergleich

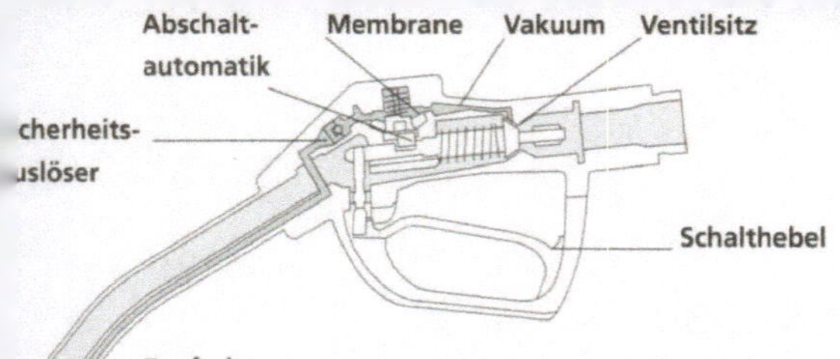

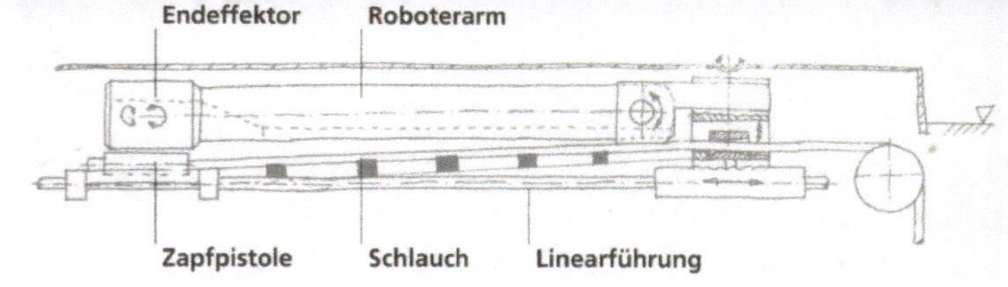

Drive-Thru: die deutsche Vision vom Tankroboter

Ende der achtziger Jahre begann auch in den Köpfen der Entwicklungsingenieure von Aral, BMW und Mercedes-Benz eine Vision zu reifen: mit Hilfe eines Roboters den Tankvorgang vollautomatisch, ohne schädliche Emissionen und in kürzester Zeit durchzuführen, ohne den Fahrer zum Aussteigen zu zwingen.

Nachdem erste konkretere Ansätze von den Partnern entwickelt worden waren, wurden das Innovationsmanagement sowie die Konzeption den Ingenieuren vom Fraunhofer IPA (Stuttgart) anvertraut. Die Vorgaben waren klar:

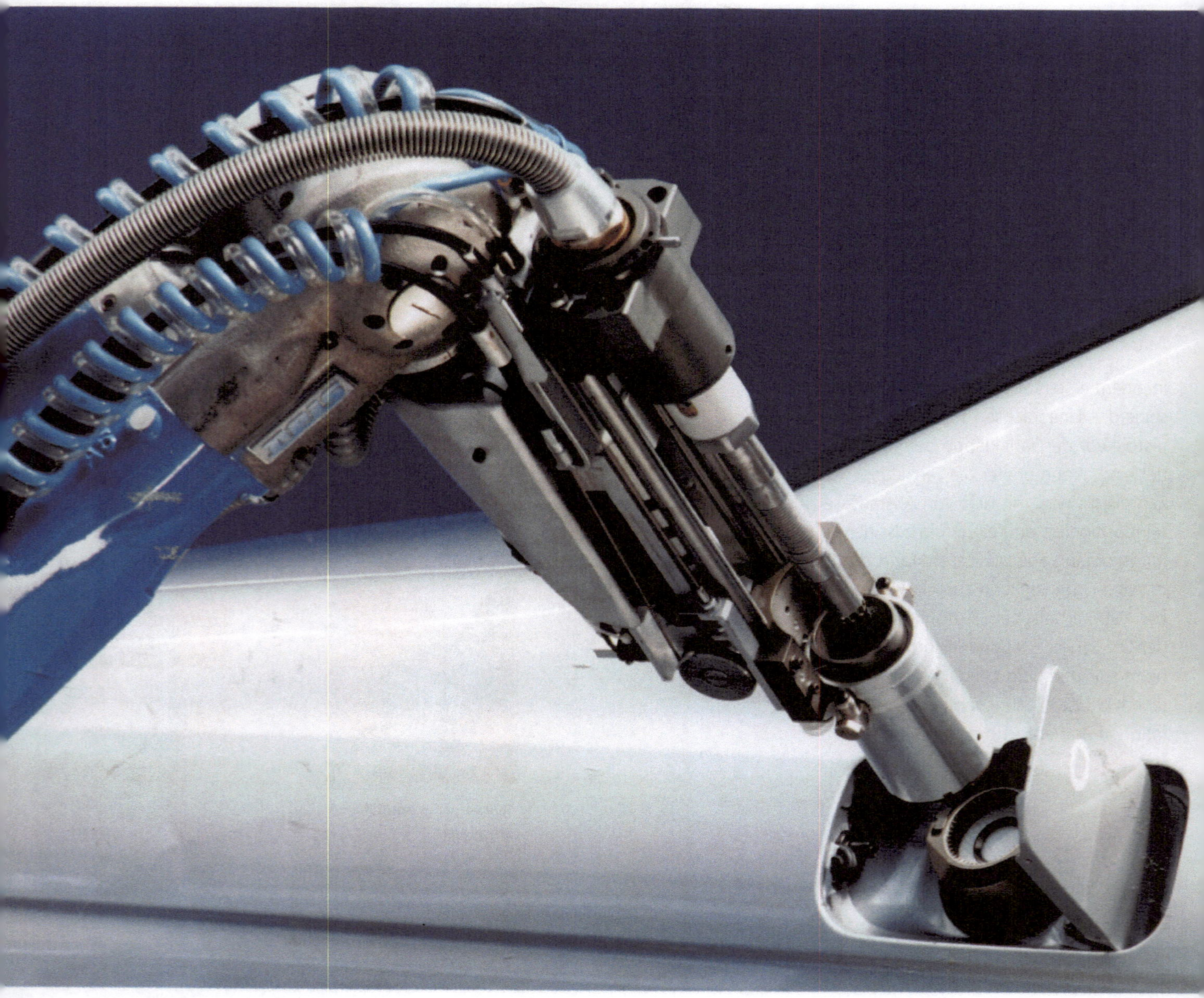

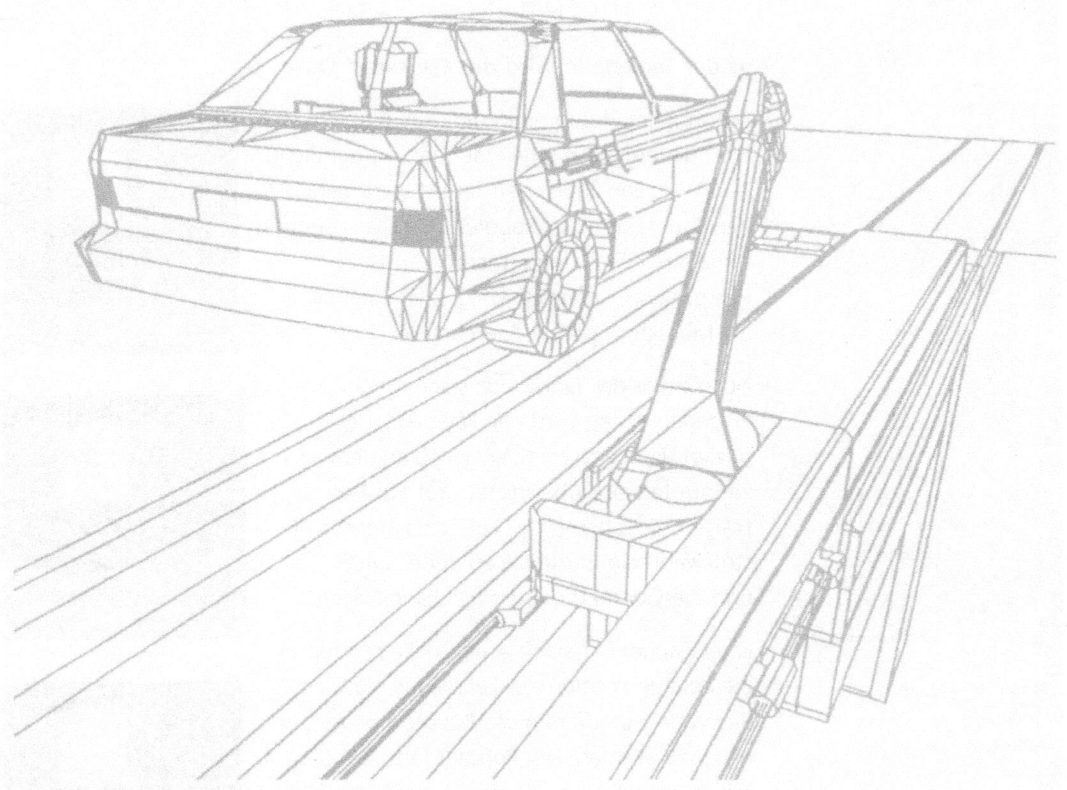

- Vollautomatische Betankung eines Fahrzeuges in zwei Minuten. Über 80% aller Fahrzeuge mit Tankverschluß hinten rechts müssen durch den Tankroboter befüllbar sein.

- Geringstmöglicher fahrzeugseitiger Umrüstaufwand.

- Bis zu fünf Kraftstoffsorten sollen in beliebiger Folge emissions- und somit auch geruchsfrei abgegeben werden können.

- Ansprechende ergonomische Gestaltung des Tankplatzes.

- Kontrolliertes und sicheres Systemverhalten bei unerwartetem Personenaufenthalt im Gefahrenbereich, bei Fahrzeugbewegungen und anderen Störfällen.

- Der Tankplatz muß den Bestimmungen des Betriebs von Anlagen in explosionsgefährdeten Bereichen entsprechen.

- Der Tankroboter soll als Seriengerät wirtschaftlich einsetzbar sein.

Zahlreiche unkonventionelle und innovative Lösungen mußten von der Idee bis zum Prototyp erdacht und entwickelt werden und verliehen dem System Tankroboter einen Leitcharakter für zukünftige Serviceroboter-Anwendungen.

Betanken eines Fahrzeuges mit dem Fraunhofer IPA Tankroboter

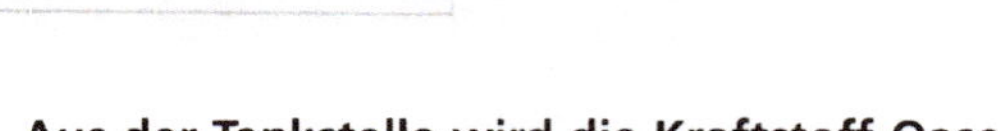

Aus der Tankstelle wird die Kraftstoff-Oase

- Schon beim Einfahren in den Tankplatz wird die ergonomische Orientierung deutlich: kein Wald von Zapfsäulen verunsichert mehr den Autofahrer. Der Roboter befindet sich unterhalb der Tankinsel unsichtbar in einer Parkposition. Ein großflächiges Terminal bildet die Mensch-Maschine-Schnittstelle.

- Noch bevor der Tankkunde seine Kreditkarte eingegeben hat, wird sein Fahrzeug identifiziert. Ein passiver Transponder an der Fahrzeugunterseite übermittelt auf Funkabfrage den Fahrzeugtyp, die zulässige Kraftstoffwahl, die maximale Förderleistung und die Geometriedaten des Fahrzeuges.

- Laserscanner in beiden Anfahrpollern orten die genaue Position des Fahrzeugs; das Bewegungsprogramm des Roboters kann nun generiert werden. Der Roboter fährt aus seiner Parkposition, öffnet behutsam die Tankklappe und stellt eine feste und geruchsdichte Verbindung mit dem neu entwickelten Tankverschluß her, der natürlich auch noch manuell geöffnet werden kann. Der Kunde wählt den Betrag, für den getankt werden soll. Der eigentliche Tankvorgang beginnt.

- Verändert sich während des Befüllungsvorgangs die Umgebung des Roboters, etwa durch eine unkontrollierte Bewegung des PKWs, reagiert das System stets so, daß die Sicherheit aller Personen gewährleistet und eine Beschädigung des Fahrzeuges ausgeschlossen ist. Nach zwei Minuten kann der Kunde die Tankanlage verlassen. Der Roboter gleitet in seine versteckte Parkposition zurück.

Transponder

Transponder ist ein Kunstwort aus Transmitter und Responder. Bezeichnet wird damit ein passives Sendesystem: erst in einem hochfrequenten Erregerfeld erhält der Transponder die Energie, um codierte Daten auszusenden. Transponder sind bei der Warendiebstahlsicherung schon lange bewährt: Sie verbergen sich im Preisetikett und lösen an der Ausgangsschranke Alarm aus, wenn sie nicht an der Kasse zuvor deaktiviert wurden. Die dabei auftretenden Feldstärken sind absolut unbedenklich.

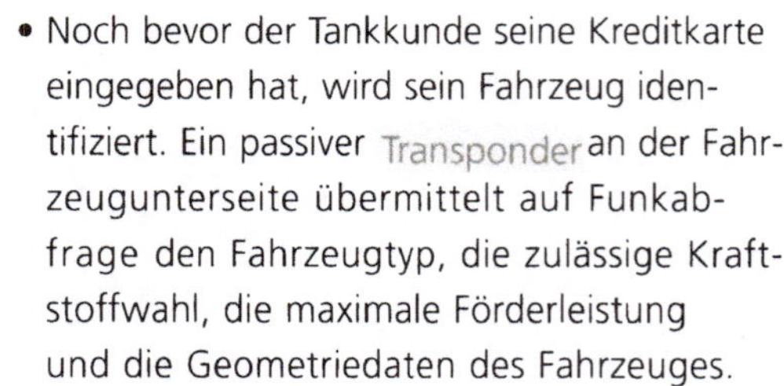

Automatisches Erfassen der Daten

Wahl der Füllmenge und Zahlungsvorgang; Tankroboter verläßt Parkposition

Automatischer Tankvorgang beginnt

Beenden des Tankvorgangs

Tankroboter gleitet in Parkposition zurück

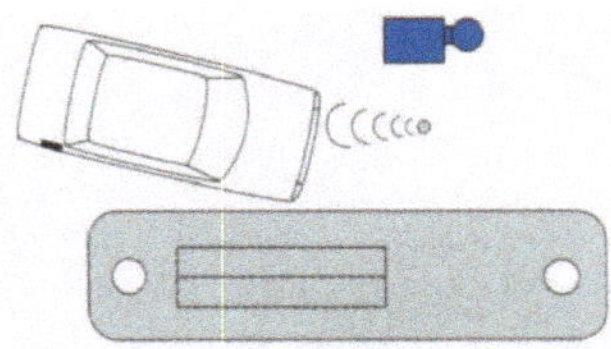

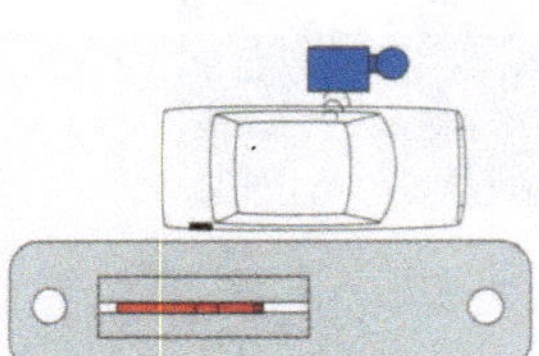

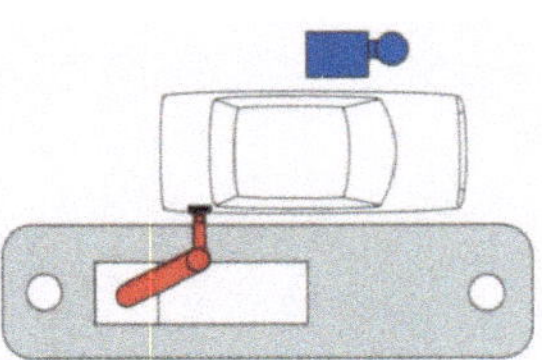

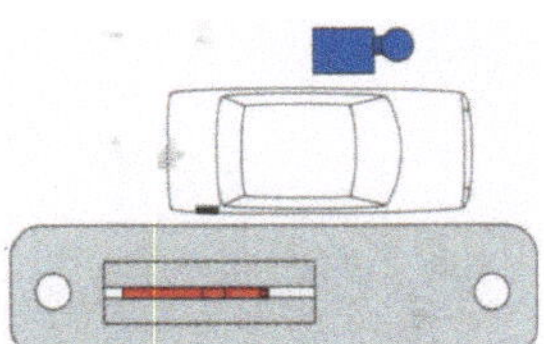

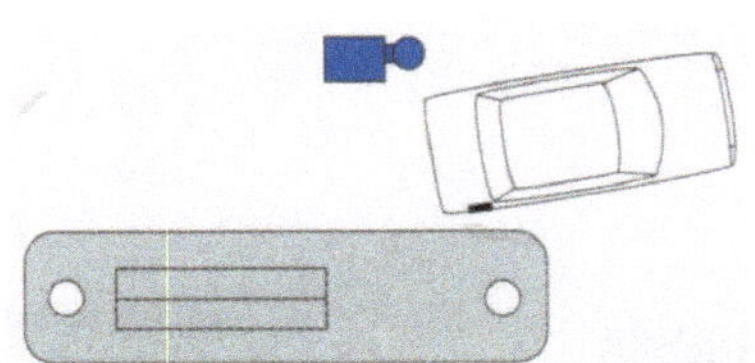

Das Fraunhofer IPA hält auf seinem Instituts-
gelände in Stuttgart die erste Robotertankstelle
als Pilotanlage für Demonstrationen bereit.
Eine weitere Pilotanlage zur Betankung von Fahrzeugen mit flüssigem Wasserstoff findet man
bald am Münchner Franz-Josef-Strauß-Flughafen:
in einem Großversuch sollen dort Vorfeld-
fahrzeuge mit flüssigem Wasserstoff betrieben
werden.

Verpflichtung zur Zukunft

Das Marktpotential für automatische Tankanlagen ist gewaltig. Eine konventionelle Zapfsäule mit fünf Schläuchen kostet etwa 80 TDM,
die Kosten für eine Robotertankanlage be-
laufen sich auf weniger als 150 TDM. Sie benötigt
dafür weniger Platz und schafft einen deutlich höheren Fahrzeugdurchsatz.

Umweltaspekte bei herkömmlichen und Sicherheitsanforderungen bei alternativen Kraft-
stoffen lassen künftig manuelle Tankstellen
ohnehin obsolet werden. Warum also noch
warten?

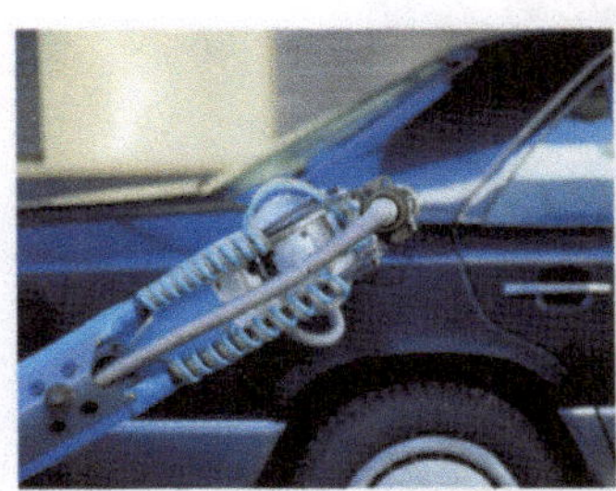

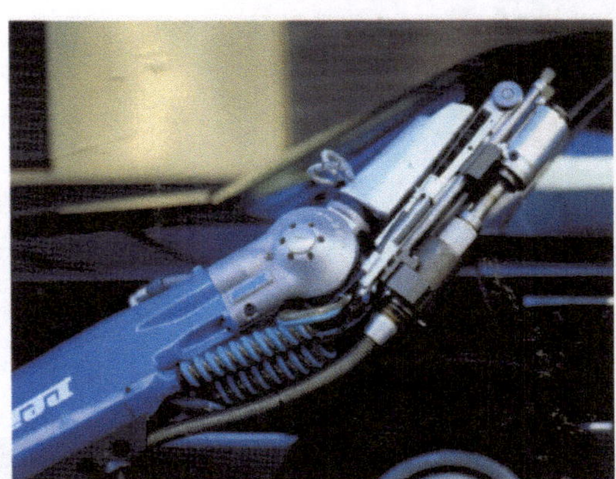

Land- und Forstwirtschaft

Fortschritt für die Natur

Wer heute als Land- oder Forstwirt konkurrenz-
fähig bleiben will, muß innovative Maschinen
einsetzen. Weltweit gibt es Entwicklungen, die
Mensch und Natur vielfältig entlasten. Japans
automatische Spritzroboter etwa schonen die Natur durch exakt dosierten Pestizideinsatz.
Roboter können auf stachelige Palmen klettern
und Früchte ernten, die bislang für Menschen
unerreichbar sind.

Umweltaspekte spielen eine immer größere Rolle
in der Forstwirtschaft. Konventionelle Forst-
fahrzeuge mit Räder- oder Gliederkettenantrieb
gehören auf Waldwege oder Pfade. Müssen
sie sich dagegen auf natürlichem Waldboden bewegen, richten sie oft erheblichen Flurscha-
den an.

Schreitmanipulator, Fa. Plustech Oy, Finnland

Behutsamer sechsbeiniger Rübezahl

Die finnische Firma Plustech Oy orientierte sich
an der Natur und entwickelte den weltweit
ersten Schreitmanipulator für die Forstwirtschaft.
Ihr Ansatz eröffnet der Forstwirtschaft neue
Möglichkeiten, die mit konventioneller Geräte-
technologie nicht vorstellbar waren. Die
Plustech-Plattform ist zwar streng genommen
kein Serviceroboter, sondern eine Art automatisierter Manipulator; die ausgeklügelte Schreit-
kinematik verdient jedoch auch in diesem
Umfeld Anerkennung.

Der teilautomatische sechsbeinige Manipulator
bewegt sich auf nahezu jedem Terrain sicher.
Der computergesteuerte Schreitmechanismus
sorgt dafür, daß die Last des Gerätes immer
gleichmäßig auf den Waldboden verteilt wird.
Die Maschine kann auf unterschiedliche Bo-
denverhältnisse angepaßt werden, indem man
einfach ihre „Schuhgröße" verändert und so
eine Bodenerosion vermeidet. Sogar an steilen
Berghängen fühlt sich der Schreitmanipulator wohl. Seine Manövrierbarkeit ist hervorra-
gend: er kann sich auf der Stelle drehen,
ohne dabei den Waldboden zu schädigen. Auch
Baumwurzeln werden durch ihn weniger
stark belastet.

Ein Bediener steuert den Forstmanipulator mit
einem Steuerknüppel, über den gleichzeitig
die Geschwindigkeit vorgegeben wird. Der auf
der mobilen Plattform integrierte Manipulatorarm wird zum Handling und Transport von
Baumstämmen eingesetzt.

Bunte Früchte werden zart gepflückt

Weltweit beschäftigen sich derzeit etwa zehn Länder mit der Entwicklung von Pflück-robotern. Die stärksten Impulse kommen hierzu aus Frankreich, Israel, Italien, Japan, Spanien und den USA. Am weitesten fortgeschritten sind Roboter zur Ernte von Äpfeln und Zitrus-früchten.

Einer der leistungsfähigsten Vertreter dieser Klasse wurde von einem Zusammenschluß europäischer Forschungsinstitute und Industrie-unternehmen unter der Mitwirkung von Prof. Schillaci, Universita degli Studi di Catania, Sizilien prototypisch aufgebaut. Die italie-nische Firma A.I.D. SpA und die sizilianische

Universität konstruierten einen Drei-Finger-Greifer mit Kraft-Momenten-Sensorik, der eine Frucht sicher umgreifen kann, ohne sie zu zerdrücken. Acht dieser Greifer sind derzeit an Manipulatorarmen auf einem Kettenfahr-zeug integriert.

Anhand ihrer Farbe lokalisiert ein Bildanalyse-system die Früchte im Videobild einer Farbka-mera auf dem Manipulatorarm. Sind die Koordinaten der Frucht ermittelt, umschließt sie der Greifer, und ein kleines Messer durch-trennt den Stiel. Mit diesem Aufbau lassen sich Ernteleistungen bis zu 2400 Früchten pro Stunde erreichen.

Bis zum Vorseriengerät soll die Ernteleistung sogar auf 5000 Früchte pro Stunde erhöht werden. Die Frucht wird dann nicht mehr abge-schnitten, sondern durch eine Torsion des Greifers abgedreht. Durch diesen Kunstgriff sinkt die Pflückzeit pro Frucht auf etwa fünf Sekunden.

In Frankreich existiert ein vergleichbares Robotersystem, das mit Hilfe eines Vakuumgrei-fers Äpfel pflückt. In Japan, Korea und Ungarn wird ebenfalls an Apfelpflückrobotern gear-beitet, die jedoch noch nicht so weit entwickelt sind. Pflückzeiten von derzeit noch 16 Sekunden pro Frucht bringen wirtschaftlich keine Vorteile für den Anwender.

Drei-Finger-Greifer, Universita degli Studi di Catania und Fa. A.I.D. SpA, Italien

Affenartiger Wipfelstürmer

Manche Früchte konnten bisher überhaupt nicht geerntet werden. Bei der südamerikanischen Macauba-Palme etwa macht ein 20 m hoher stacheliger Stamm eine manuelle Ernte praktisch unmöglich. Dabei ist der Flächenertrag dieses Baumes zwanzigfach höher als bei der Soja-Pflanze. Brasilianische Agrarexperten schätzen sogar, daß diese Pflanze jedes Jahr 10 Millionen Tonnen Öl liefern und damit 20% des Weltbedarfs decken könnte.

Dies veranlaßte den in Rheinbach beheimateten Konstrukteur Peter Brenner, einen Baumkletterroboter zu konzipieren, der sich den Affen zum Vorbild nimmt. Der Freikletterer besitzt vier gebogene Arme, die sich um den zu besteigenden Stamm klammern. Beim Klettern wird das obere Armpaar gelöst und ein Scherenmechanismus schiebt dieses Armpaar nach oben.

Klammert sich der künstliche Affe mit seinen beiden oberen Armen fest, kann er mit Hilfe des Scherenmechanismus das untere Armpaar nachziehen. Der Antrieb erfolgt über Spindeln mit Elektromotoren. Nach 200 zurückgelegten Höhenmetern sind die Onboard-Akkus erschöpft und müssen gewechselt werden - vorzugsweise am Boden.

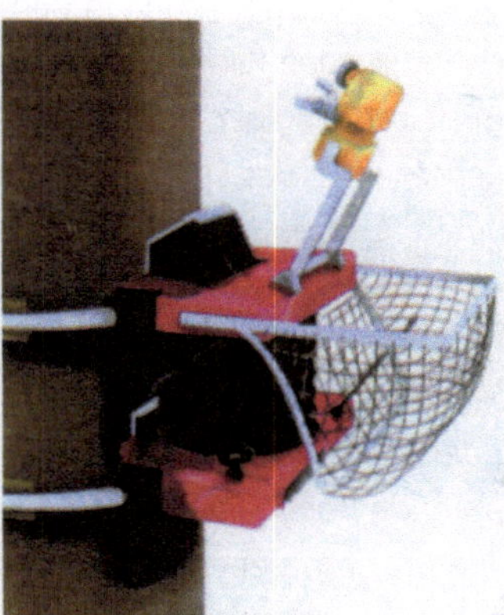

Baumkletterroboter,
Peter Brenner,
Deutschland

Echte Affen sind kräftiger

Gesteuert wird der Kletterer über Funkfernsteuerung vom Boden aus. Mit einer Antriebsleistung von ca. 60 Watt soll der 8 kg leichte Roboter eine Geschwindigkeit von 0,5 m/s erreichen. Baumstammdurchmesser von 15 bis 40 cm sind theoretisch möglich. Der autonome Roboter soll sogar in der Lage sein, sich auf abzweigende Äste zu schwingen, solange der Verzweigungswinkel unter 90 Grad liegt.

Im Frühjahr 1998 wurden erste Tests mit dem Roboteraffen durchgeführt. Der Weg zum fertigen Produkt gestaltet sich jedoch recht kompliziert, da verschiedene Komponenten mit tropentauglichen Eigenschaften noch gar nicht am Markt erhältlich oder einfach viel zu schwer sind.

An der britischen Cranfield University beschäftigt sich das Centre for Precision Farming unter anderem auch mit Baumkletterrobotern zur Ernte von Datteln. Die Engländer verfolgen jedoch einen anderen Ansatz. Mehrere über Gelenke verbundene Räderpaare werden hier so um den Stamm der Palme gespannt, daß eine reibkraftschlüssige Verbindung zwischen den Luftreifen und dem Baumstamm entsteht. Durch Reibradantrieb fährt das Fahrzeug an dem Stamm bis zu 30 Meter hoch. Auch dieser Prototyp ist von einem wirtschaftlich einsatzfähigen Produkt noch ein gutes Stück entfernt.

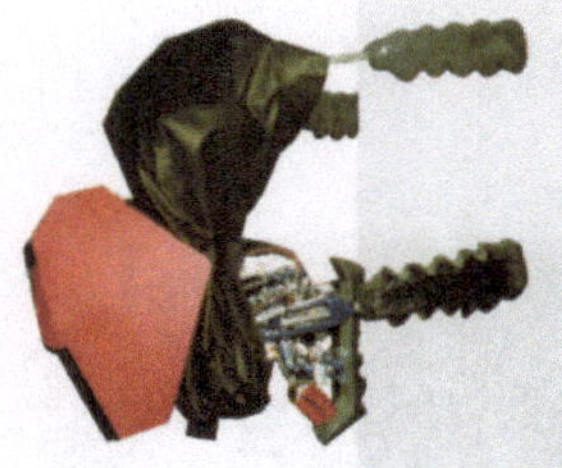

Baumkletterroboter,
Peter Brenner,
Deutschland

Spritzroboter YAS1000DX,
Fa. Yanmar, Japan

Abschied von der Sennerin

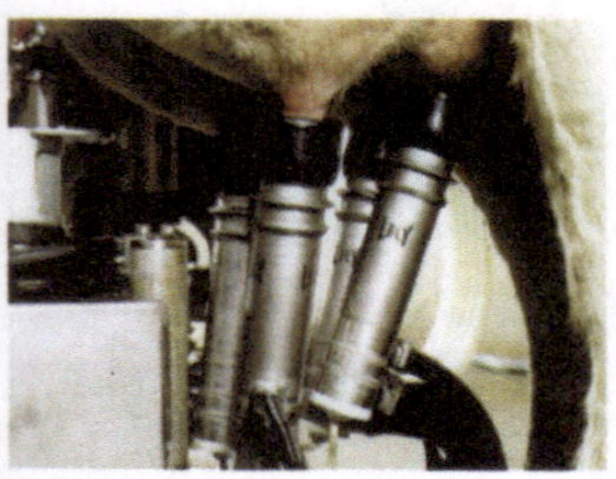

Melkroboter zählen zu den ersten Robotersystemen, die sich in der Landwirtschaft etabliert haben, wohl auch wegen des politischen und wirtschaftlichen Umfelds der Viehzüchter. Quotenregelungen, Gülle- und Umweltprobleme verpflichten den Landwirt dazu, verantwortungsvolle Investitionen zu tätigen, seinen Betrieb wirtschaftlich zu führen und sich nach agrartechnischen Entwicklungen zu richten.

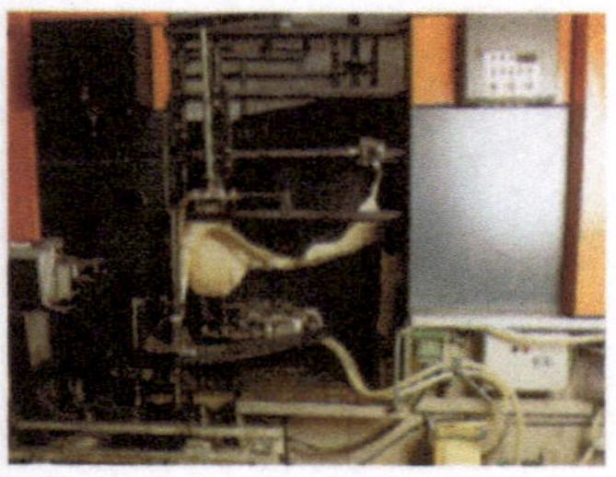

Die holländischen Firmen Lely und meko holland bv sind die bekanntesten Hersteller automatischer Melksysteme. In den Grundfunktionen unterscheidet sich Lelys Astronaut kaum von mekos AMS. Die Entwicklung und der Erfolg dieser beiden Robotersysteme können der Tatsache zugeschrieben werden, daß Kühe Gewohnheitstiere sind und sich bestimmte Verhaltensweisen schnell zueigen machen. Der Großteil der Herde hat somit keine Probleme, sich vom Roboter melken zu lassen.

Der Drang, gemolken zu werden, und das Wissen, in der Melkbox eine angemessene Menge an Kraftfutter vorzufinden, treibt die Kuh zum Roboter. Dabei trägt sie ein Transponderhalsband, das beim Betreten der Box ausgelesen wird. Jedes Tier ist in einer Datenbank mit wichtigen Daten wie Milchleistung, Anzahl der Besuche des Roboters und ähnlichem erfaßt. Kommt die Kuh nur wegen des Kraftfutters, obwohl sie bereits vor einer halben Stunde gemolken wurde, erkennt dies das Computersystem, und das Tier muß unverrichteter Dinge und hungrig wieder abziehen.

Ist die richtige Kuh zum richtigen Zeitpunkt in der Box, beginnt der Melkablauf. Zuerst werden die Zitzen gereinigt. Dann detektiert ein Laserscanner die Zitzen, und der an einem Roboterarm integrierte Melkbecher wird angeschlossen. Während des eigentlichen Melkvorganges kann der Milchfluß, die Milchqualität und andere Parameter online kontrolliert werden. Ist der Melkvorgang beendet, wird die automatische Melkanlage komplett gereinigt und das Tier kann die Box verlassen.

Ernte auf amerikanisch

Landwirtschaftliche Nutzfahrzeuge legen in den USA jährlich rund 1,6 Milliarden Kilometer mit einer Geschwindigkeit von weniger als 15 km/h zurück. Für den Menschen ist das Führen dieser Landmaschinen aufgrund der starken Lärm- und Temperaturbelastung sehr anstrengend und mitunter auch gefährlich. Unbemannte Roboterlösungen versprechen hier eine Verdopplung der Ernteleistung. Autonom navigierende freifahrende Robotersysteme arbeiten 24 Stunden pro Tag, sieben Tage pro Woche und sind nahezu unabhängig von den Witterungsbedingungen.

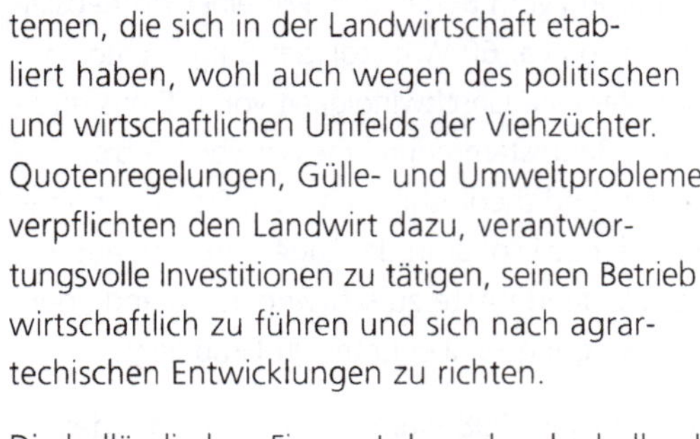

- Robotermelken
- Roboter AMS, Fa. meko, Niederlande
- Stall mit Melkroboter
- Lely Astronaut, Vertrieb Fa. Welger GmbH Agrartechnik, Deutschland

Agrarroboter, Institute of Agricultural Machinery (BRAIN - IAM) Saitama, Japan

Das National Robotics Engineering Consortium (NREC) entstand 1995 in den USA aus einem Zusammenschluß der NASA, der Carnegie Mellon University, Pittsburgh, der Stadt Pittsburgh sowie des Staates Pennsylvania. Im Rahmen seines ersten Projektes Demeter erforscht das NREC unter Mitwirkung der 1895 in Pennsylvania gegründeten Landmaschinenfirma New Holland den Einsatz eines autonomen Mähaufbereiters.

Eine auf der Landmaschine montierte Standard-videokamera nimmt das Sichtfeld in Fahrtrichtung auf und gibt diese Information an den Onboard-Computer weiter. Dort wird das Kamerabild in Teilsegmente aufgeteilt, die dann in bereits bearbeitete und noch zu bearbeitende Zonen klassifiziert werden können.

Als Trennungslinie dieser Bereiche gilt die Schnittkante des vorhergehenden Schnittvorgangs: an ihr orientiert sich der aktuelle Arbeitsgang. Der Computer steuert die Landmaschine dann derart, daß sich die gerade erzeugte Schnittlinie an der richtigen Stelle befindet und das Schnittwerkzeug exakt mit der vorgegebenen Breite in den zu mähenden Bereich eintaucht. Der erste im Rahmen des Projekts Demeter entwickelte Prototyp hat seine Feuertaufe bereits bestanden. Im Süden Kaliforniens verrichtete er 18 Stunden autonom seinen Dienst.

Auch in Japan gibt es Bemühungen, unbemannte Landmaschinen auf Feldern arbeiten zu lassen. Am Institute of Agricultural Machinery (BRAIN - IAM) in Saitama wurden verschiedene Navigationssysteme für autonome Landmaschinen getestet. Die Forscher kommen zu dem Schluß, daß nach heutigem Stand der Technik autonome Maschinen zur Bestellung von Feldern und Äckern in etwa die Qualität und Leistung wie konventionelle Landmaschinen mit Fahrer besitzen. Die Verläßlichkeit der frei fahrenden Maschinen ist jedoch nach Ansicht dieser Experten noch nicht groß genug, so daß erst mittelfristig mit einem großflächigen Einsatz dieser Geräte zu rechnen ist. In einem ersten Schritt könnte man sich vorstellen, daß ein Arbeiter mehrere simultan frei fahrende Landmaschinen überwacht: ein Modell, das auch deutsche Agrartechnologen bereits ins Auge fassen.

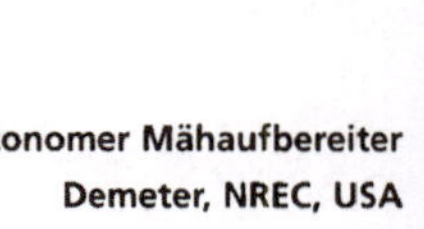

autonomer Mähaufbereiter Demeter, NREC, USA

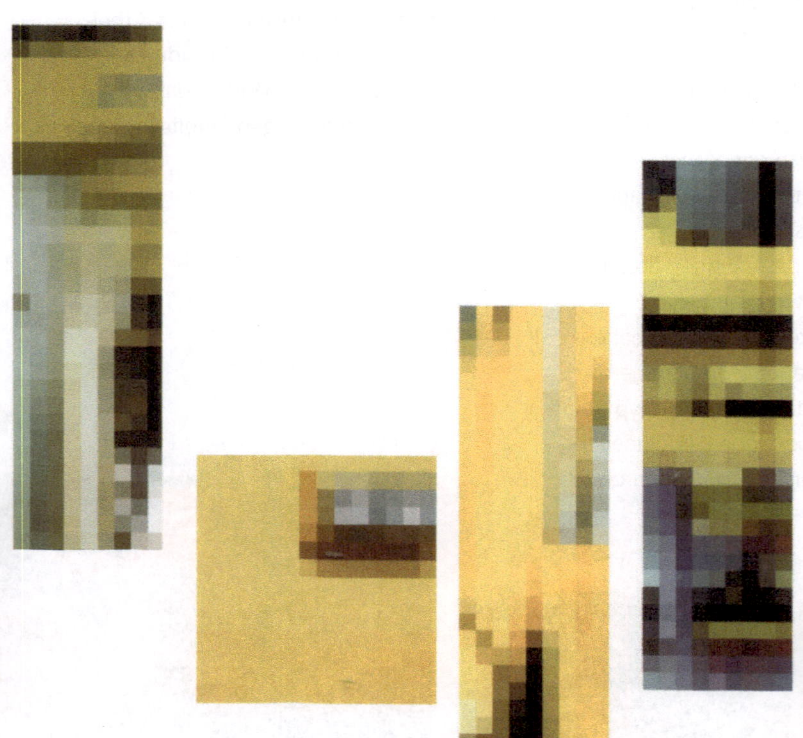

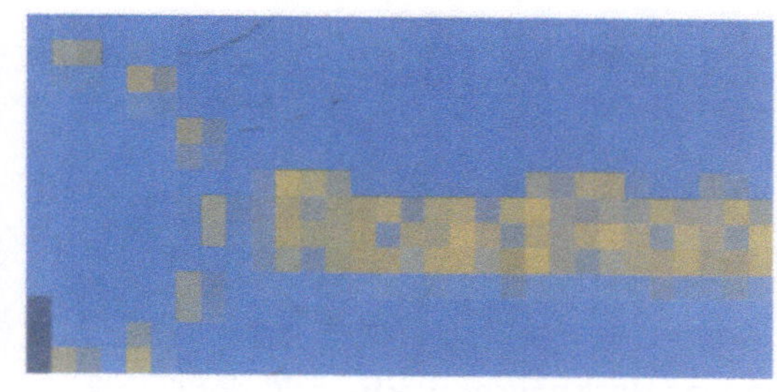

Baugewerbe

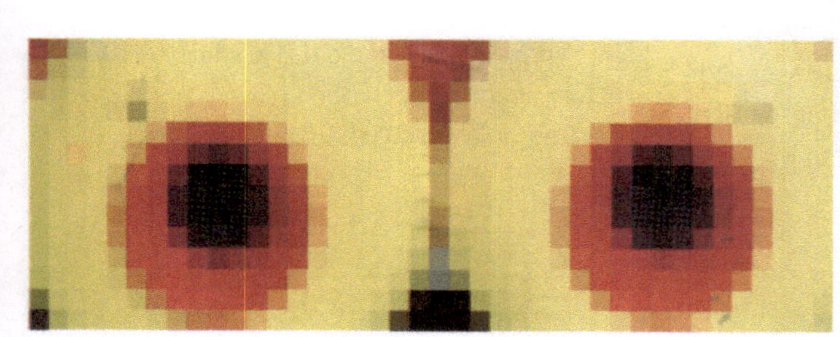

Japans Hochhäuser wachsen in der Fabrik

Baumaschinen für komplexe Aufgaben sind heute schon im hohen Maß automatisert. Ein mobiler Bauroboter entsteht daraus erst durch die Integration von Sensorik und intelligenter Steuerungstechnik. In Europa wurde dieser Schritt erst vereinzelt vollzogen.

In Japan dagegen gibt es Roboterentwicklungen im Baugewerbe seit den achtziger Jahren. Gefördert durch das Ministry of International Trade and Industry (MITI) entstehen bis heute Roboter, die Häuser errichten, die ferngelenkt gefährliche Aufgaben erledigen, die Beton glattstreichen oder Gebäudefassaden verschönern. Zahlreiche andere Beispiele bestätigen die Vorreiterrolle Japans in der Baurobotik.

Eine Entwicklung zur hochtechnisierten Bauindustrie kann aufgrund der unterschiedlichen Randbedingungen zwar nicht auf Deutschland übertragen werden. Interessante Ansätze bei uns zeigen jedoch, daß sich die deutschen Baumaschinenhersteller dem Wettbewerb aus Fernost stellen.

Japan hat Systeme entwickelt, die Hochhäuser teilautomatisch Stockwerk für Stockwerk hochziehen. Beispielhaft sind die Systeme T-UP von der Taisei Corporation, Smart von der Shimizu Corporation und Akatsuki 21 von der Fujita Corporation hier zu nennen.

Bauen ohne Lärm und Dreck

Akatsuki 21 besteht aus drei Bereichen: der Ground Factory, der Transfer Line sowie der Sky Factory. Die Ground Factory ist eine stationäre Anlage im Untergeschoß des zu errichtenden Gebäudes, die angeliefertes Baumaterial entlädt, komissioniert und zur Transfer Line transportiert. Um die Endmontage der eingesetzten Bau-

elemente zu vereinfachen, dient die Ground Factory auch der Vormontage von Baumaterialien.

Hierdurch erreicht man eine Minimierung der Montagezeit in der Sky Factory. Fahrerlose Transportsysteme, die mit Hilfe eines Portalkranes be- und entladen werden, übernehmen den Transport von Doppel-T-Trägern, Verkleidungselementen oder Treppenhaussegmenten. In der Ground Factory stehen auch die Versorgungsaggregate für die Schweißgeräte sowie mehrere Betonpumpen.

Über die Transfer Line werden die benötigten Baustoffe zur Sky Factory befördert. Die Hauptkomponente der Transfer Line bildet ein Lastenaufzug, der die beladenen fahrerlosen Transportsysteme der Ground Factory aufnimmt und zu dem gewünschten Stockwerk transportiert. Die Aufzugskabine mit einer Grundfläche von 3 x 11 Metern befördert Nutzlasten bis zu 10 Tonnen.

Die Sky Factory übernimmt die eigentlichen Bauaufgaben. Sie wird bei Baubeginn über der Ground Factory zusammengesetzt und umfaßt alle zur Baudurchführung notwendigen Maschinen und Geräte.

Zuerst entsteht das Dach

Prinzipiell handelt es sich bei der Sky Factory um eine Art Hebebühne mit integrierter Fabrik: Ist eine Etage des Gebäudes komplettiert, verfährt die Sky Factory um genau ein Stockwerk nach oben.

Die Hydraulikzylinder, die das komplette Sky Factory Segment nach oben hieven, sind in den Tragsäulen des Gebäudes untergebracht.

Die Schwierigkeit beim Verfahren des Dachstock-
werkes liegt darin, sämtliche Hydraulikzylinder
gleichzeitig zu betätigen. Der Hebevorgang
wiederholt sich im 8-Tage-Rhythmus. Am Ende
der Bauarbeiten wird die Sky Factory zerlegt
und abgebaut. Alle Arbeiten werden von einem
Kontrollzentrum im Sky Factory Segment
koordiniert und gesteuert.

In Japan gibt es kein schlechtes Bauwetter

Das Bauen von Hochhäusern nach dieser Methode
bietet viele Vorteile: Durch das Sky Factory
Konzept wird das gesamte Gebäude von Anfang
an von Witterungseinflüssen verschont, da
prinzipiell mit dem Dachgeschoß begonnen wird.
Die Bauarbeiter können unter besten Bedin-
gungen ihre Arbeit verrichten, da sie sich stets
in einem geschlossenen Bauwerk befinden.
Schließlich begrüßen auch die Anwohner derartige Bauvorhaben, da Lärm und Verschmutzungen aufgrund der Baustelle praktisch nicht
auftreten.

Auch der Bauherr hat dabei gravierende Vorteile.
Die Bauzeit ist, verglichen mit konventionell
gebauten Hochhäusern, um 30% geringer.
Akatsuki 21 automatisiert einen großen Teil der
Tätigkeiten, die beim Bau von Hochhäusern
anfallen. Hierzu zählen Arbeiten an der Stahl-
struktur wie auch das Einsetzen von Außen-
verkleidungen. Menschliche Fehler bei der
Bauausführung sind sozusagen ausgeschlossen.

Eigentlich ist Akatsuki 21 kein Serviceroboter
sondern eine "mobile Fabrik zur automatisierten
Bauausführung".

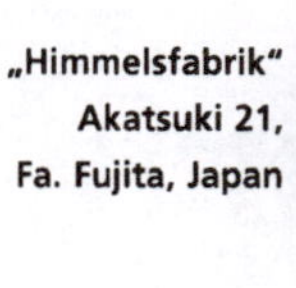

Innenansicht von
Akatsuki 21,
Fa. Fujita, Japan

Unbemannte Telemanipulatoren: Kein Tanz unterm Vulkan

Telemanipulation ist für Japans Bauwirtschaft ein wichtiges Thema. Der Vulkan Mt. Fugen bei Nagasaki ist seit November 1991 wieder aktiv und hat seitdem über 40 Menschenleben gefordert.

Daher wurde vom japanischen Bauministerium ein Projekt zur telemanipulierten Entsorgung der ausgestoßenen Lavamassen und Ascheberge ausgeschrieben. Die Fujita Corporation erhielt den Zuschlag. So entstanden insgesamt vier vollständig unbemannte Baustellen mit Muldenkippern, Baggern und Bulldozern.

Manipulatoren und Kameraroboter führen komplexere Tätigkeiten aus. Sämtliche Geräte werden von einer 1,8 km entfernten Kontrollstation aus ferngesteuert. Der Bediener hat dort dank einer 3D-Projektion den Eindruck, er befände sich in unmittelbarer Nähe der fernzusteuernden Einheiten. Ein satellitengestütztes Positioniersystem (GPS) erlaubt ihm die absolute Lokalisierung seiner Baumaschinen auf der Baustelle.

Ein automatisches Meßsystem berechnet ständig den erzielten Erdaushub. Die Aushubleistungen, die auf der ferngesteuerten Baustelle bisher erreicht wurden, sind mit denen auf Standardbaustellen vergleichbar, wie Statistiken des japanischen Bauministeriums belegen. Der durchschnittliche Erdaushub mit Bediener auf dem Fahrzeug beträgt 2260 m^3 pro Tag; teleoperiert wurden auf dem Versuchsgelände Aushubleistungen von 1500 bis maximal 2750 m^3 pro Tag erreicht.

Für Deiche und andere Wälle

Die neuesten Forschungen beschäftigen sich mit der teleoperierten Errichtung eines Walls aus Betonquadern. Ein unbemannter Manipulator greift Betonquader von der Ladefläche eines ebenfalls unbemannten Muldenkippers und setzt diese zu einer Betonwand zusammen. Im Frühjahr 1998 sollen hier die ersten Versuche durchgeführt werden.

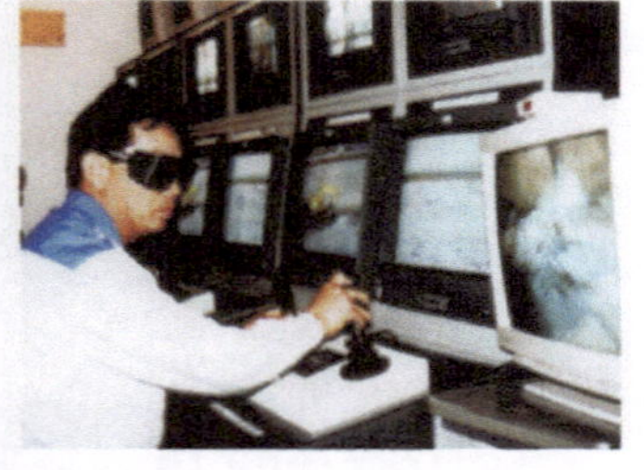

In sicherer Entfernung - das Telemanipulationzentrum der Fujita Corporation, Japan

Telemanipulierte Baumaschinen im Schatten des Vulkans Mt. Fugen, Fujita Corporation, Japan

Telemanipulierter Mini Digging Robot,
Tokyu Construction Co. Ltd., Japan

Automatisch Baggern

Das Mechatronics Research Department der
Tokyu Construction Co. Ltd. forscht ebenfalls auf
dem Gebiet der telemanipulierten Baumaschinen. In diesem Zusammenhang wurde der
Mini Digging Robot entwickelt. Hierbei handelt
es sich um einen ferngesteuerten Bagger mit
integriertem Erdbohrer. Die 2,13 Tonnen schwere
Baumaschine benötigt eine Drehstromversor-
gung bei einer Leistungsaufnahme von 20 kW.
Zur Fortbewegung werden Hydromotoren
eingesetzt.

Die Baumaschine ist in der Lage, 6,9 m³ Erde pro
Stunde teleoperiert auszuheben. Der Erdboden
kann mit Hilfe eines im Bagger integrierten
Bohrers aufgelockert werden, um den Aushebe-
vorgang mit der Baggerschaufel zu erleichtern.
Der Mini Digging Robot verkraftet noch eine
Bodenverdichtung von 50 kg/cm². Genau
genommen ist die vom Hersteller gewählte Bezeichnung Mini Digging Robot nicht korrekt,
weil es sich bei dieser Baumaschine nur um einen
ferngesteuerten Bagger handelt.

Künstler am Drahtseil

Tokyu Construction Co. Ltd. entwickelt jedoch
auch "echte" Serviceroboter wie den Wall-
Surface Operation Robot. Der Wandkletterer
stellt den Kontakt zur Fassade über zwei
Vakuumgreifer her und wird an zwei Drahtseilen
geführt.

Die auf dem Trägersystem adaptierte XY-Kine-
matik mit der Werkzeugaufnahme besitzt eine
Positioniergenauigkeit von +/- 0,5 mm. Bei
einem Eigengewicht von 80 kg positioniert der
Wall-Surface Operation Robot eine Nutzlast
von maximal 10 kg mit einer Wiederholgenauigkeit von 5 mm an einer Wand.

Zu den Aufgaben des Kletterroboters gehören
die Prüfung und Reinigung von Gebäudefassaden und deren Anstrich. Das muß keineswegs
nur eine einfarbige Beschichtung sein: der
Roboter malt auch ein Bild mit zehn Farben.
Speziell bei der Motivbearbeitung ist die hohe
Wiederholgenauigkeit des Wall-Surface Operation Robot wichtig.

Die Flächenleistung dieses Serviceroboters erreicht bei Inspektions- und Meßaufgaben etwa
250 m² pro Tag. Beim Einsatz einer Stahl-
bürste zur Reinigung sinkt sie auf ca. 150 m²
pro Tag. Soll nur einfarbig gestrichen werden,
beschichtet er täglich eine Wandfläche von
670 m². Bei Motivbearbeitung schafft der
Roboter höchstens 55 m² pro Tag. Und das
ohne Schmerzen in der Schulter!

Das System kann nur an glatten Fassaden eingesetzt werden: Balkone oder Vorsprünge
machen den Einsatz einer Drahtseilkonstruktion
zur vertikalen Fortbewegung unmöglich.

Wall-Surface Operation Robot, Tokyu
Construction Co. Ltd., Japan

Floor Troweling Robot,
Hazama Corporation,
Japan

Streicheinheit für Betonböden

Ein weiteres Beispiel für den japanischen Einfalls-
reichtum im Baurobotersektor bildet der Floor
Troweling Robot von der Hazama Corporation.
Dieses autonome Fahrzeug wird zum Glattstreichen von frisch gegossenen Betonfußböden
verwendet.

Der erste Arbeitsvorgang, das Grobglätten und
Nivellieren der Betondecke, muß zwar wie
bisher manuell durchgeführt werden. Die arbeits-
intensive und für den Facharbeiter körperlich
belastende Feinglättung übernimmt jedoch der
Roboter.

Der modular aufgebaute Floor Troweling Robot
kann so klein zerlegt werden, daß er in den
Kofferraum eines PKW paßt und somit leicht
transportiert werden kann. Der Zusammenbau
dauert rund zehn Minuten. Dann besitzt der
Serviceroboter die Abmessungen 1990 mm x
800 mm x 910 mm bei einem Gewicht von
100 kg.

Teach-In vor dem Glätten

Der mobile Roboter glättet die Betonoberfläche
entlang einer vorgegebenen Bahn, die dem
System zu Beginn via Fernsteuerung per Teach-
In einprogrammiert wird. Die einmal abge-
speicherte Bahn kann dann vollautomatisch
abgefahren werden.

Unvorhergesehene Hindernisse erkennt der
mobile Roboter mit Hilfe von in Bewegungs-
richtung vorne und hinten angeordneten
Abstandssensoren. Schlägt diese Erkennung fehl,
so detektiert er Hindernisse mit Hilfe der druck-
empfindlichen Stoßstangen, die ebenfalls vorne
und hinten am Fahrzeug angebracht sind.

**Zerlegter Floor Troweling Robot,
Hazama Corporation, Japan**

Wenn der Beton anfängt, sich zu verfestigen,
wird der Roboter auf die Fläche gesetzt und
glättet den Boden zunächst mit einer Art Holz-
kelle vor, die über einen Exzentermotor angetrieben wird. Dann wird der Roboter von der zu
bearbeitenden Fläche entfernt, damit sich
der Baustoff etwas erholen kann. Im zweiten
Arbeitsgang glättet eine am Floor Troweling
Robot angebrachte und mit einer Frequenz von
23,5 kHz oszillierende Metallkelle den Boden
endgültig.

Der mobile Roboter besitzt einen eingebauten
Stromgenerator, der die autonome Energie-
versorgung während des Betriebs sicherstellt.

Europa baut Straßen mit Esprit

Der RoadRobot ist weltweit der erste Straßenfertiger, der sich selbst navigiert und lenkt,
sowie alle für die Herstellung eines anforderungs-
gerechten Straßenbelags notwendigen Tätigkeiten - von der Materialverteilung über die
Nivellierung und Profilgebung bis hin zur Verdichtung - computergesteuert verrichtet.

Die Europäische Gemeinschaft förderte das
Projekt im Rahmen des ESPRIT-Programms. Sechs
Unternehmen aus fünf europäischen Ländern
(Deutschland, England, Holland, Portugal und
Spanien) waren daran beteiligt. Federführend war
zusammen mit der Joseph Vögele AG (Mann-
heim) das Europäische Zentrum für Mechatronic
in Aachen.

Ziel dieses europäischen Gemeinschaftsprojektes
war, den Straßenbauern ein Arbeitsgerät an
die Hand zu geben, mit dem sie Straßendecken
rationeller sowie auch umweltschonender als
bisher bauen können und das nicht zuletzt auch
zur Humanisierung des Arbeitsplatzes Baustelle beiträgt.

Was passiert beim Straßenbau?

Die Prozesse auf einem Straßenfertiger lassen
sich in die vier Teilsysteme Mischgutlogistik,
Fahrantrieb, Belagsgeometrie und Bohle einteilen.
Jedes Teilsystem hat sein eigenes Prozeßmodul.
Mischgutlogistik meint hier die Aufnahme des
Mischgutes vom LKW, die Beförderung des
Mischgutes durch den Fertiger nach hinten sowie
die korrekte Verteilung des Mischgutes vor
der Bohle.

Zum Fahrantrieb gehört die Geschwindigkeits-
steuerung und die Start-/Stopfunktion des
Fertigers und die Lenkung. Das Modul Belagsgeometrie berücksichtigt die Belagsstärke, das
Belagsprofil, die Querneigung und die Belags-
breite. Dabei werden auch Bordsteinkanten oder
die Nivellierung zu existierenden Belägen berücksichtigt. In dem Teilsystem Bohle sind alle
bohlenspezifischen Funktionen wie Tamper,
Vibration zur Belagsverdichtung, Preßleisten,
Bohlenheizung und Bohlenentlastung zusammengefaßt.

Gesteuert wird RoadRobot entweder vom Bau-
büro aus über Funk oder über den Touchscreen
des Bordcomputers. Sämtliche Informationen
über Linienführung und Niveau der Trasse und
der zu beschichtenden Unterlage (etwa eine
Schottertragschicht) sowie die Mischgutübergabe
werden mit einem ausgeklügelten Sensorsystem ermittelt und über die Prozeßmodule an
den Bordcomputer weitergeleitet. Die Steuer-
und Regelprozesse werden auf dem Touchscreen
des zentralen Bordcomputers angezeigt und
sind auch über diesen zu beeinflussen.

Diesel-elektrischer Antrieb ist umweltfreundlich

Ungewöhnlich ist auch das diesel-elektrische
Antriebssystem des RoadRobots, das von der
Vögele AG in Zusammenarbeit mit der Universität Kaiserslautern entwickelt wurde. Aufgrund
dieses Antriebs ist der RoadRobot bis 12 dB(A)
leiser, erzeugt 50% weniger Abgase und ver-
braucht 50% weniger Kraftstoff als gleich lei-
stungsstarke Straßenfertiger mit
herkömmlichem Antrieb.

Der elektrische Antrieb kommt ohne Hydrauliköl aus. Daher ist der Einsatz dieses Fertigers
in Natur- und Wasserschutzgebieten auch ohne
aufwendige Sicherheitsvorkehrungen unbedenklich.

**Road Robot, Joseph
Vögele AG, Deutschland**

Grabenloser Leitungsbau

Seit der Römerzeit reißt man die Erde auf, um Kabel, Wasser-, Abwasser- und Gasrohre zu verlegen. Seit 1986 gibt es dazu eine europäische Alternative: den grabenlosen Leitungsbau mit der Horizontalbohrtechnik. Wegbereiter dieser Technologie war und ist die Karlsruher Firma FlowTex.

Das Horizontalspülbohrverfahren ist ein vollkommen steuerbares, sanftes und umweltschonendes Naßbohrverfahren. Der Bohrvortrieb arbeitet nach einem kombinierten Wirkungsprinzip. Gebohrt wird nicht in konventioneller mechanischer Technik, sondern mit dünnen, scharf schneidenden Wasserstrahlen, die aus Düsen an der Bohrkopfspitze austreten und ein hydromechanisches "Durchörtern" von Lockergestein bewirken. Das gelöste Material wird zum einen über den Rückfluß entlang des Bohrgestänges ausgetragen, zum anderen kommt es zu einer sanften Umlagerung und Verdichtung des Lockergesteins mit weniger Porenraum.

Die gesamte Verlaufsteuerung der Bohrung erfolgt mit einem in der Bohrlanze eingebauten Sender, dessen elektromagnetisches Feld mit einem Feldstärkemeßgerät an der Erdoberfläche jederzeit ortbar ist. Durch den asymmetrischen Aufbau der Bohrlanze mit einer schrägen Anstellfläche und einer seitlich schrägen Abstützfläche am Bohrkopf wird die schiefe Ebene zur Steuerung der Bohrlanze benutzt. Bei kleinen Bohranlagen beträgt der minimale Kurvenradius 8 m, die Bohrabschnittslänge reicht bis zu 200 m und die maximale Tiefe beträgt 8 bis 10 m.

Bei der neuesten Maschinengeneration wurden zur Entlastung der Maschinenbediener verschiedene, immer wiederkehrende Arbeitsabläufe automatisiert, etwa das Reinigen und Fetten des Bohrgestänges oder die Handhabung der Bohrstangen samt Magazinierung. Durch die teilautomatische Ablaufsteuerung konnte die Bohrleistung der Maschine gesteigert und eine gleichmäßige Nutzungsbeanspruchung der Bohrstangen gewährleistet werden.

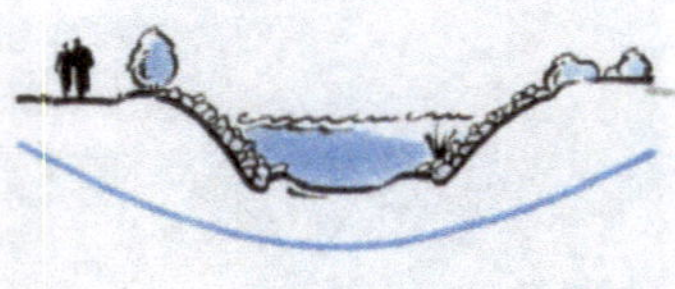

Bohrroboter, Fa. FlowTex, Deutschland

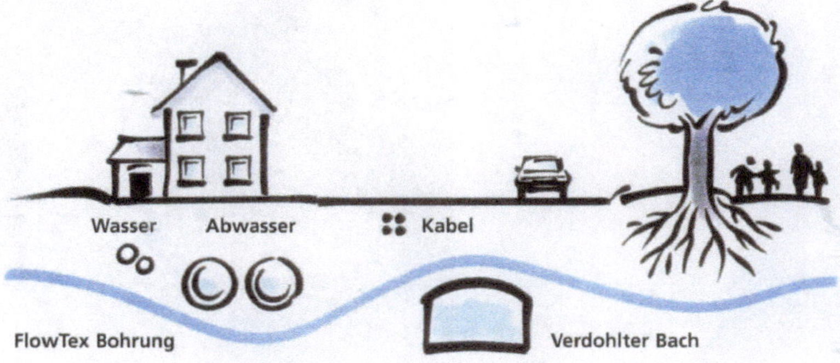

Sanierung

Inspizieren und Sanieren
in gefährlichen Umgebungen

Der Mensch hat natürliche Grenzen. Unsere
Arbeitswelt zwingt ihn aber an vielen Stellen,
diesen Grenzen gefährlich nahe zu kommen.
Aufgaben wie die Brandbekämpfung, Überkopf-
arbeiten in großer Höhe, Reinigungstätigkeiten
in der giftigen Luft eines Chemikalientanks oder
Sanierungsarbeiten in der radioaktiv belasteten
Kernzone eines Atomkraftwerks sind mit hohen
Gefahren und einer enormen gesundheitlichen
Belastung für menschliche Arbeitskräfte verbun-
den.

Auch bei Einhaltung aller Sicherheitsvorkeh-
rungen bleibt ein Restrisiko. Tätigkeiten, die vom
Einzelnen nur mit Schutzkleidung und aus
Sicherheitsgründen nur für sehr begrenzte Zeit
durchgeführt werden können, sind auch unter
Kostenaspekten zu hinterfagen.

Hier sind neuartige Serviceroboter gefordert, die
sich auch in gefährlichen Umgebungen selbständig, sicher und souverän bewegen können.
Die auch bei mehrschichtigem Einsatz nicht
müde und nicht überfordert werden. Und die
auch im schlimmsten Fall einer Katastrophe
keine trauernde Familie zurücklassen, sondern
allenfalls einen Versicherungsschaden.

Autobahnbrücken vor dem Einsturz?

Autonome Kletterroboter brauchen wir zum
Beispiel für die Sanierung von Großbauwerken.
Beton ist seit den sechziger Jahren bei Brücken
und Staudämmen unentbehrlich. Aber Beton hält
nicht für die Ewigkeit. Zu den natürlichen
Beanspruchungen durch Feuchtigkeit, Temperaturschwankungen und Sonneneinstrahlung kam
in den letzten Jahren eine steigende Schadgas-
und Schadstoffbelastung hinzu.

Diese Belastungen bewirken chemische Reaktionen auf der Oberfläche der Betonbauwerke:
es bilden sich Risse, die zur Korrosion der
Armierungsstähle nahe der Oberfläche führen.
Dadurch wird die Stabilität ernsthaft gefährdet.
Wie man heute aus Studien im Autobahn-
bereich weiß, beruht ein Großteil der Schäden
auch auf unsachgemäßer Bauausführung.

Autonome Kletterroboter sind prädestiniert,
Aufgaben bei der Sanierung dieser Schadensfälle
zu übernehmen. Der Einsatz menschlicher
Arbeitskräfte wäre hier zu gefährlich, zu teuer
oder gar technisch unmöglich.

**Kernkraftwerke
mit hohen Sanierungskosten**

In seinem realen Ausmaß der Allgemeinheit noch
gar nicht bewußt ist der enorme Sanierungs-
bedarf von Kernkraftwerken. In Deutschland gibt
es 19 aktive KKWs, weltweit werden es bald
500 sein. Mindestens einmal jährlich ist eine
Revision erforderlich, die bis zu einigen Wochen
dauern kann. Jeder Tag einer Stillegung kostet
den Betreiber eines KKW rund eine Million Mark.
Da rechnet sich eine Rationalisierung dieser
gefährlichen Arbeit durch Robotereinsatz sehr
schnell.

Hinzu kommen die 16 stillgelegten deutschen
Kernkraftwerke. Sie müssen irgendwann
wieder abgebaut werden. Spätestens seit
Tschernobyl wissen wir, wie gefährlich Atomruinen
sind. Menschen sind zu wertvoll für Transport-,
Instandhaltungs- oder Inspektionsaufgaben.
Serviceroboter sind weitgehend strahlenresistent,
zuverlässig und praktisch unermüdlich.

Bionik

nach engl.-amerik. bionics., Kurzwort
aus bio... und electronics (Duden)
Das Wort „Bionik" leitet sich aus einer
Kombination der beiden Begriffe
„Biologie" und „Technik" her. Charak-
teristisches Merkmal der Bionik ist
die Interdisziplinarität. Das junge
und für die Zukunft noch vielverspre-
chende Forschungsgebiet verbindet
Biologie vor allem mit den Ingenieurs-
wissenschaften, aber auch mit Architektur und Mathematik. Ziel der Bionik
ist die Übertragung von Problemlösungen der Natur in den Bereich der
Technik, um die in Jahrmillionen
entwickelten und optimierten „Erfindungen der Natur" zu nutzen.
Von den maßgebenden Fachleuten auf
dem Gebiet der Bionik wird heute
folgende Definition anerkannt: „Bionik
als Wissenschaftsdisziplin befaßt
sich systematisch mit der technischen
Umsetzung und Anwendung von
Konstruktionen, Verfahren und Ent-
wicklungsprinzipien biologischer
Systeme." (Neumann 1993)

Adhäsion

• Das Haften zweier Stoffe oder
  Körper aneinander.
• Das Aneinanderhaften der Moleküle
  im Bereich der Grenzfläche zweier
  verschiedener Stoffe (Klebstoff).

Wie funktioniert ein Kletterroboter

Ein Kletterroboter ist eine mobile Plattform, die
ein Werkzeug oder einen Sensor an einen für
Menschen nicht zugänglichen oder gefährlichen
Ort transportiert. Die mobile Plattform hat
zwei Aufgaben: Sie muß sich sicher auf dem
Untergrund festhalten und gleichzeitig fortbewegen können.

Die Natur zeigt uns, wie man Haftung zum
Untergrund bekommt: durch Formschluß oder
Kraftschluß. Fliegen besitzen kleine Härchen,
die sich mit der mikroskopisch rauhen Oberfläche
verhaken und so einen Formschluß erzeugen.
Kleine Käfer sondern bei Gefahr eine Flüssigkeit
ab, die Adhäsionskräfte zwischen dem Untergrund und den Beinchen des Insekts bewirkt
und so für eine kraftschlüssige Verbindung zum
Boden sorgt. Der Angreifer kann den Käfer
nicht mehr auf den Rücken drehen. Tintenfische
sind mit Saugnäpfen ausgerüstet. Die Beispiele
lassen sich beliebig fortsetzen.

Kraftschluß und Formschluß geben festen Halt

Besitzt ein Bauwerk Profile, Schienen oder
ähnliches, bietet sich formschlüssiges Greifen an,
um dem Kletterroboter sicheren Halt zu
verschaffen. Stehen diese Hilfsmittel nicht zur
Verfügung, so muß der Kontakt zum Untergrund
durch Kraftschluß hergestellt werden.

An Stahloberflächen von Gaskesseln, Benzintanks
und Schiffsrümpfen kann die Haftung mit Hilfe
von Elektromagneten erreicht werden. An Beton-
wänden packen Vakuumgreifer mit Unterdruck
zu.

Bionik - Vorbilder aus der Natur

Der Bewegungsapparat des Roboters kann
als Raupensystem, als Vielbeiner oder als sogen.
Sliding-Frame gestaltet werden.

Ein Sliding-Frame oder Gleitrahmen besteht aus
mindestens zwei Plattformen, die gegenein-
ander verschiebbar sind. Jede Plattform ist mit
einem eigenen Haftsystem ausgerüstet.
Während das Haftsystem der einen Plattform
den sicheren Kontakt zum Untergrund gewährleistet, wird die andere Plattform verschoben.
Das Haftsystem der versetzten Plattform übernimmt dann die Haltefunktion, und die erste
Plattform kann nachgezogen werden.

Raupen, Käfer und Spinnen

Raupensysteme kennt man bei Kettenfahrzeugen.
Ein Kletterroboter braucht in seinem Raupensystem zusätzlich ein Haftsystem.

Vielbeiner orientieren sich an der Natur. Kletterroboter können vier, sechs oder gar acht Beine
haben: der Kreativität sind keine Grenzen gesetzt.
Auch hier ist jedes Bein mit einem Element
ausgerüstet, das die Haftung zum Untergrund
herstellt.

Die Einsatzaufgabe definiert das auf der mobilen
Plattform montierte Arbeitssystem: Kletterroboter führen Kameras, tragen Strahlenmeß-
geräte und andere Sensoren oder sind mit
Werkzeugen wie Bohrern oder Winkelschleifern
bestückt. Die beim Einsatz des Werkzeuges
auftretenden Kräfte bestimmen die Anforderungen an das Haftsystem. Das muß auch im
härtesten Einsatz sicheren Halt und ausreichend
Gegenkraft geben.

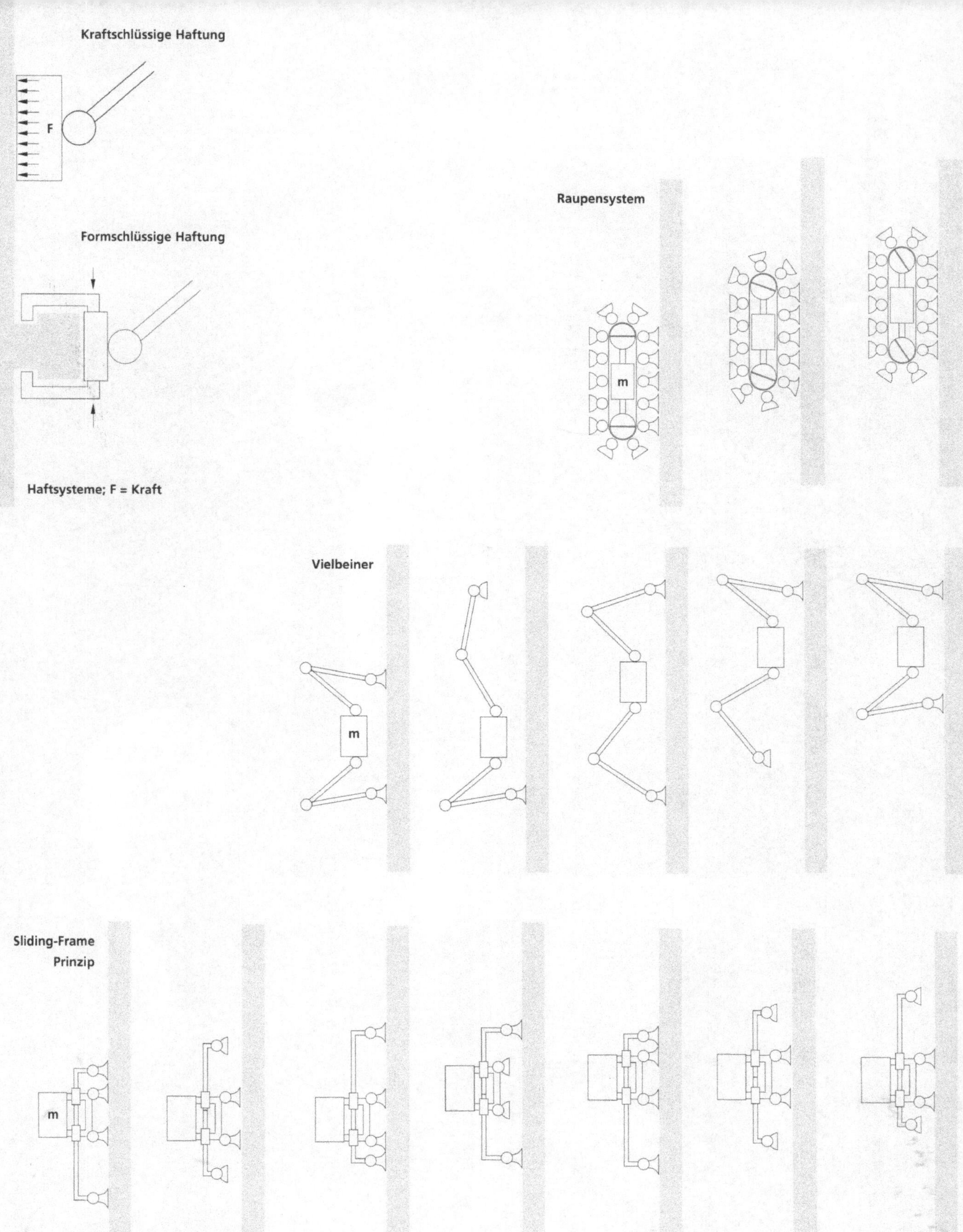

Kraftschlüssige Haftung
F
Formschlüssige Haftung
Haftsysteme; F = Kraft
Raupensystem
m
Vielbeiner
m
Sliding-Frame
Prinzip
m
Bewegungssysteme; m = Masse

TRIBOT, Portech Ltd., GB,
ausgerüstet mit einer
Wasserdruckkanone

Kletterroboter im Einsatz

Portech Ltd. gehört zu den weltweit führenden
Herstellern autonomer Kletterroboter. Das im
englischen Portsmouth ansässige Unternehmen
arbeitet eng mit der University of Portsmouth
zusammen. Zu den Portech-Kunden gehören
unter anderem die chemische Industrie und die
Betreiber von Kernkraftwerken.

Der Demonstrator ROBUG IIa dient als Forschungs-
objekt für Portechs Entwicklerteam. Der
spinnenähnliche Roboter besitzt vier mit Sauggreifern ausgerüstete Beine, die über ein
Drehgelenk im Zentrum des Systems paarweise
verbunden sind. Schritt für Schritt bewegt
sich ROBUG IIa vorwärts; wegen seines tiefen
Schwerpunktes läuft er sehr stabil. Er kann
sogar vom Boden aus eine vertikale Wand hoch-
klettern.

Der Putzdienst kommt auf Vakuumsohlen

Der TRIBOT von Portech basiert auf dem
Sliding-Frame Prinzip und ist mit einer drehbaren
Wasserstrahldüse ausgerüstet. Er übernimmt
Reinigungsaufgaben an großen Flächen außerhalb kerntechnischer Anlagen. Den Kontakt
zum Untergrund stellt TRIBOT mit speziell
entwickelten Vakuumgreifern her, die auch an
rostigen Flächen für sicheren Halt sorgen.

SADIE wurde für die britische Gesellschaft
Magnox Electric entwickelt und bildet den jüngsten Sproß in Portechs Roboterfamilie. Dieser
Kletterroboter führt Inspektionsarbeiten an
CO_2-Strömungskanälen in Kernkraftwerken durch,
die mit Druckbehältern des Magnox-Typs
ausgerüstet sind. SADIE basiert ebenfalls auf
dem Sliding-Frame Prinzip und verwendet
Vakuumgreifer, um sich am Untegrund festzu-
halten. Sechs Greifer werden eingesetzt, es
genügen jedoch schon zwei dieser Greifer, um
das Gerät an einer senkrechten Wand zu
halten.

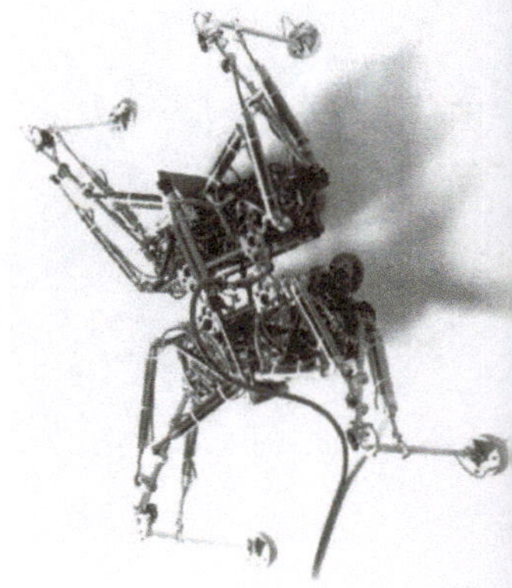

Robug IIa

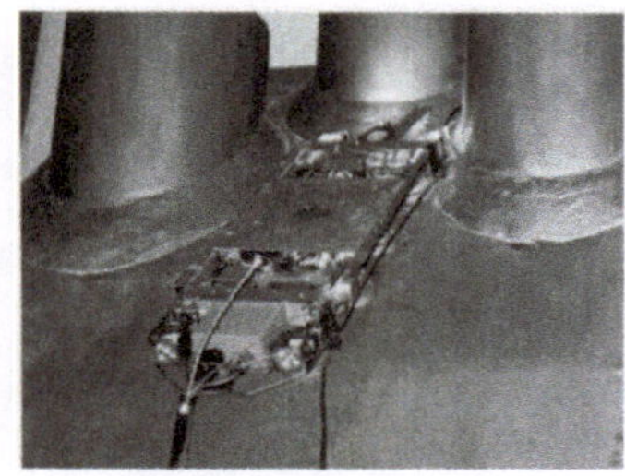

NERO „Testlauf" im KKW

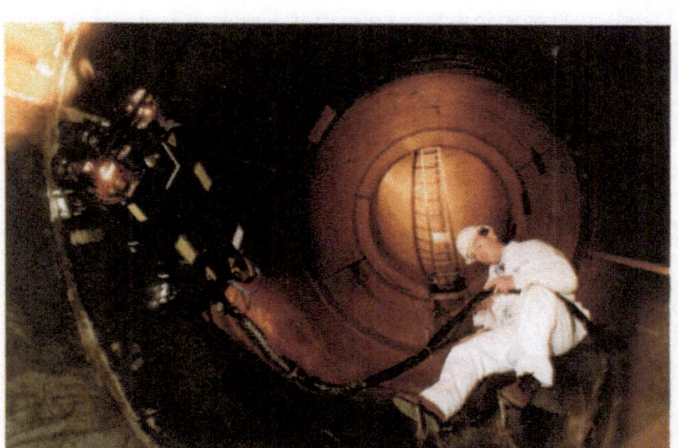

SADIE, Portech Ltd., GB

Robug III mit Prof. Arthur A. Collie,
dem Technical Director von
Portech Ltd., GB

RoSy I bei der Inspektion einer
Autobahnbrücke, Yberle Robotersysteme GmbH, Deutschland

HYDRA II

RoSy jobbt am Bau

Die Klettermaschinen RoSy I und RoSy II kommen
von der Robotersysteme Yberle GmbH aus
Neumarkt/Oberpfalz; RoSy steht für "Remotely-
Operated System Yberle". Bestückt mit
unterschiedlichen Werkzeugen können diese
teleoperierten Kletterroboter Aufgaben an
unzugänglichen Stellen im Bauwesen oder der
Gebäudewartung übernehmen. Das Abtragen
von Material, das Beschichten von Oberflächen,
das Bohren von Löchern und das Setzen von
Dübeln gehört genauso zu ihren Einsatzmöglichkeiten, wie allgemeine Prüf-, Inspektions- und
Reinigungsaufgaben.

Als Haftsystem setzt RoSy Vakuumsauger ein.
Der Bewegungsapparat, eine aus dem Sliding-
Frame Prinzip abgeleitete Kinematik aus Hub-
elementen und Verfahreinheiten, ermöglicht
RoSy, sich frei in alle Richtungen zu bewegen.

HYDRA

Auch den HYDRAs, entwickelt vom Unterwasser-
technikum des Instituts für Werkstofftechnik
der Universität Hannover, ist jede Arbeitsposition
und jedes Werkzeug recht. Je nach Modell
verkraftet das mit Sauggreifern arbeitende Trägersystem einer HYDRA mit einer aufgabenadap-
tierten Kinematik Nutzlasten von 5-50 kg bei
Eigengewichten von 10-38 kg.

RoSy II in Entwicklung

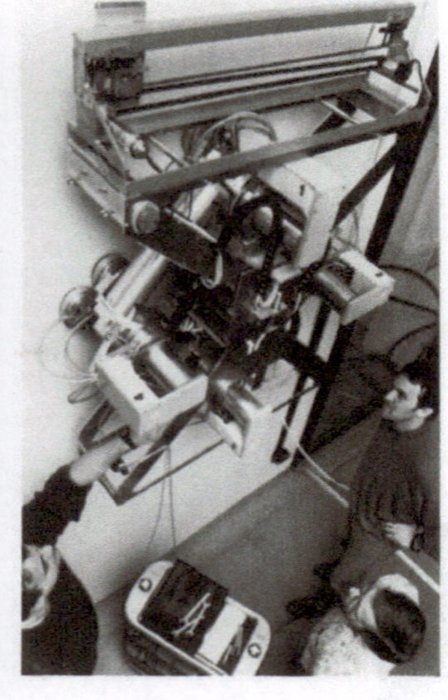

**Yberle Robotersysteme GmbH,
Deutschland**

HYDRA IV

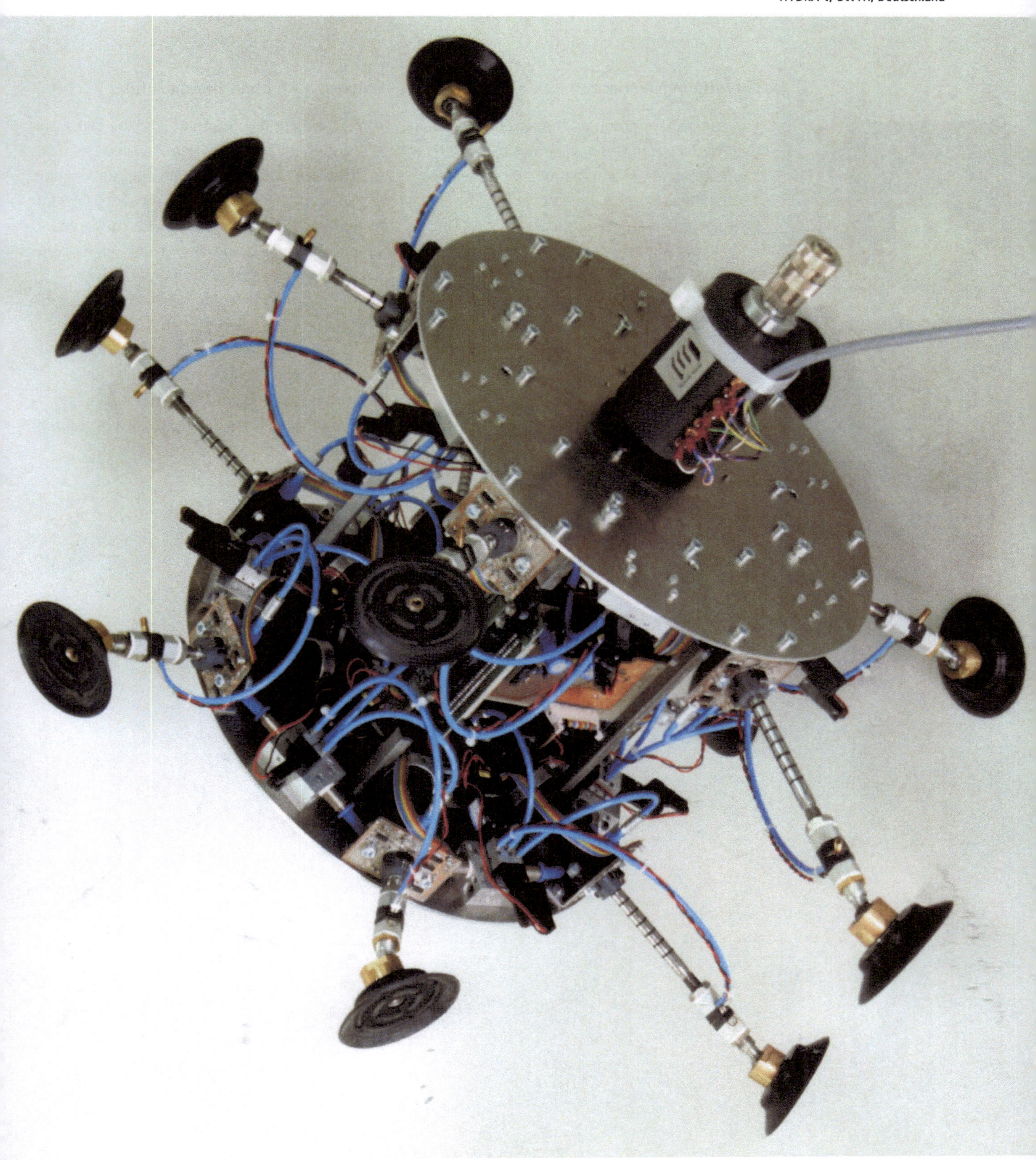

Entwicklungstendenzen

Fast alle bisher bekannten Kletterroboter stellen den Kontakt zum Untergrund mit aktiven Saugelementen, Elektromagneten oder einer Kombination dieser Haftelemente her. Die Energiezufuhr, die Versorgung mit Druckluft und Elektrizität, erfolgt von einer festen Bodenstation aus über Schleppleitungen.

Die endliche Länge und das Gewicht dieser Zuleitungen begrenzen die Reichweite dieser Robotersysteme. Zudem können sich diese Versorgungsleitungen in zerklüfteten Arbeitsbereichen an Hindernissen verfangen, was die Planung der Bewegungsbahn des Roboters erschwert.

Haftung auch ohne Energiezufuhr

Am Fraunhofer IPA, Stuttgart wird zur Zeit ein Haftsystem für Kletterroboter entwickelt, das mit passiven Haftelementen arbeitet und somit auf Druckluftleitungen verzichten kann. An sehr glatten Flächen wie etwa Glas- oder Structural-Glazing-Fassaden, kann das Vakuum im Inneren des Greifers passiv erzeugt werden: durch Verdrängen der Restluft in der elastischen Saugglocke. Der Luftzugang zwischen Dichtlippe des Greifers und Untergrund ist so gering, daß für ausreichende Zeit ein hinreichend starker Unterdruck aufrechterhalten werden kann, ohne ständig Luft aus dem evakuierten Saugfuß abpumpen zu müssen.

Bauteile und Wirkungsweise des Ventilmechanismus

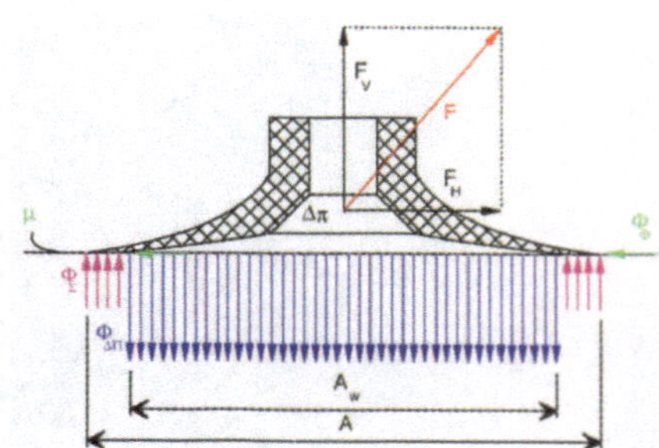

Kraftverteilung am passiven Haftelement

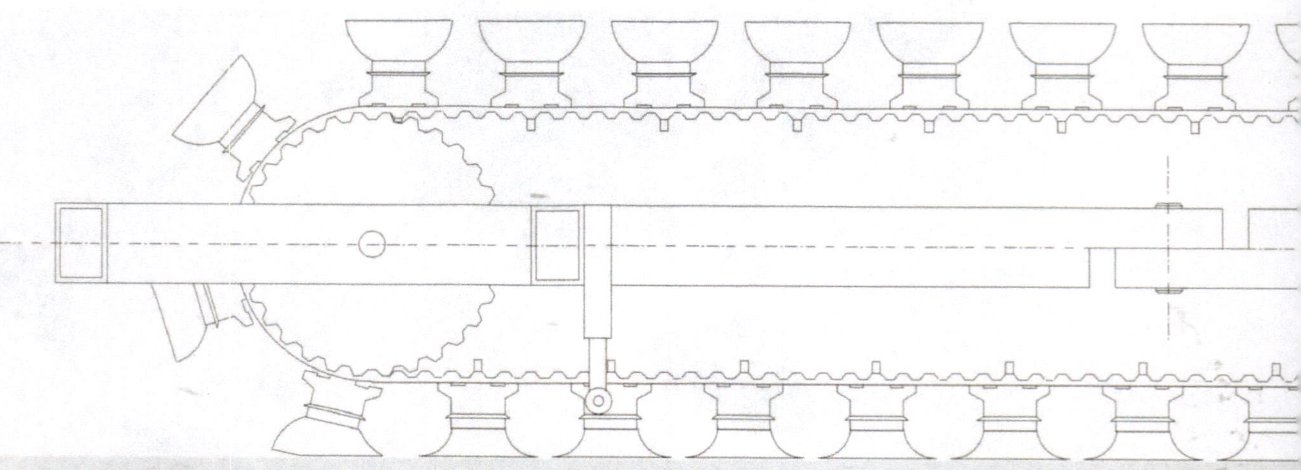

Millepede klettert gern auf Glas

Millepede heißt der erste, mit einem passiven
Haftsystem ausgerüstete Demonstrator. Er stellt
den Kontakt zum Untergrund über 60 gleichmäßig und paarweise am Umfang eines Zahn-
riemens verteilte Glockensauger her.

Ein Ventilmechanismus, mit dem jedes der
60 Haftelemente des Raupensystems ausgerüstet
ist, übernimmt bei der zum Patent angemel-
deten Erfindung drei Aufgaben: Beim Anpressen
der Saugglocke öffnet das Ventil, und die
eingeschlossene Luft kann entweichen. Sobald
der vom Glockensauger umschlossene Raum
evakuiert ist, schließt das Ventil und verhindert
den Druckausgleich zur Atmosphäre; die
Haltekraft des Haftelements ist dann maximal.

Beim Ablösen lüftet das Ventil das Haftelement
und die Haltekraft des Saugers sinkt auf Null.
Die Steuerung des Ventilmechanismus erfolgt
dabei rein mechanisch durch die Synchron-
wellen und Spannrollen des Zahnriementriebs.

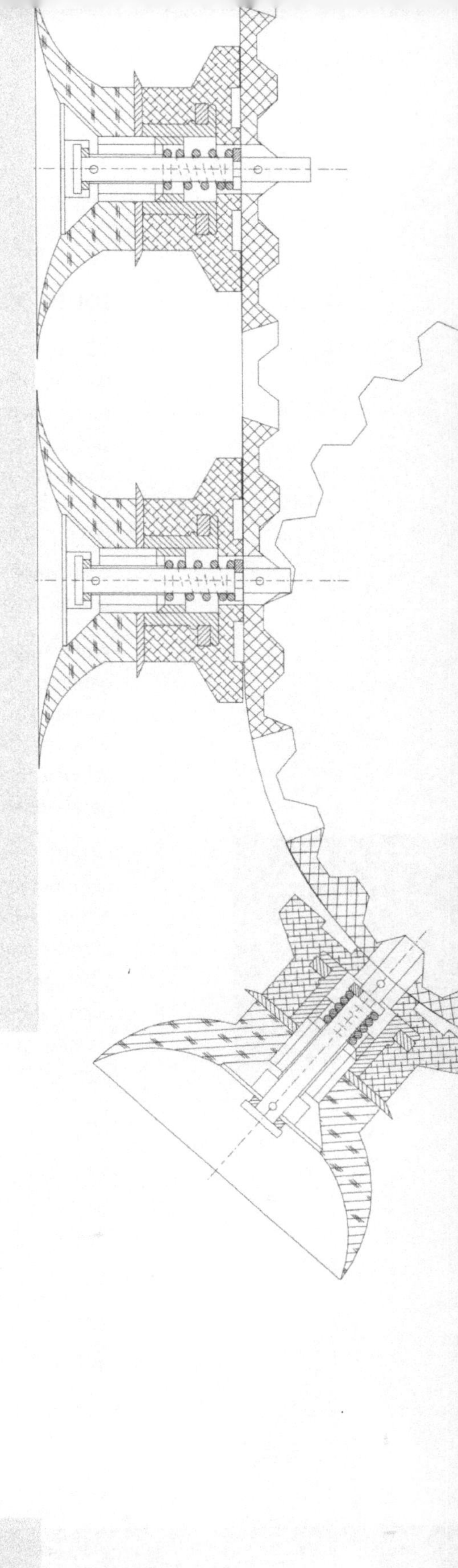

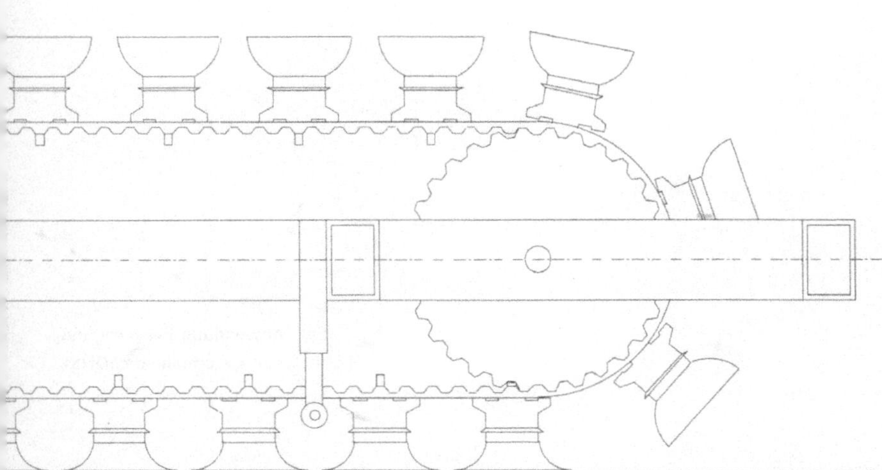

SOLIST - Raupe und Artist zugleich

SOLIST - der sauggreifergestützte ortsunabhängige leichte Inspektions-System-Träger, wurde im Rahmen einer Studie am Institut für Werkstoffkunde der Universität Hannover in Zusammenarbeit mit der schweizer Firma Colenco Power Engineering AG, Baden, konzipiert. Auch SOLIST ist für Instandhaltungsarbeiten in Bereichen vorgesehen, die für den Menschen unzugänglich sind.

Werkzeuge, die für solche Instandhaltungsaufgaben gebraucht und an das System adaptiert werden können, sind beispielsweise Trennschleifer, Kleinmanipulatoren, Meßsensoren, Schweißzangen, Schweißbrenner, Reinigungsgeräte oder Lackiereinheiten.

Daraus resultieren enorme Anforderungen an die Kinematik des Kletterroboters. Er muß sehr wendig sein und die unterschiedlichsten Hindernisse wie ein Artist überwinden oder unterschreiten können. Die Roboterkinematik muß auch auf ein- und zweidimensional gekrümmten Flächen wie dem Außenmantel eines zylindrischen Körpers oder einer Kugel laufen können.

Und sie muß jederzeit die Bewegungsebene wechseln können, um etwa von der Wand auf die Decke eines Raumes zu gelangen.

Da die bisher verwendeten Kinematikkonzepte derartige Anforderungen nur unzureichend erfüllen, hat man nun eine völlig neuartige Bewegungsmechanik entworfen. Ihr System besteht aus zwei dreieckigen Plattformen mit jeweils drei Saugfüßen. Verbunden sind diese beiden Plattformen über einen Gelenkarm mit sechs präzise steuerbaren elektrischen Antrieben.

Durch eine rotatorische Antriebseinheit in der Mitte und an seinen Enden kann sich der Arm völlig strecken oder in M-Form zusammenfalten. Auch die Länge der einzelnen Armglieder ist variabel. Sogar auf der Stelle kann der Roboter durch Drehen einer Stehplattform seine Laufrichtung ändern oder um seinen Standfuß rotieren. Die Kinematik des Systems ermöglicht es ihm auch, sich wie eine Raupe zu bewegen.

Anwendungsbeispiele und
Fortbewegungsformen von SOLIST

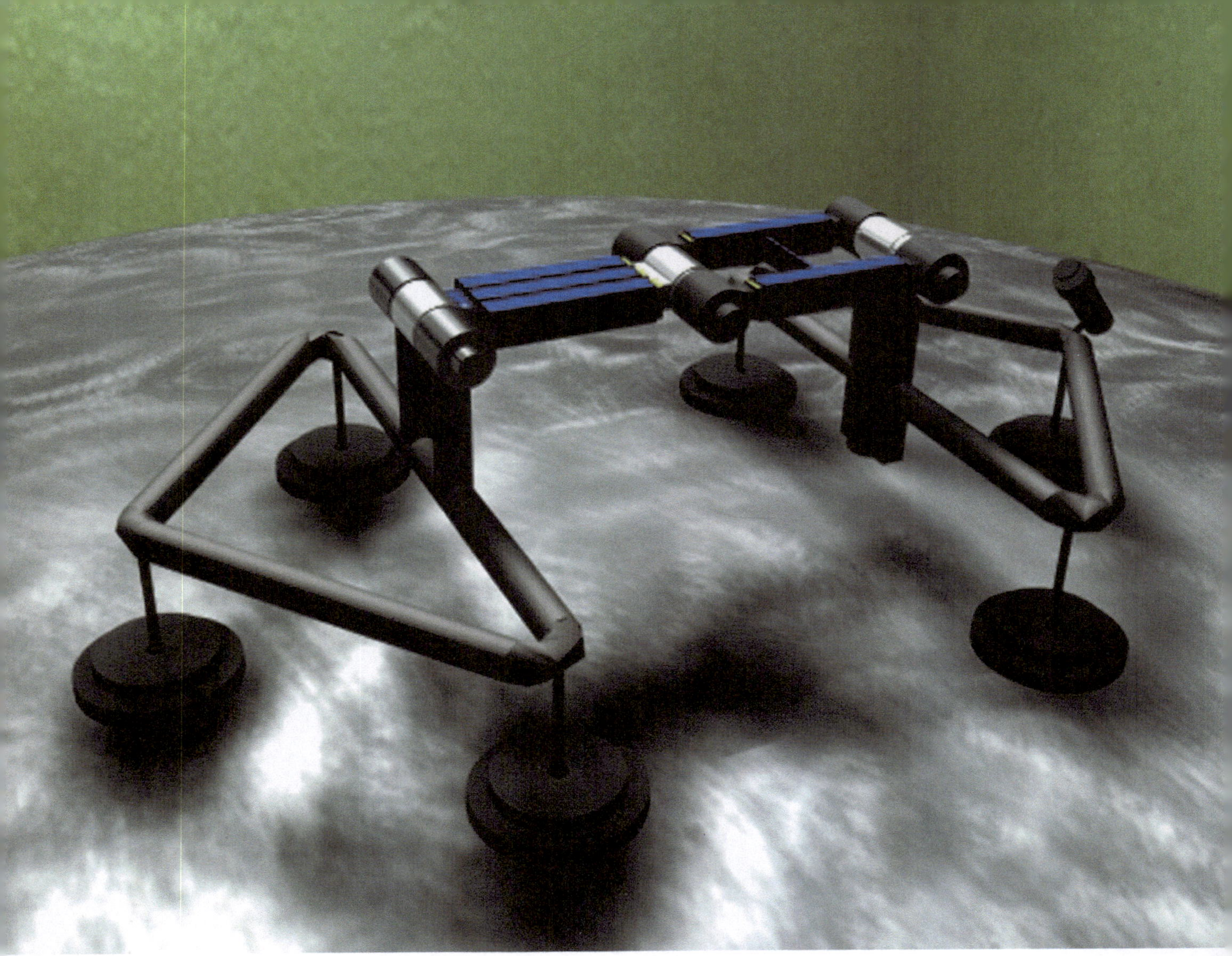

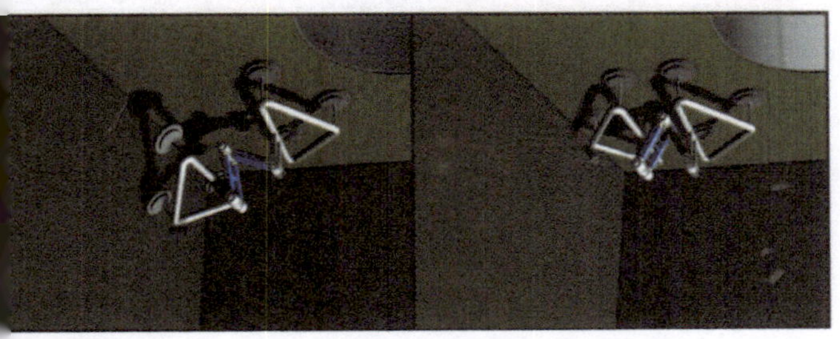

Reinigung

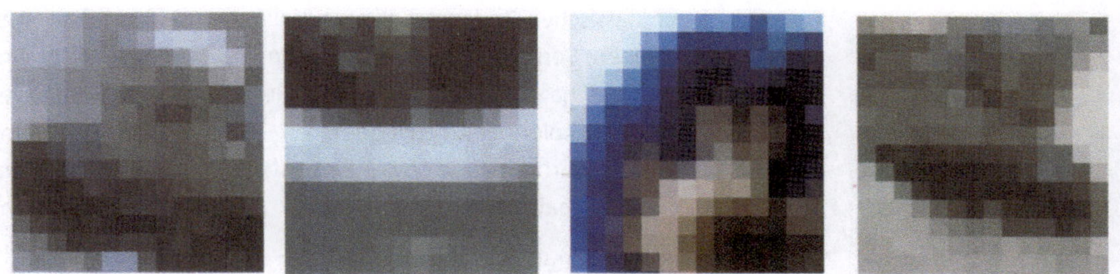

Bodenreinigung

Fassadenreinigung

Flugzeugreinigung

Sportbootreinigung

Bodenreinigungsroboter,
Fa. Hitachi, Japan

Bodenreinigung

Feinfühlig und bestens orientiert

Schlecht bezahlt und anstrengend – das sind wohl die markantesten Assoziationen, die einem zur klassischen Bodenreinigung einfallen. Kehren, Saugen, Sprühen, Wischen, Wachsen und Polieren beschäftigt allabendlich ganze Heerscharen von Putzkolonnen, die Flughafen-, Bahnhofs- und Bürogebäude sowie Einkaufspassagen sauber halten.

Mehr als zwei Drittel der dafür anfallenden Kosten sind Arbeitslöhne. Deshalb sehen die Dienstleister aus dem Reinigungsgewerbe und führende Hersteller von Bodenreinigungsmaschinen hier ein gewaltiges Automatisierungspotential.

Seit 20 Jahren werden in Europa, Asien und Amerika autonome Bodenreinigungsmaschinen entwickelt und verkauft. Vereinzelt gehören diese Reinigungsroboter schon zum Alltagsbild auf Bahnhöfen der Japan Railway in Tokyo und Ossaka sowie auf dem Haneda Airport.

In Frankreich setzen französische Reinigungsunternehmen wie Abilis, Comatec und GSF seit den frühen 80er Jahren diverse Bodenreinigungsroboter ein. Im Auftrage der RATP, der Pariser Metro, verrichten zur Zeit etwa 25 autonome Bodenreinigungsmaschinen von Comatec dort ihren Dienst. In Supermärkten der niederländischen Handelskette Albert Heijn B.V. trifft man die von der Siemens AG und der Hefter Cleantech GmbH entwickelten autonomen Schrubb-Saug-Maschinen ST-81. Nach Schätzungen des Fraunhofer IPA sind zur Zeit 40 bis 100 autonome Bodenreinigungsmaschinen weltweit im kommerziellen Einsatz, die Prototypen sind dabei nicht mitgerechnet.

Wie sehr der Bereich der automatisierten Bodenreinigung in Bewegung ist, zeigen die Neuentwicklungen von Siemens-Hefter und Minolta. Für Minolta ist nicht nur der kommerzielle Dienstleistungsbereich interessant, sondern in naher Zukunft auch der Heimbereich.

Reinigungsroboter zur Bodenreinigung lassen sich zwei Kategorien zuordnen: dem kommerziellen Sektor und dem Heimbereich.

ST-81 in einem Supermarkt der niederländischen Handelskette Albert Heijn B.V.

Schrubb-Saug-Maschine ST-81 , Siemens AG und Hefter Cleantech GmbH, Deutschland

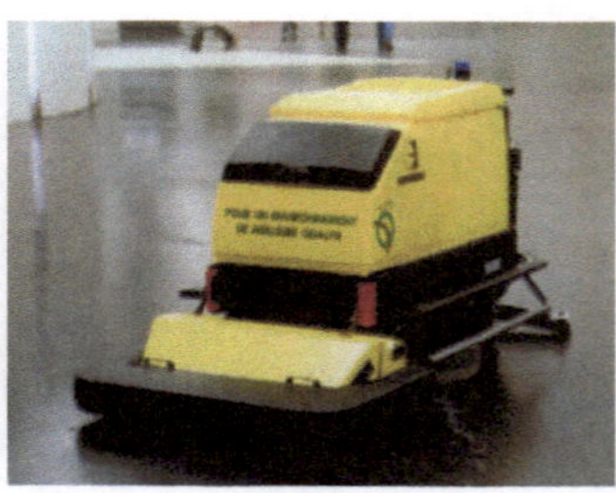

Reinigungsroboter AUROR, Fa. Cybernétix, Frankreich

CAB-X, Fa. Cybernétix,
Frankreich

Bodenreinigungsroboter,
Fa. Panasonic, Japan

CYBERVAC, Cyber-
works Inc., Kanada

BR 600, Fa. Alfred Kärcher,
Deutschland

Mutters kleiner Helfer

Im Heimbereich gelten im Gegensatz zu den
schon etablierten Reinigungsrobotern für
den Dienstleistungsbereich ganz andere Maß-
stäbe: Home Cleaning Robots müssen sehr
klein, leicht und preiswert sein, und über eine
gute Manövrier- und Navigationsfähigkeit
sowie diverse Sicherheitsfunktionen verfügen.

Die Anforderungen an einen Bodenreinigungsroboter sind komplex. Er muß, ohne anzu-
ecken, unter Tische und Stühle sowie in
kleine Ecken fahren und die teure chinesische
Vase sicher umschiffen. Er sollte den Hund
nicht in eine Psychose treiben und auch dem
Hamster eine faire Überlebenschance geben,
wenn er ihm in die Quere kommt. Außerdem
sollte die Programmierung oder das Teach-In
des Reinigungssystems für die individuell gestalteten Wohnungen einfach und praktikabel
sein.

Respekt vor Hunden und Treppen

Dieser Herausforderung haben sich die Ingenieure von Minolta gestellt. Ein erster Prototyp
wiegt gerade einmal 8,2 kg und ist mit seinen
Abmaßen von 321 mm x 320 mm x 170 mm
sehr klein. Der Cleaning Robot kann mit seinen
zwei angetriebenen Rädern und dank seiner
leicht gerundeten Form sehr gut an Wände und
in Ecken fahren. Ultraschall-, Berührungs-
und Levelsensoren erkennen sogar Treppen.
Seine Nickel-Metall-Hybrid Batterie reicht
für zwei Stunden Einsatz. Ein Internet-Anschluß
wird den Cleaning Robot kommunikations-
fähig machen.

Allen Entwicklern ist klar, daß es im Heimbereich
noch einige Akzeptanzprobleme seitens der
Hausfrau gibt, auch wenn sich hier mittel- bis
langfristig ein gewaltiges Potential öffnet.

Cleaning Robot,
Fa. Minolta, Japan

Aktion sauberer Bahnhof

Das gerade auf Bahnhöfen autonome Bodenreinigungsmaschinen zuerst ihren Einzug gehalten haben, ist angesichts des enormen Personenverkehrs auf Bahnsteigen und in den
Abfertigungshallen kein Wunder.

So wurde z.B. der Hako-Rob 80 von Hako am
Waterloo International Terminal in London
getestet. In der Pariser Metro werden die BAROR
und AUROR von Cybernétix eingesetzt. Diese
Roboter werden durch im Boden verlegte Mag-
neten geführt. Die AUROR wiegt 660 kg
und mißt 2000 mm x 730 mm x 1080 mm. Ihre
Arbeitsgeschwindigkeit beträgt maximal
0,75 m/s. Autonome Bodenreinigungsmaschinen
werden in Frankreich auch von den Firmen
Midi Robots und Robosoft hergestellt.

Navigation mit Kreiselkompaß

In Deutschland ist neben Hako und Siemens-
Hefter auch die Firma Alfred Kärcher ein
führender Hersteller von Reinigungsrobotern.
Ihr BR 700 Robot, eine lernfähige Scheuer-
Saugmaschine, navigiert ohne künstliche Markierungen mittels Kreisel, Weggeber und
Ultraschallsensoren. Safety-Bumper und Kon-
taktleisten schützen zusätzlich Personen
und andere Hindernisse.

Auf der Kölner Fachmesse IRW stellten Siemens-
Hefter 1997 die ST-111 vor, die über Ultraschallsensoren, Laserscanner und ein optisches
Gyroskop verfügt. Eine Besonderheit ist ihre
variable Arbeitsbreite.

ACROMATIC, Fa. Hako,
Deutschland

BR 700 Robot, Fa. Alfred
Kärcher, Deutschland

Der lernfähigen Umwelterkennung
gehört die Zukunft

Reinigungsroboter sind in der Regel autonome Systeme auf der Basis komplexer Navigationssysteme. Während die französischen Entwickler gute Erfahrungen mit der Roboterführung mittels Bodenmagneten entlang mäanderförmiger Bahnen machten, geht der Trend heute zur Navigation ohne künstliche Referenzmarken.

Der moderne Roboter legt, sich behutsam vorwärts tastend, eine Geländekarte von seiner Umgebung an, registriert alle Veränderungen, erkennt mobile Objekte, weicht Personen mit freundlichem Hinweis aus und unterhält sie mit Musik.

Eine umfangreiche Sensorik macht's möglich: Laserscanner und Infrarotsensoren dienen zur Navigation, Ultraschallsensoren zur Kollisionsvermeidung, Berührungstastleisten und Bumper zum unmittelbaren Kollisionsschutz und Notstop. Sensoren auf der Unter- und Oberseite der Roboter erkennen Treppen und herabhängende Hindernisse.

Neben Bahn- und Flughäfen werden Reinigungsroboter in Zukunft verstärkt auch in Supermärkten und Einkaufszentren zu finden sein. Roboter für den Indoor-Bereich werden zunächst ihren Einsatz in größeren Hotelketten finden.

Die Anschaffungspreise von autonomen Bodenreinigungsmaschinen für den kommerziellen Bereich, die heute bei circa 50 TDM beginnen, werden mit wachsender Nachfrage und der fortschreitenden technischen Entwicklung sinken.

Fassadenreinigung

HighTech in luftiger Höhe

Glas wird als Fassadenbaustoff nicht nur bei Architekten immer beliebter. Äußere Ästhetik paart sich bei einer Glasfassade mit optimalen Lichtverhältnissen im Innenraum. Damit die Sicht auch frei bleibt, muß eine Glasfassade regelmäßig gereinigt werden. Für die Betreiber von Großgebäuden ist die im Abstand von wenigen Monaten fällige Großreinigung der Glasfront ein gewichtiger Kostenfaktor, der die Gebäudewirtschaftlichkeit inzwischen sehr belastet.

Bei komplizierten gläserenen Flächengestaltungen, wie sie etwa bei modernen Flughafenterminals oder Bahnhofshallen zu finden sind, kommen weitere erschwerende Randbedingungen hinzu: bauliche Hindernisse, empfindliche Fußböden und hohe Sicherheitsanforderungen zum Schutz des Personenverkehrs. Eine unzureichende Einschätzung der Nutzungsanforderungen in der Planungsphase sowie ungeeignete und veraltete Höhenzugangstechniken stellen heute oftmals unüberwindbare Hürden für die konventionelle Reinigung und Instandhaltung derart großer und teilweise sehr komplexer Flächenkonstruktionen dar.

Die erreichbare Qualität bei der manuellen Reinigung wird von Faktoren wie Wetter oder Müdigkeit und Motivation des Reinigungspersonals beeinflußt. Dauernde sichtbare Verschmutzungen, im schlimmsten Fall auch irreversible Gebäudeschäden sind die fast unvermeidbare Folge.

Manuelle Reinigung ist teuer und gefährlich

Werden bei schwer zugänglichen Bereichen auch noch Sicherheitsvorschriften mißachtet, erhöht sich die im Höhenbereich ohnehin schon große Unfallwahrscheinlichkeit. Angesichts steigender Personalkosten werden diese Bereiche aus Kostengründen dann oft gar nicht mehr gereinigt. Dadurch steigt aber der Aufwand für den Werterhalt von Gebäuden, ihre Reparatur und Instandsetzung.

Die Fassadenreinigung als Teilbereich der Gebäudereinigung ist ein Beispiel für die fortschreitende Mechanisierung eintöniger und gefährlicher Reinigungsarbeiten. Die manuelle Reinigung unter Zuhilfenahme von offenen oder geschlossenen Leiteranlagen, Wartungsbrücken, Fassadenaufzugsanlagen und hydraulischen Arbeitsbühnen ist heute Stand der Technik.

Trend zur automatischen Fassadenreinigung

Gerade die Fassadenreinigung mit ihren hohen Ansprüchen an Sicherheit und Arbeitsplatzqualität birgt ein großes Potential für die Automatisierungs- und Robotertechnik, da hier die Mechanisierung nach der Bodenreinigung am weitesten fortgeschritten ist. Die Basistechnologien sind dafür bereits vorhanden; weitere Schlüsselkomponenten werden in absehbarer Zeit zur Verfügung stehen.

Eine Umfrage des Stuttgarter Fraunhofer-Institut für Produktionstechnik und Automatsierung IPA bei zahlreichen Dienstleistungsfirmen für Gebäudereinigung ergab eine klare Aussage: eine manuelle Fassadenreinigung ist bei Großgebäuden aufgrund der enorm großen Glasflächen und der komplexen Fassadenstruktur kaum noch wirtschaftlich durchführbar. Auch internationale Erfahrungen belegen: gerade bei teuren und repräsentativen Gebäuden mit langer Lebenserwartung sind Bauherren und Facility-Manager bereit, in die automatisierte Wartung und Reinigung eines Gebäudes zu investieren.

Höhere Sicherheit und bessere Leistung

Der augenfälligste Vorteil der automatisierten Fassadenreinigungssysteme zeigt sich in den veränderten Sicherheitsanforderungen. Bei automatischen Anlagen, die für Personen nicht zugänglich sind, beschränken sie sich auf die allgemeine Anlagensicherheit. Arbeitskräfte sind nicht mehr gefährdet.

Automatische Reinigungssysteme bieten aber neben der Entlastung des Menschen von eintönigen, gefährlichen und gesundheitsschädlichen Reinigungsarbeiten noch eine Vielzahl weiterer Vorteile:

- Höhere Reinigungsleistung bei besserer und reproduzierbarer Reinigungsqualität und geringerer Umweltbelastung

- Verbesserter Werterhalt von Gebäuden und Anlagen

- Geringere Reinigungskosten, weil auch ergänzende Maßnahmen wie Absperrung des Publikumsverkehrs und der Einsatz von Zusatzgeräten eingespart werden können

- Zusätzlich nutzbare Funktionalität des Systems, wie etwa die Inspektion von Fassadenteilen mit Kameras.

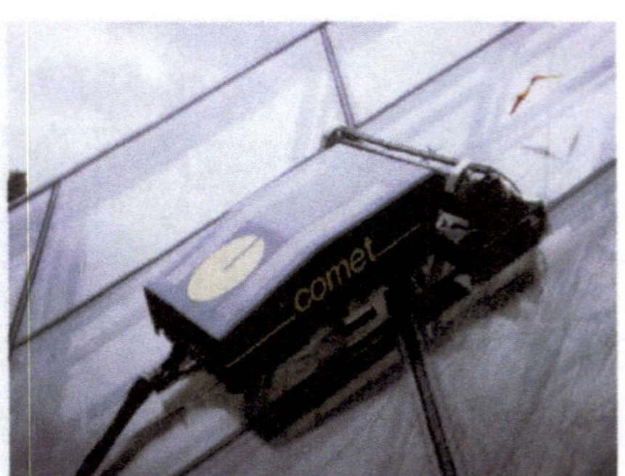

**Fassadenreinigungsroboter
der Firma Comatec, Frankreich**

Stand der automatischen
Fassadenreinigung

In Japan wurden in den achtziger Jahren die
ersten Fassaden- und Glasreinigungsroboter
entwickelt und in Betrieb genommen. Diese
Roboter mußten mit Problemen fertig werden, die man bei anderen Systemen so noch
nicht kannte, etwa das Überwinden von
Fugen oder die sensortechnische Qualitätskon-
trolle des Reinigungsprozesses.

Der Automatisierungsgrad der derzeitigen
Reinigungssysteme reicht von einfacheren fern-
bedienten Lösungen bis hin zu Systemen,
die den Reinigungsprozeß vollständig automatisiert haben; solche Systeme sind bereits in
Japan, Frankreich und Deutschland im Einsatz.

Erster Glasreinigungsautomat
bei der Messe Leipzig

Das weltweit erste vollautomatische Glasfassa-
denreinigungssystem für gewölbte Glas-
hallen arbeitet auf dem Glasdach der Leipziger
Messe. Es wurde vom Fraunhofer-Institut
für Fabrikbetrieb und Fabrikautomatisierung IFF
in Magdeburg entwickelt. Die gewölbte
Glashalle der Messe Leipzig ist 250 m lang,
80 m breit und am Scheitelpunkt 28 m
hoch. Damit Transparenz und der lichtdurch-
flutete Charakter der Messehalle erhalten
bleiben, müssen ihre 25 000 qm Außenfläche
regelmäßig gereinigt werden.

Zu den Robotern, die von den technischen
Abteilungen der errichtenden Baufirmen spezifisch auf das Gebäude abgestimmt und
entwickelt wurden, gehört z.B. der Reinigungsroboter am Landmark Tower in Yokohama. Der
französische Roboter der Firma Comatec reinigt
die Glaspyramiden vor dem Louvre in Paris.

**Fassadenreinigungsroboter,
Fraunhofer IFF, Deutschland**

LEIPZIGER MESSE
Fraunhofer Institut
Magdeburg

Wie arbeiten die Putzroboter?

Die bisherigen Prototypen von Glas- und Fassadenreinigungsrobotern in Deutschland, Frankreich und Japan basieren auf zwei typischen Fortbewegungskonzepten: dem starr an einem Schienensystem entlang fahrenden Roboter und dem frei über die Fassadenflächen beweglichen, aber von oben (vom Dach oder First) gehaltenen System.

Dies sind nur zwei von mehreren möglichen Konzepten. Die Art des Gebäudes, die Größe der zu reinigenden Fläche und der Zeitpunkt, zu dem die Reinigung in die Bauplanungen mit hinein genommen wird, entscheiden über die Ausführung des Reinigungsautomaten. Im Allgemeinen wird man für Großgebäude spezifische Sonderlösungen entwickeln. Für kleinere Gebäude kommen eher Standardsysteme in Betracht.

Die Anforderungen aus der Praxis

Der Einsatz eines Standard-Reinigungsgerätes läßt sich durch folgendes Szenario beschreiben: Ein Dienstleistungsunternehmer für Gebäudereinigung besitzt einen transportablen Reinigungsroboter. Das Gerät hängt er außen an das von ihm zu reinigende Gebäude in eine Aufnahmevorrichtung. Er schließt die auf einem Anhänger mitgeführten Versorgungsaggregate über Schlauchleitungen an und drückt den Startknopf. Nun fährt der Roboter automatisch auf den unsichtbar in die Fassade integrierten Führungsprofilen seine Bahnen ab und reinigt programmgemäß Fassaden oder Fensterscheiben.

Die Anforderungen an Fassadenreinigungsroboter werden zum einen vom Architekten im Auftrag des Bauherrn, zum anderen vom Reinigungsdienstleister oder dem Gebäudebtreiber

gestellt. Der Architekt will durch ein Reinigungsgerät nicht in seiner gestalterischen Freiheit eingeschränkt werden und akzeptiert keine ästhetischen Nachteile für die Gebäudeoptik.

Der Dienstleister hat pragmatischere Ansprüche. Er wünscht sich vor allem ein einfach zu bedienendes, wartungsfreundliches und transportables System, das flexibel an vielen Objekten eingesetzt werden kann. Er fordert eine hohe Reinigungsqualität ohne Umweltbelastung und ohne die Gefahr einer Fassadenbeschädigung oder einer Störung des Gebäudebetriebs. Geringe Betriebskosten und ein attraktives Gerätedesign stehen sicher nicht am Schluß seiner Wunschliste.

Die Teilsysteme eines Reinigungsroboters

Das System Fassadenreinigungsroboter besteht aus unterschiedlichen Komponenten, die jeweils einzelne Anforderungen erfüllen.

Die Halterung und Führung des Roboters an der Gebäudefassade muß den hohen sicherheitstechnischen Anforderungen genügen und die Bewegung des Gerätes an der Fassade ermöglichen. Gerade bei einem Standardreinigungsroboter sollten sich die Führungselemente harmonisch in die Architektur des Gebäudes einfügen und nicht störend auffallen. Hier werden derzeit vor allem im Dialog mit Fassadenherstellern gute Lösungen entwickelt.

Das Tragsystem mit Antriebseinheit und die Kinematik, die den Reinigungskopf zur Fassade oder zur Glasscheibe führt, sind als Technologie vorhanden und müssen entsprechend dem Führungskonzept ausgelegt werden. Das Umsetzen des Tragsystems von Schienenbahn zu Schienenbahn kann am Fuße des Gebäudes manuell erfolgen.

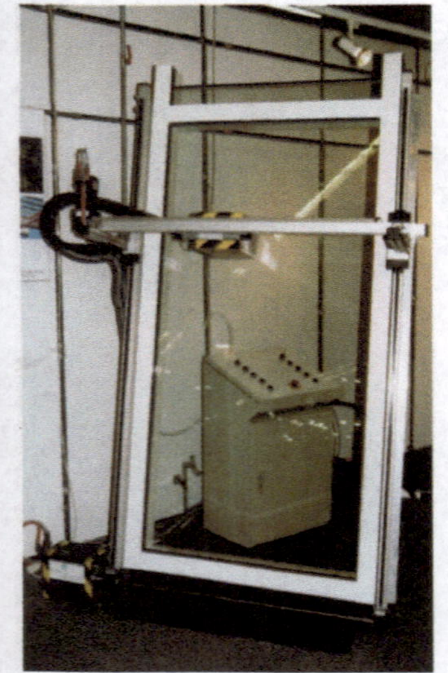

Prototyp der Standard-Fassadenreinigung von Dornier Technologie und dem Fraunhofer IPA, Deutschland

Der Reinigungskopf ist das Kernstück eines Reinigungsroboters und für den eigentlichen Reinigungsprozeß zuständig. In diesem Bereich gibt es bereits sehr brauchbare Prototypen wie den von Dornier Technologie (Uhldingen-Mühlhofen, Bodensee) entwickelten Bürstenreinigungskopf, der schlierenfrei geputzte Scheiben verspricht. Das dabei eingesetzte Waschmedium wird beim Reinigungsvorgang wieder vollständig abgesaugt.

Alternative Technologien, wie zum Beispiel die Ultraschallreinigung, verzichten auf die makroskopisch-mechanische Bewegung eines Reinigungswerkzeuges, so daß keine Kratzer auf der Fassade entstehen. Entwicklungsbedarf besteht bei einem automatischen Reinigungskopf noch hinsichtlich einer Sensorik zur Verschmutzungserkennung und Qualitätsüberwachung.

Im Gegensatz zu den bisher als Prototyp eingesetzten Fassadenreinigungsrobotern soll die Medienversorgung (Reinigungsmedium, Energie) bei einem universell einsetzbaren Standardreiniger für Dienstleister vom Boden aus erfolgen. Bei einem Roboter für Großgebäude kommt die Energie sinnvollerweise über Stromschienen an der Führung, und die Medienversorgung erfolgt autonom auf dem Gerät. Eine Kreislaufführung des Reinigungsmediums und die Verwendung umweltfreundlicher Reinigungsmittel sind heute selbstverständliche Forderungen.

Mehr Akzeptanz bei Architekten und Dienstleistern

Vor allem die Steuerung eines Reinigungsroboters muß bedienerfreundlich und einfach aufgebaut sein, um den Unternehmern in der Reinigungsbranche die Hemmschwellen vor der Automatisierungstechnik zu nehmen.

Die Akzeptanz bei Architekten und Fassadenreinigungsunternehmen für robotergestützte Lösungen muß noch gefördert werden. Dann kann die Automatisierung der Fassadenreinigung einen wesentlichen Beitrag für einen effektiveren Ablauf der vielfach noch manuell durchgeführten Prozesse leisten. Der Grad der Automatisierung muß für jeden Einsatzfall spezifisch bestimmt werden: Wirtschaftlichkeit und technische Machbarkeit bilden dabei die Eckpfeiler jeder Entscheidung.

Prototyp eines Reinigungskopfes von Dornier Technologie, Deutschland

Flugzeugreinigungsroboter
Skywash SW33, Putzmeister AG,
Deutschland

Flugzeugreinigung

Prototyp
SKYWASH FH26

Pflege für Maschinen und Image

Alle Luftfahrtgesellschaften führen einen erbitterten Preiskampf gegen ihre Konkurrenz. Eine Airline muß ihre Flugzeugflotte heute so effizient wie nur möglich nutzen, um noch wirtschaftlich zu sein. Dies geschieht in erster Linie über eine Minimierung der Bodenstandzeiten und eine Maximierung des Passagieraufkommens.

Bodenzeiten fallen zum einen durch Wartungs- und Reparaturarbeiten an; aus Gründen der Betriebssicherheit bietet sich hier kaum Einsparpotential an. Zum anderen verlängern Serviceaufgaben wie Catering, das Betanken und nicht zuletzt das Reinigen die Parkzeit das Flugzeuges am Boden, in der es kein Geld einbringt.

Sauberkeit bedeutet
Sicherheit und Werterhalt

„Ein sauberer Flieger ist auch ein sicherer Flieger!" – so denken viele Flugpassagiere. Airlines mit einer strahlend sauberen Flotte suggerieren Verbundenheit und verantwortungsvollen Umgang mit der Technik, vergleichbar mit einem Autoliebhaber, der sein schönstes Stück stets blitzblank in der Garage parkt.

Doch die Reinigung von Verkehrsflugzeugen dient nicht nur dem Image, sondern erhält auch den Substanzwert: aggressive Stoffe, die sich während des Flugs auf der Außenhaut der Flieger absetzen, schädigen die schützende Lackierung und führen im schlimmsten Fall sogar zur Korrosion der Aluminiumhaut. Deshalb ist eine regelmäßige Reinigung der Außenhaut der Verkehrsflugzeuge bei allen größeren Airlines Vorschrift.

Die Lufthansa betreibt
die größten Serviceroboter der Welt

Wie viele andere Reinigungsaufgaben erfolgt die Flugzeugreinigung heute fast überall noch manuell. Nur in Japan existieren einige wenige automatische Waschanlagen, die stark an Autowaschstraßen erinnern. Diese Systeme haben jedoch Nachteile: der Flieger muß zur Waschanlage geschleppt werden, und es können nur ganz bestimmte Flugzeugtypen in einer Anlage gereinigt werden.

Auch in Deutschland werden Verkehrsflugzeuge noch konventionell mit dem Schrubber von Hand gereinigt – mit einer Ausnahme: in Frankfurt setzt die Lufthansa dafür die zwei größten mobilen Roboter der Welt ein. Die Putzmeister AG (Aichtal) entwickelte den Flugzeugwaschmanipulator Skywash mit technischer und wissenschaftlicher Unterstützung der Firmen AEG, Dornier sowie des Fraunhofer IPA.

Reinigungszeit um 60% verkürzt

Skywash arbeitet sehr flexibel und effektiv: die für die Reinigung einzuplanende Standzeit eines Großraumflugzeuges vom Typ Boeing 747-400 konnte beispielsweise mit dem Einsatz von zwei Skywash von 9 auf 3,5 Stunden verkürzt werden. In dieser Zeit legt die Waschbürste des weltweit größten Serviceroboters etwa 3,8 Kilometer Weg zurück und überstreicht dabei eine Fläche von rund 2 400 qm, das sind etwa 85% der gesamten Flugzeugoberfläche. Sogar die Triebwerke des Riesenvogels werden bei diesem Reinigungsvorgang von außen gereinigt.

Präzision mit schwerster Last

Das Basisfahrzeug des mobilen Großroboters besteht aus einem verstärkten Chassis von Mercedes Benz, das mit einem Dieselmotor (schadstoffarm gemäß EURO2) mit einer Leistung von 380 PS ausgestattet wurde. Auf dieses Chassis ist eine Abstützeinrichtung sowie der 33 Meter lange und rund 22 Tonnen schwere Manipulatorarm montiert. Er verfügt über elf programmierbare Achsen und kann eine Nutzlast von 500 kg sicher und genau führen. Die redundante Kinematik besitzt fünf Hauptachsen, fünf Handachsen und eine aus programmierungstechnischen Gründen eingeführte Achse, die den Drehwinkel der rotierenden Waschbürste beschreibt.

Der autonome Roboter führt sämtliche zum Betrieb notwendigen Teilsysteme mit. Eigens entwickelte Robotersteuerungskomponenten, ein Bordcomputer als interaktives Mensch-Maschine-Interface für die Kommunikation zum Bediener und eine hochspezialisierte Sensorik sowie zwei Waschmitteltanks sind als Teilsysteme auf dem Fahrzeug integriert.

Steuerungsdaten kommen von einer CD-ROM

Wenn Skywash für die Reinigung eines Flugzeuges vorbereitet wird, legt der Bediener eine CD-ROM in den Bordcomputer ein, auf der die Geometriedaten des zu reinigenden Flugzeugtyps sowie die Bewegungsprogramme des Roboters gespeichert sind.

Bei einem mobilen, redundanten Großmanipulator können Bewegungsprogramme nicht mit einer konventionellen Teach-In Programmierung erstellt werden, da die Ausgangsposition nicht immer konstant ist. Daher wurde zur Eingabe der Bewegungsbahnen ein neuartiges Offline-Programmiersystem am Fraunhofer IPA entwickelt, das in einer Simulationsumgebung unter Berücksichtigung geometrischer Randbedingungen und kollisionskritischer Bereiche energieoptimale Roboterbewegungsbahnen erstellt.

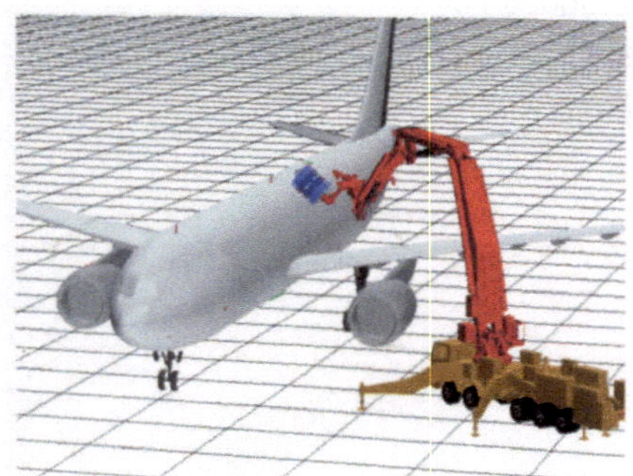
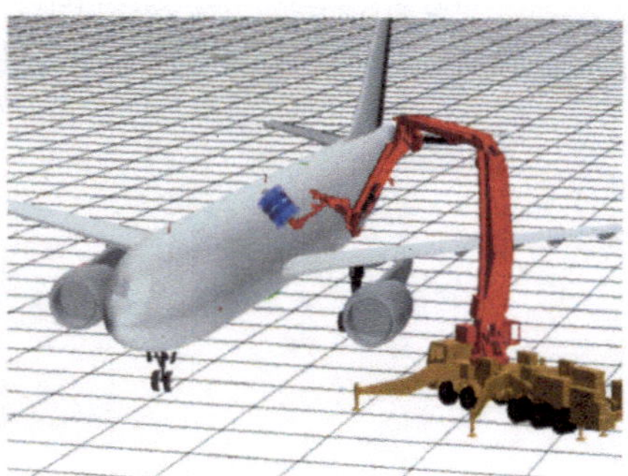
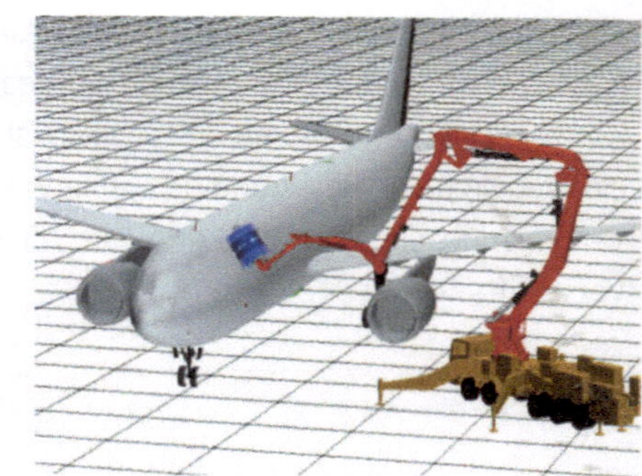

Automatische Positionierung
durch Entfernungsbildkamera

Um das Fahrzeug ohne Markierungen an
Flugzeug oder Boden auch außerhalb des Han-
gars exakt positionieren zu können, wurde
Skywash mit einer von Dornier entwickelten
3-D Entfernungsbildkamera (EBK) ausgerüstet.
Dieser Sensor leitet den Fahrzeuglenker schon
während der Anfahrphase zum richtigen Aufstellungsort. Dort wird das Fahrzeug abgestützt
und die exakte Position und Orientierung des
Flugzeugs relativ zum Manipulator durch eine
weitere Messung der Entfernungsbildkamera
bestimmt.

Mit diesen Daten können nun die auf den Bordcomputer geladenen Bewegungsprogramme,
die sich auf eine theoretisch ideale Aufstellungs-
position beziehen, in die tatsächliche Aufstel-
lungsposition transformiert werden. Ist dieser
Vorgang abgeschlossen, werden die Pro-
gramme auf die AEG-Robotersteuerung geladen
und der eigentliche Reinigungsvorgang kann
beginnen.

Sensorgestützte Nachführung

Zuerst wird das Armpaket ausgefaltet, so daß
sich der "Tool Center Point" des Roboters
im Startfenster des ersten Waschprogramms
befindet, das die rotierende Waschbürste
über die Außenhaut des Flugzeugs führt.

Die Reinigungsbürste arbeitet hier auch als
Sensor, der aufgrund des – je nach Entauchtiefe
der Bürstenhaare variierenden – Torsionsmo-
ments den Abstand der Waschbürstenrotations-
achse zur Flugzeugoberfläche mißt. Dieser
Meßwert wird als Stellgröße für einen Regelalgo-
rithmus verwendet, der die Handachsen des
Manipulators optimal nachführt.

Hohe Einsparungen sorgen
für kurze Amortisationszeit

Ist Skywash am ersten Aufstellungsort fertig,
wird der Roboterarm eingefaltet, die Stützbein-
anlage eingefahren und der mobile Roboter
zum nächsten Aufstellungsort gefahren. Groß-
raumflugzeuge wie die Boeing 747-400
benötigen vier Aufstellungspositionen, kleinere
Flieger wie der Airbus A321 nur zwei.

Die Standkosten eines Verkehrsflugzeuges
betragen durchschnittlich 5 000 DM pro Stunde.
Dank Skywash können somit pro Reinigungsvorgang mehr als 25 000 DM eingespart werden.
Der Anschaffungspreis von rund 5 Millionen
Mark pro Gerät amortisiert sich also schon
innerhalb weniger Jahre.

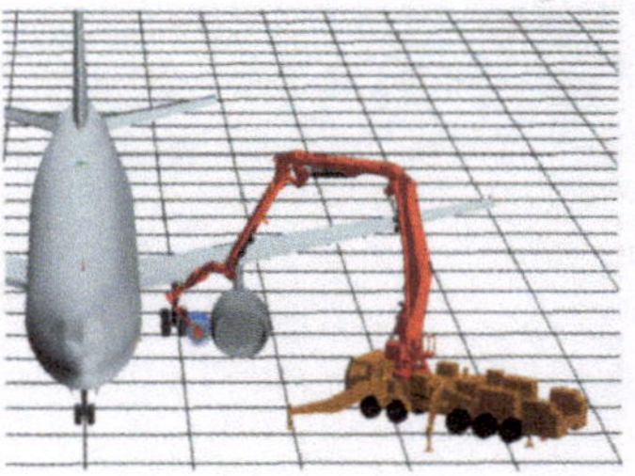
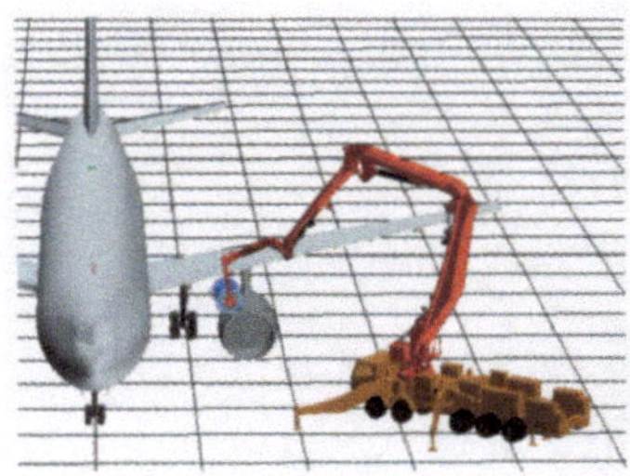
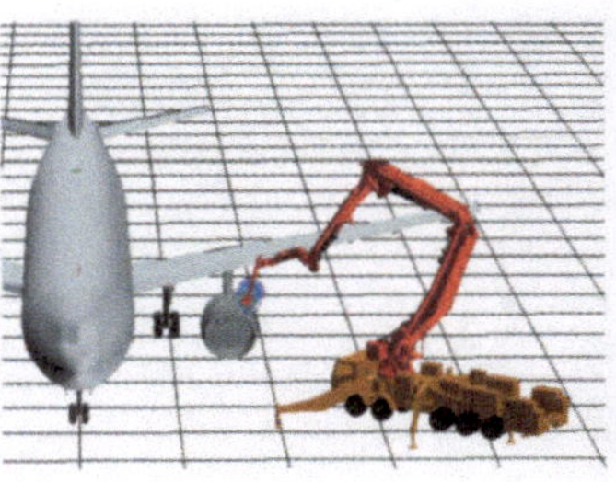
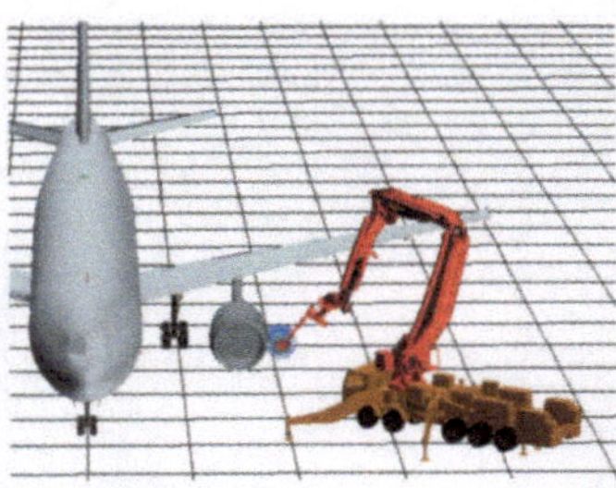

**Skywash SW33, Simulation des
Reinigungsvorgangs an einer
Flugzeugturbine**

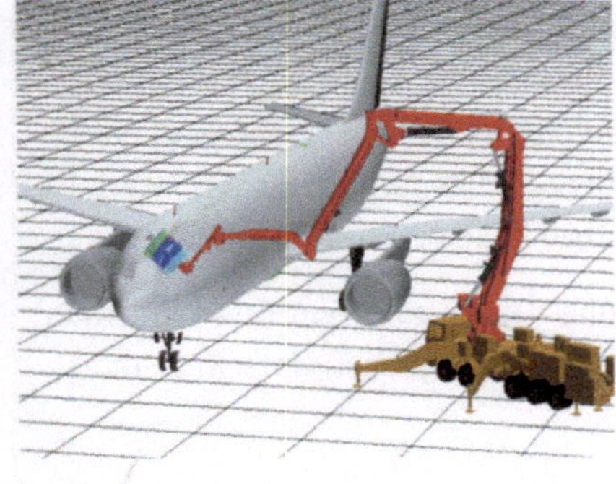

**Skywash SW33, Simulation
des Reinigungsvorgangs**

Sportbootreinigung

Roboterintelligenz ersetzt Umweltgifte

Unter Wasser bietet die Natur Randbedingungen, mit der Mensch und Technik nicht immer glücklich sind. Alle Materialien werden schon nach kurzer Zeit von verschiedenen Organismen besiedelt und dadurch in ihrer Funktionalität und Haltbarkeit beeinträchtigt.

Daher ist es üblich, vom Wasser benetzte Flächen in Hafen- und Offshore-Anlagen, Schiffsrümpfe, Netzkäfige in der Aquakultur oder Seezeichen wie Bojen mit Antifouling-Beschichtungen und speziellen Unterwasseranstrichen zu versehen.

Die Bewuchsverhinderung wird dabei durch die langsame, kontinuierliche Abgabe von toxischen Wirkstoffen aus dem Anstrich erreicht. Die hierbei hauptsächlich verwendeten Biozide, die eine Ansiedlung von Organismen verhindern sollen, sind organische Zinn- und Kupferverbindungen sowie als Cotoxicants bezeichnete Substanzen, wie Organostickstoffverbindungen.

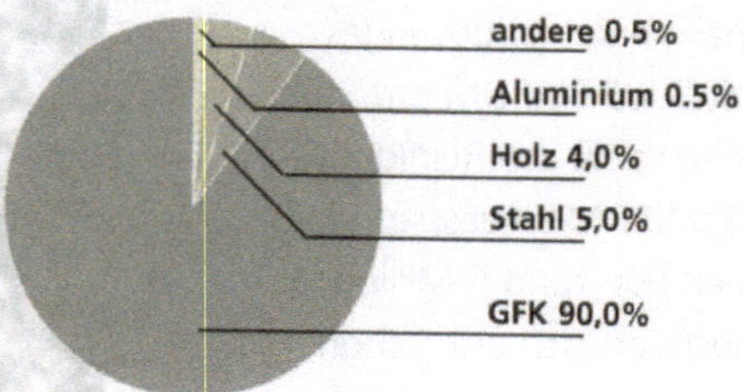

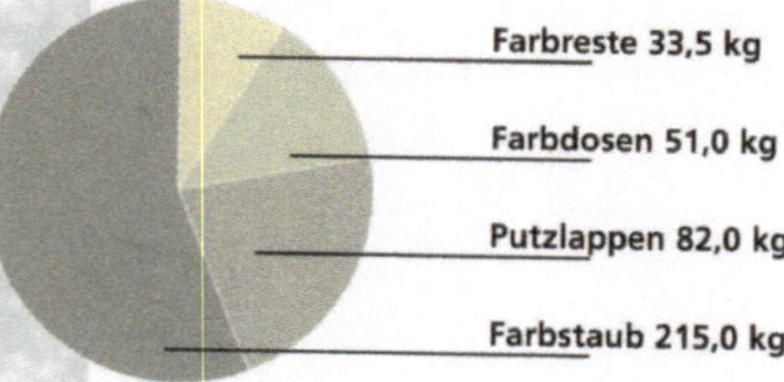

Das ökologische Gefährdungspotential dieser Biozide ist unstrittig bewiesen. Neben einer Anreicherung von Schadstoffen mit hohen Halbwertszeiten im Sediment sind bereits Effekte auf die Meeresumwelt – Austern und Schnecken – bekannt, die auch vor der menschlichen Nahrungskette nicht Halt machen.

Biozide bedrohen die maritime Umwelt

Die Bewuchsverhinderung an Booten, die aufgrund ihres Gewichts die gesamte Saison im Wasser liegen, erfolgt in Deutschland aber bis heute zum großen Teil immer noch über biozidhaltige Antifoulinganstriche. Nur kleinere Boote wie Jollen werden nach dem Einsatz jedesmal aus dem Wasser genommen und benötigen daher keinen Bewuchsschutz.

Der Verzicht auf solche biozidhaltigen Unterwasseranstriche bei freizeitmäßig eingesetzten Motor- und Segelbooten ergibt sich zwingend aus dem Bundesnaturschutzgesetz. Es räumt dem Menschen das Recht auf Erholung in der Natur ein, verpflichtet ihn jedoch zugleich zum sorgsamen Umgang mit ihren Ressourcen. Die Belastung der maritimen Umwelt durch Sportboote muß daher so gering wie möglich gehalten werden.

Alternativen zur giftigen Chemie

In Schweden sind bereits auf allen Binnengewässern biozidhaltige Antifouling-Beschichtungen auf Schiffsrümpfen verboten. In der EU wird darüber nachgedacht, diesem schwedischen Vorbild zu folgen.

Welche Alternativen zur Bewuchsverhinderung gibt es, wenn keine giftigen Unterwasseran-

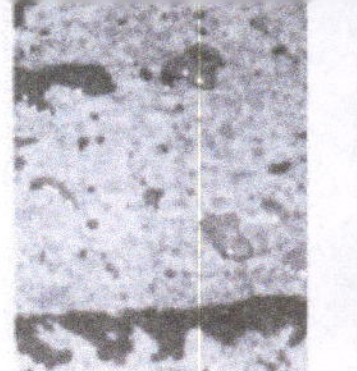

Gereinigter und bewachsener Bootsrumpf

Bewuchs nach ca. 4 Wochen an der Küste: mechanische Reinigung nicht mehr möglich

Bewuchs nach ca. 3 Wochen an der Küste: mechanische Reinigung noch möglich

Platte nach der mechanischen Reinigung

striche mehr verwendet werden dürfen? Kein Bootseigner möchte schließlich eine schmierige Algenschicht auf seinem Schiff haben, die den Reibungswiderstand im Wasser erhöht und den optischen Eindruck stört.

Die meisten Binnen- und Yachthäfen verfügen über Reinigungsplätze und Hochdruckwaschanlagen, an denen Sportboote zum Saisonende geslipt oder gekrant und vor dem Winterlager gereinigt werden.

Auf einer Slipanlage wird das Boot auf einen im Wasser befindlichen Schlitten gehievt und über eine schiefe Ebene aus dem Wasser gezogen. In größeren Häfen finden sich stationäre oder mobile Kräne, die das Boot aus dem Wasser nehmen und auf einen Trailer (Anhänger) setzen. Vom Kranplatz wird das Boot im Regelfall auf einen speziellen Waschplatz gefahren. Hier erfolgt eine Reinigung vornehmlich durch handgeführte Hochdruckreinigungsgeräte.

Biozidhaltige Antifoulingfarben sind naturgemäß relativ instabil. Durch die Hochdruckreinigung entsteht ein Abrieb, der die Gewässer belasten würde. Aufgrund der Gewässerbelastung müssen diese Anlagen daher mit einem geschlossenen Wasserkreislauf ausgerüstet sein.

Kranplatz und Waschplatz

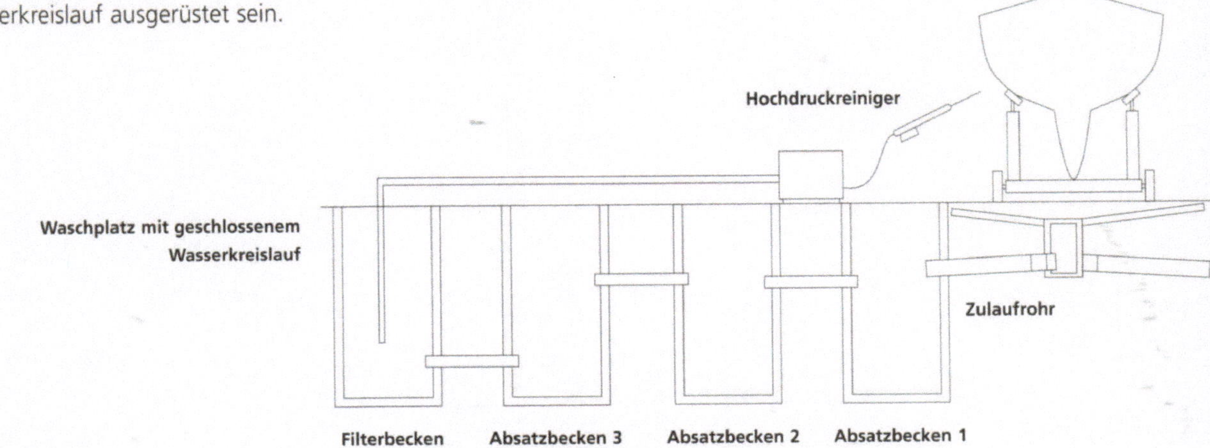

Waschplatz mit geschlossenem Wasserkreislauf

**RULE Battvaetten AB,
Bootsbodenwaschanlage**

**RULE Battvaetten AB,
Bootsbodenwaschanlage,
Schweden**

**KBK Boatcleaner,
Schweden**

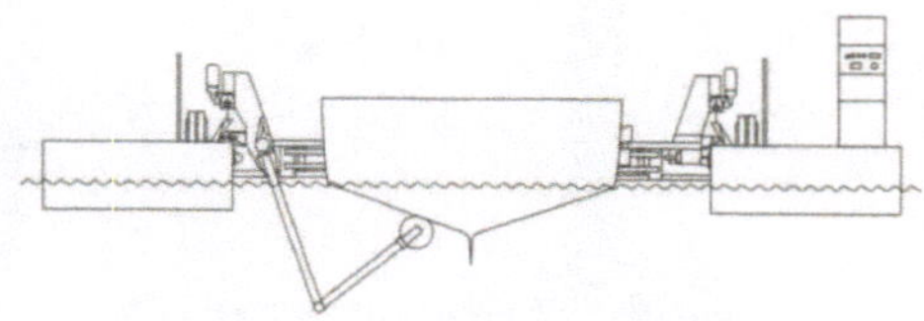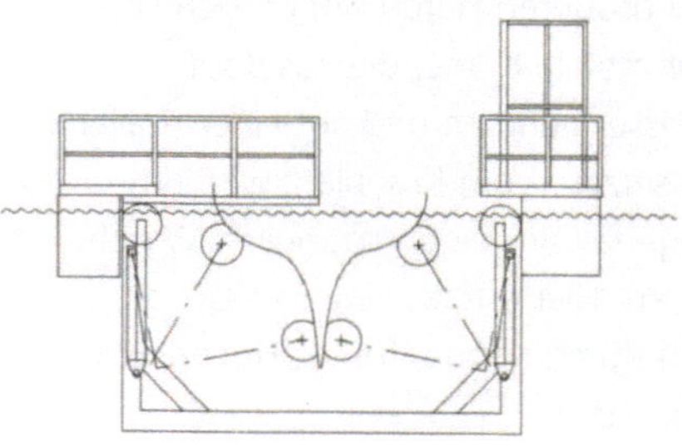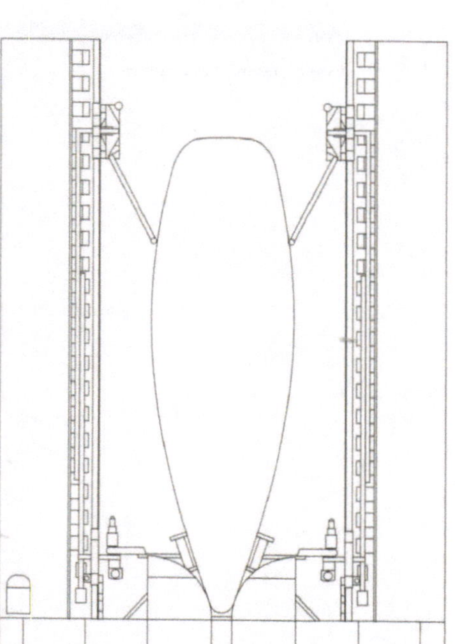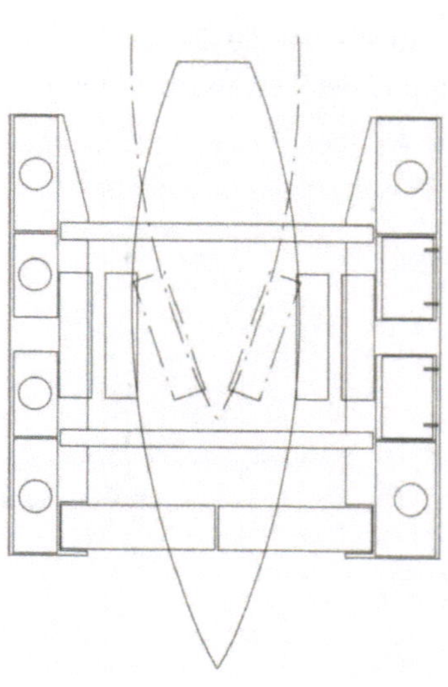

Schweden produziert bereits Bootswaschanlagen

Die schwedischen Gesetze führten zur Entwicklung einer mobilen Waschanlage für Motorboote, dem Stark Boat Washer. Bei der 1994 von der Firma Starkmatic vorgestellten Anlage handelt es sich um eine transportable, schwimmende Reinigungsanlage für kleinere Motorboote bis zu drei Metern Breite. Sie kann mit einem Trailer transportiert werden und läßt sich schnell auf- und abbauen.

Das zu reinigende Boot wird mit einem Seilzug über zwei V-förmig angeordnete rotierende Walzenbürstenpaare gezogen. Dabei wird es durch die Bürsten angehoben: der Anpreßdruck zwischen Bürsten und Bootsrumpf stellt sich somit abhängig vom Bootsgewicht und der Auflagefläche ein. Wegen der starren Anordnung der Bürstenpaare können nur Motorboote in Knickspantbauweise gereinigt werden.

Antifouling on Demand

Eine wichtige Anforderung an ein mechanisches Verfahren zur Reinigung von Bootsrümpfen ist die Verwendung biozidfreier Beschichtungen, so daß keine Belastung und Verunreinigung des Gewässers, etwa durch Sauerstoffzehrung des abgewaschenen Bewuchses, entsteht. Deshalb müssen bei der Planung eines Reinigungssystems die wasser- und entsorgungsrechtlichen Bestimmungen beachtet werden. Neben anderen innovativen Entwicklungslinien, etwa auf der Grundlage elektromagnetischer Felder oder biotechnologisch erzeugter Anstriche, konzentrieren sich die Entwickler alternativer Schutztechniken vor allem auf robotergestützte Systeme.

Robotersysteme können im Salz- und Süßwasser nicht-toxisch beschichtete Oberflächen bei minimalem Abrieb entsprechend der am jeweiligen Boot gegebenen Bewuchsentwicklung reinigen; man spricht hier vom Antifouling on Demand.

Bürsten und Seewasser unter Hochdruck

Der Unterwasserteil von Segelbooten stellt wegen seiner komplexen Form eine besondere Hürde für eine automatische Reinigungsanlage dar. Es gibt hier zwar mehrere Patente, aber derzeit sind nur zwei Systeme zur Reinigung von Sportbooten als Prototypen vorhanden.

Das System der schwedischen Firma Rule besteht aus einem oder zwei beweglichen Roboterarmen, an deren Ende vier Hochdruckdüsen sitzen. Das Schiff wird in eine schwimmende Box gefahren und dort in einer Zentriereinheit festgeklemmt. Der Roboterarm, der auf den Schwimmpontons sitzt, fährt unter Wasser auf Stützrädern die Kontur des Bootes reihenweise von oben nach unten ab.

Als Strahlgut wird Seewasser verwendet. Die Anlage hat eine Reinigungsgeschwindigkeit von 250 mm/s. In einer Stunde können so etwa zwei bis drei Boote bis zu einer Breite von 4 m und einer Länge von 16 m gereinigt werden.

Kim Koch ist der Erfinder einer zweiten, in Dänemark erstellten Anlage. Sie arbeitet wie eine Autowaschstraße. Links und rechts des Schiffes sind rotierende Walzenbürsten an einer Kinematik angebracht. Das Schiff wird ebenfalls im Wasser gereinigt. Noch ungelöst ist hierbei allerdings die Reinigung der kritischen Rumpfanbauten eines Segelbootes, wie der Kielübergang, der Propeller und das Ruder.

Forschung für das Umweltbundesamt

Am Fraunhofer IPA in Stuttgart wurde im
Rahmen eines Forschungsvorhabens des
Umweltbundesamtes eine schwimmende Reini-
gungsanlage für Sportboote entwickelt. Das
zu reinigende Schiff fährt in die Anlage ein und
wird dann aus dem Wasser gehoben. Die
Hebevorrichtung verlagert die Auflagefläche der
Tragegurte automatisch; ein zwischenzeitliches
Absetzen ist nicht notwendig.

Die Reinigung erfolgt mit Druckwasser

Beiderseits des angehobenen Schiffes werden
Leisten verfahren, an denen jeweils mehrere
Hochdruckdüsen angebracht sind. Sie sind so
angeordnet, daß der gesamte Querschnitt
des Schiffes gleichzeitig bearbeitet werden kann.
Die komplette Reinigung erfordert nur ein
einmaliges Verfahren der Leisten über die gesamte Schiffslänge. Die Reinigung erfolgt
sehr umweltschonend, da die vom Rumpf entfernten Materialien zusammen mit dem
Waschwasser aufgefangen und zurückgehalten
werden. Das Abwasser kann wieder aufbe-
reitet und erneut als Waschwasser verwendet
werden.

Umweltfreundliche Bootswäsche
ohne Hilfspersonal

Die Anlage ist für die Reinigung nahezu aller
gängigen Sport- und Freizeitboote geeignet. Sie
kann in jeder Ausbaustufe von der Teil- bis
zur Vollautomatisierung realisiert werden. Eine
Variante kann auch an Land installiert werden:
das bietet sich besonders dort an, wo bereits ein
Waschplatz mit Kran vorhanden ist, der sich
auch für das Kranen von Segelbooten mit stehen-
dem Mast eignet. Auf die Hebevorrichtung
kann dann verzichtet werden.

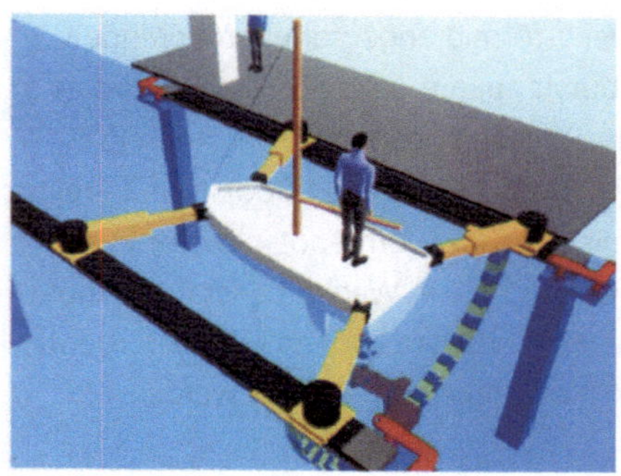

Entwicklungsstufen Sportbootreinigungsanlage, Forschungsprojekt
Fraunhofer IPA, Stuttgart

Bedient wird das System allein vom jeweiligen
Schiffsführer; weiteres Personal wird nicht
benötigt. Die Reinigung erfolgt sehr schnell und
oberflächenschonend: eine Abnutzung oder
Verletzung der Oberfläche ist selbst bei der Entfernung von hartnäckigem Bewuchs nicht zu
befürchten. Auch verwinkelte Bereiche und die
empfindlichen Anbauteile des Rumpfes können problemlos und ohne Beschädigungsgefahr
gereinigt werden.

Das gesamte Forschungsvorhaben dient auch
als Vorbereitung für die Entwicklung vergleich-
barer Reinigungsanlagen für Fähren.

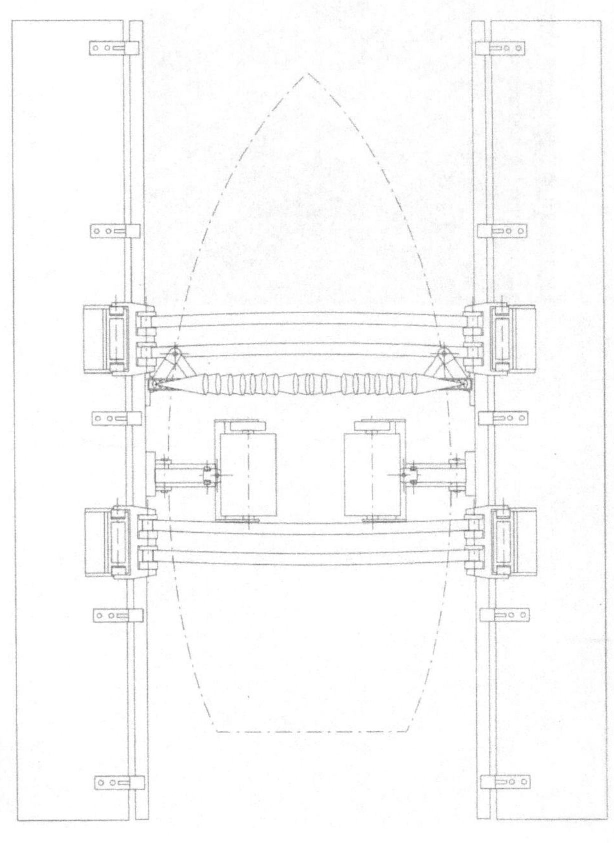

**Sportbootreinigungsanlage,
Forschungsprojekt
Fraunhofer IPA, Stuttgart**

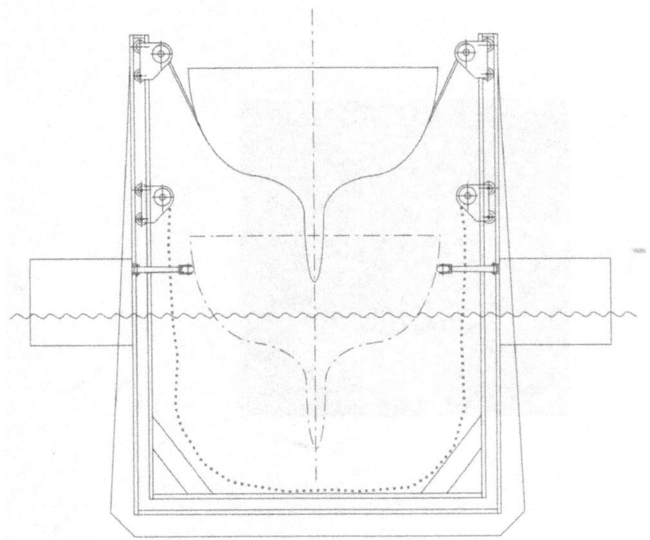

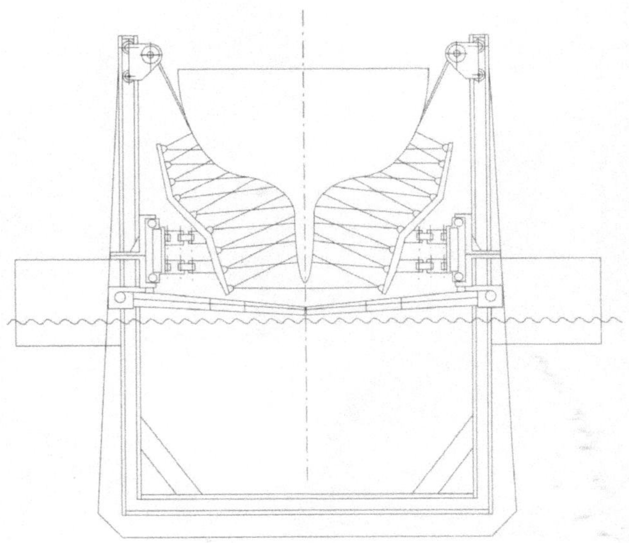

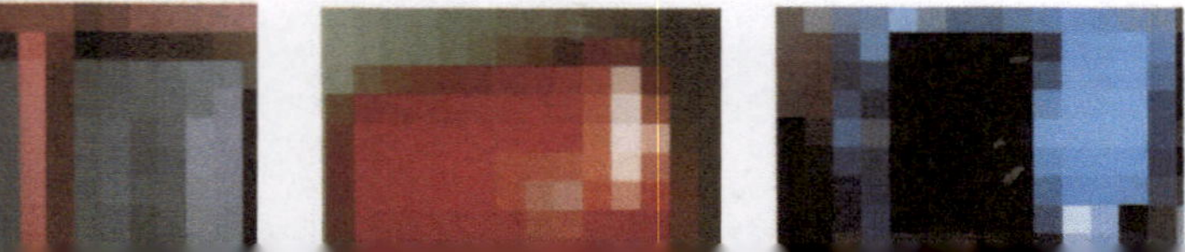

Office

**Demonstrator David, FAW Ulm,
Deutschland**

Automatisierung des Büroboten

Mobile Serviceroboter erobern jetzt auch die
Bürowelt. Sie sammeln und verteilen die
Post, liefern Büromaterial und entsorgen den
Abfall. Dazu muß das Robotersystem in einer
gewöhnlichen Büroumgebung navigieren, seine
jeweilige Aufgabe selbständig planen und
ohne menschliche Unterstützung ausführen
können.

Der Job ist komplexer, als man vermutet.
Das Büro ist eine sehr dynamische, sich ständig
verändernde Umgebung und verlangt deshalb
höchste Flexibilität von einem Serviceroboter. Ein
verlassener Drehstuhl mitten im Zimmer oder
eine verschlossene Aufzugtür fordern von ihm
schnelle und richtige Entscheidungen.

Gute Augen braucht man schon

Serviceroboter für Bürologistikaufgaben bilden
einen Entwicklungsschwerpunkt am Forschungsinstitut für anwendungsorientierte Wissensverarbeitung (FAW) in Ulm. Dort wurde
der Demonstrator David realisiert.

David basiert auf der Experimentierplattform
Nomad 200, die von der kalifornischen
Firma Nomadic Technologies angeboten wird.
Nomad 200 bewegt sich mit drei lenk-
baren Antriebsrädern. In der Standardkonfi-
guration besitzt der mobile Roboter zur
Umgebungserfassung und Kollisionsvermeidung
je einen Ring mit 16 Infrarot- und 16 Ultra-
schallsensoren sowie zwei Ringe mit taktilen
Sensoren.

Als zusätzlichen Navigationssensor trägt David am
Kopf einen 2D-Laserscanner der deutschen
Firma Sick. Mit diesem Scanner kann ein Tiefen-
profil der Umgebung des Roboters in einem
Winkelbereich von 180° mit einer Winkelauflösung von 0,5° und einer Abstandsauflösung
von 3 cm aufgenommen werden.

Eine Farbvideokamera hilft David, spezielle Merkmale und Objekte in seiner Umgebung zu erkennen. Die Datenverarbeitung und die Steuerungsaufgaben übernimmt ein Onboard-Computer mit 486er Prozessor und 16 MB Arbeitsspeicher. Für Navigation und Steuerung wurden mehrere Verfahren zur zielgerichteten und reaktiven Bahnplanung und Bahngenerierung und zur Bestimmung der aktuellen Position implementiert.

David sieht volle Papierkörbe

Ein modellbasiertes Objekterkennungssystem unterstützt die Bildverarbeitung: es extrahiert aus den Videobildern gesuchte Objekte und bestimmt deren genaue Position im Raum. Die Planung von elementaren Operationssequenzen wie Fahren, Abbiegen und Anhalten wird von der zentralen Softwarekomponente „Aufgabenplanung" übernommen.

Ein Einsatzgebiet für David ist das Sammeln von Papierkörben mit einem einfachen und wirksamen Gabelmechanismus in einer gewöhnlichen Büroumgebung. Die Aufgabe erledigt David in mehreren Schritten.

Nachdem der mobile Roboter den Auftrag erhalten hat, einen Papierkorb in einem bestimmten Büro abzuholen, entwickelt er seinen Aufgabenplan. In einem ersten Schritt versucht David, an den Ort zu gelangen, an dem er den Papierkorb vermutet. Auf dem Weg dorthin nutzt der Roboter seine Strategien zur Kollisionsvermeidung und weicht unvorhergesehenen Hindernissen aus.

Hat David die Position erreicht, an der sich der Papierkorb befinden sollte, macht er sich mit der Videokamera ein Bild. Die Funktionsmodule der Bildverarbeitung versuchen dann, das Merkmal "Papierkorb" aus dem aufgenommenen Bild zu extrahieren. Da Position und Orientierung der Kamera bekannt sind, kann die exakte Lage des Papierkorbes berechnet werden.

David nimmt dann den Papierkorb auf und transportiert ihn an die entsprechende Station.

Mobile Plattform B21,
Fa. Real World Interface, USA

Briefträger mit Internetadresse

Am Institut für Robotik der Eidgenössischen Technischen Hochschule (ETH) Zürich wurde die Technologie- und Forschungsplattform MoPS (Mobiles Postverteilungs-System) entwickelt: ein Roboter, der Post zwischen einer zentralen Stelle im Erdgeschoß und einzelnen Instituten im Gebäude befördert.

Dazu nimmt er die Behälter mit den manuell für die einzelnen Institute einsortierten Sendungen und transportiert sie zu den fünf Sekretariaten auf unterschiedlichen Stockwerken. Gleichzeitig sammelt MoPS die Behälter mit der Ausgangspost ein und stellt sie am Ende seiner Tour an der zentralen Poststelle ab.

Der Tourenplan ist vorgegeben, kann aber bei Bedarf über das Internet von den berechtigten Personen geändert werden. Pro Fahrt kann der Roboter zwei Institute bedienen. Für den Etagenwechsel holt er sich den Warenaufzug. Die Kommunikation mit dem Aufzug und mit den automatischen Türöffnern erfolgt über Infrarotsignale.

Wenn nichts mehr geht, kommt eine Email

Der Postroboter arbeitet in unstrukturierter Umgebung. Er nimmt Hindernisse und Personen wahr, weist auf diesen Umstand via Sprachausgabe hin, weicht ihnen gegebenenfalls aus und setzt seinen Weg fort. Kommt MoPS ausnahmsweise einmal nicht mehr weiter, weil etwa der Aufzug nicht kommt, signalisiert er das dem zuständigen Personal via Email auf deren Pager.

Ein Touchscreen am Roboter dient als Mensch-Maschine-Schnittstelle. Zudem kann man mit MoPS über Internet kommunizieren. MoPS ist 60 cm breit, 100 cm lang und 140 cm hoch; er wiegt ca. 90 kg und kann eine Nutz-

last von 50 kg befördern. Zwei unabhängig voneinander elektrisch angetriebene Räder und ein passives Schlepprad geben ihm die erforderliche Wendigkeit.

Seine Geschwindigkeit paßt MoPS den Umgebungsbedingungen an: je weniger Hindernissen oder Personen er ausweichen muß, und je breiter die Gänge sind, in denen er sich bewegt, desto schneller kann er sich fortbewegen. Seine Durchschnittsgeschwindigkeit beträgt 0,5 m/s. Die Batterien ermöglichen einen Betrieb von etwa vier Stunden. Bei Bedarf fährt MoPS selbständig eine Ladestation an, wo er seine Batterien auswechselt.

Ein in der mobilen Plattform integrierter Manipulator kann zwei handelsübliche Plastikkörbe mit Postmaterial bis zum B4-Format aufnehmen und handhaben. Der zugehörige Greifer schiebt die maximal 15 kg schweren Container auf höhenverstellbaren Schienen in eine Station ein oder holt sie dort ab. Dazu wurden die Postfächer als Einschübe in Schränken auf den Gängen realisiert. Sie bieten Platz für drei Kisten und sind mit Rolläden verschlossen, die MoPS per Infrarotsteuerung öffnet und schließt.

Millimetergenaue Positionierung mit IR

MoPS verwendet derzeit einen PowerPC als multiprozessorfähigen Onboard-Computer. Benötigt er weitere Rechenleistung etwa für die Bildverarbeitung, können weitere Prozessorkarten eingesetzt werden. Als objektorientiertes Echtzeit-Betriebssystem wird XOberon eingesetzt, das am Institut für Robotik der ETH Zürich entwickelt wurde. XOberon baut auf der objektorientierten Hochsprache Oberon auf, einer Weiterentwicklung der Programmiersprache Pascal.

Technologie- und Forschungsplattform MoPS, ETH Zürich, Schweiz

Roboter sind in Zukunft lernfähig

Um sich in seiner Umwelt zurechtzufinden, verfügt MoPS über eine Reihe von Sensoren. Die wichtigsten sind zwei Laserscanner vorne und hinten am Fahrzeug: sie erlauben eine grobe Positionsabschätzung sowie eine sichere Navigation und Hinderniserkennung des Roboters in seiner Umgebung. Bei einer Meßentfernung von rund 10 m beträgt ihre Winkelauflösung 0,5 Grad und ihre Genauigkeit 10 mm.

Um die Postkisten ein- und auszuladen und die Batterien zu wechseln, muß der Roboter aber mit einer Genauigkeit von 1 mm navigieren, da die mechanischen Toleranzen sehr klein gehalten wurden. Um diese Positioniergenauigkeit zu erreichen, ist MoPS mit zwei zusätzlichen Infrarot-Triangulationssensoren zur Feinpositionierung ausgerüstet. Diese Sensoren haben zwar nur eine Reichweite von 50 cm, dienen aber wegen ihrer hohen Präzision zur Feinkorrektur der Position von MoPS an strategisch wichtigen Punkten. Eine Kontaktleiste mit sechs Segmenten dient als taktiler Sicherheitssensor und stoppt das Fahrzeug bei einer Kollision.

MoPS soll demnächst mit erweiterten Bildverarbeitungsfähigkeiten ausgerüstet werden. Ein erster Prototyp eines Bildsensors kann Türschilder erkennen, ein anderes Sensorsystem wird Menschen von unbelebten Objekten unterscheiden können. Dafür werden Kamerabilder gemeinsam mit den Informationen von Infrarotsensoren, Laserscannern und Geräuschsensoren interpretiert.

Da mobile Roboter mit einer ständig sich ändernden Umgebung konfrontiert werden, wurde für MoPS ein situationsbasierter Verhaltensselektor (Situation Based Behaviour Selector, SBBS) entwickelt. Wie der Laserscannerbasierten Positionsbestimmung liegt auch dieser Navigationsmethode eine Landkarte zugrunde, in der strategisch wichtige Informationen über die Umgebung in Form eines „allgemeinen gerichteten Graphs" gespeichert sind. Die Graphkanten definieren die virtuellen Teilstrecken, auf denen sich MoPS bewegen sollte.

In diesem Graph sind unter anderem Informationen über das Grund- und Reflexverhalten des Roboters für jede Teilstrecke individuell gespeichert. Das Reflexverhalten greift in Ausnahmesituationen, wenn etwa ein Hindernis erkannt wurde oder der Aufzug nicht kommt. Das SBBS-System entscheidet, wie sich der Roboter auf den einzelnen Teilstrecken verhält. Zur Zeit arbeitet man an der ETH Zürich an einer selbständigen Verbesserung der einzelnen Verhaltensweisen von MoPS anhand einer Bewertungsfunktion (Reinforcement Learning).

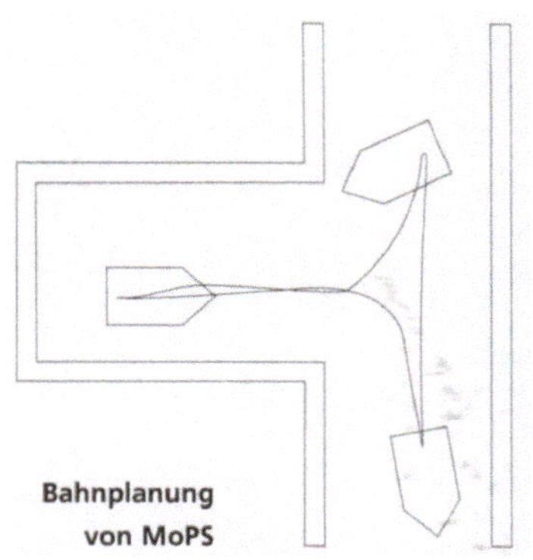

MoPS bei der Annahme bzw. Ablieferung von Post

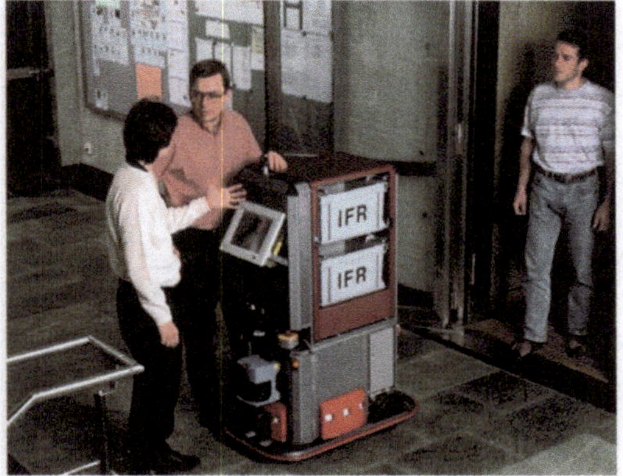

MoPS, ETH Zürich, Schweiz

Bahnplanung von MoPS

Rhino lernt seine Umgebung kennen

Der mobile Roboter Rhino soll sich vollkommen autonom in dynamischen Umgebungen bewegen und mit Menschen interagieren, um Dienstleistungen durchzuführen. Er ist seit einigen Jahren Forschungsschwerpunkt bei der Projektgruppe Künstliche Intelligenz (KI) am Institut für Informatik III der Universität Bonn (Leitung Prof. Armin B. Cremers).

Rhino basiert auf der mobilen Plattform B21 des US-Herstellers Real World Interface in Jaffrey, NH. Die B21 ist mit 56 Infrarotsensoren und 56 taktilen Sensoren ausgerüstet, die auf Hindernisse in kürzester Entfernung und auf Berührung reagieren. Zwei 2D-Laserscanner der Firma Sick und 24 Ultraschallsensoren liefern Abstandswerte, die zur Generierung einer digitalen Umgebungskarte verwendet werden können. Eine schwenkbare Stereofarbkamera rundet die Sensorausstattung des mobilen Roboters ab.

Ziel der Bonner Forscher war die Entwicklung von Methoden und Algorithmen, die es Rhino erlauben, seine Umgebung zu explorieren und eine Karte dieser Umgebung zu erlernen. Das realisierte System kann Daten der verschiedenen Abstandssensoren auf der Basis probabilistischer Methoden miteinander verschmelzen und metrische Karten generieren.

Aus diesen Karten werden topologische Graphen extrahiert, die die Umgebung auf einem symbolischen Level kompakt repräsentieren. Auf der Basis dieser Graphen werden Navigationspläne generiert, die den Roboter stets auf dem optimalen Weg zu einem beliebigen Zielpunkt führen.

Sicher im Umgang mit Menschen

"Dynamic Window Approach" heißt eine Methode, die für Rhino entwickelt wurde, um größtmögliche Sicherheit bei der reaktiven Hindernisvermeidung zu erlangen. Dafür werden Daten von bis zu sechs unterschiedlichen Sensortypen integriert. So kann sich Rhino schnell und sicher in seiner Umgebung bewegen.

Zur Bestimmung der globalen Position des mobilen Roboters innerhalb seiner Umgebung wurde das Verfahren der „Position Probability Grids" entwickelt. Durch Überprüfen der Übereinstimmung gemessener Sensorwerte mit einem Modell der Umgebung wird eine Wahrscheinlichkeitsverteilung der Position geschätzt, die mittels eines dreidimensionalen Gitters approximiert wird.

Die Stereobildanalyse liefert nicht nur Entfernungsschätzungen von Kanten wie Türrahmen oder Tischen, die von Ultraschallsensoren aufgrund der schlechten Reflexionseigenschaften an Ecken nur ungenügend genau erkannt werden können. Sie wird auch zur Merkmalsextraktion herangezogen, wenn etwa zu greifende Gegenstände auf dem Boden erkannt werden sollen.

Im Sommer 1997 konnte Rhino einer breiten Öffentlichkeit vorgestellt werden, als er im Deutschen Museum Bonn die Besucher interaktiv durch die Ausstellung führte. Innerhalb von sechs Tagen begleitete der Roboter über 2000 mal Museumsbesucher zu den Ausstellungsstücken und erläuterte sie. Über die Multimedia-Schnittstelle des Roboters steuerten mehr als 600 Internet-Surfer aus den USA, Kanada und Japan sowie aus zahlreichen europäischen Ländern Rhino durch das Museum.

Es ist sicherlich nicht das Hauptziel der Entwickler
in Zürich, Ulm und Bonn, mit der Postver-
teilung oder der Museeumsführung eine Arbeits-
aufgabe zu automatisieren, die auch von
einer Aushilfskraft oder einem arbeitslosen Kunst-
historiker ausgefüllt werden kann. MoPS,
David und Rhino sind vielmehr Lern- und Arbeits-
modelle, mit deren Hilfe die komplexen
Funktionen eines Serviceroboters mit Personen-
kontakt entwickelt und erprobt werden
können. Auch ein Chirurg probt erst mal mit
Schweinebauch.

**Mobiler Roboter Rhino,
Universität Bonn, Deutschland**

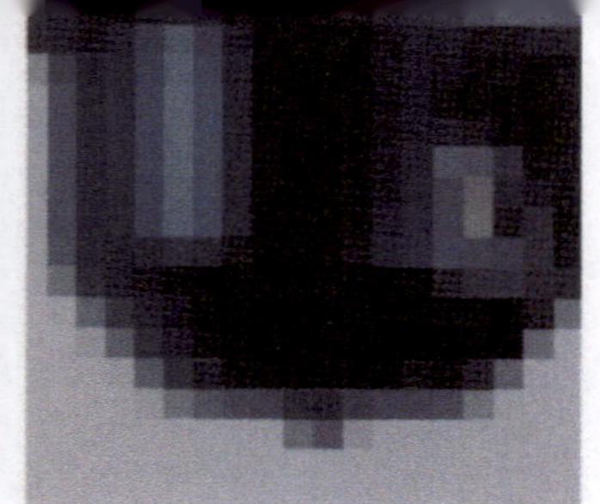

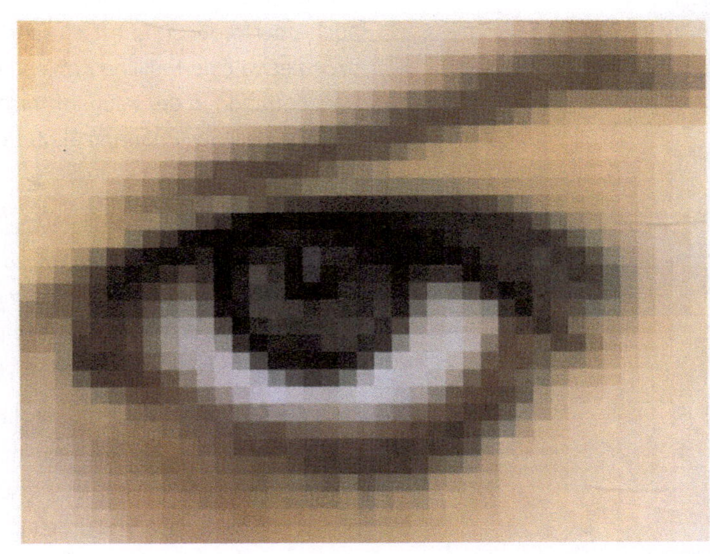

Überwachung

Sicherheit mit Überblick

Überwachungskameras befinden sich heute in
jedem Museum, damit die Kunstwerke auch
der nächsten Generation noch erhalten bleiben.
Doch Kameras können weder einem Dieb
folgen noch eine brennende Zigarette riechen.

Menschliches Wachpersonal kann in großen
Arealen nicht überall sein, ist manchmal
auch überfordert und oft zu sehr gefährdet.
Wenn etwa eine tödliche Kohlenmonoxid-
Konzentration in der Raumluft nicht bemerkt
wird, ist der Wachmann in akuter Lebensgefahr.

Für Serviceroboter ist die Überwachung von Gebäuden und Anlagen ein geradezu ideales
Einsatzfeld, in dem sie ihre übermenschliche
Wahrnehmung voll ausspielen können. Investitionen in die Sicherheit rentieren sich immer.

Freilich: George Orwells 1984 und der Große
Lauschangriff 1998 kommen einem unweigerlich
in den Sinn, wenn es um den vorsorgenden
Schutz von Menschen und unschätzbaren Werten
vor kriminellen Übergriffen durch Überwa-
chungselektronik geht. Segen und Mißbrauch
sind auch hier schwer zu trennen.

Unterstützung für den Werkschutz

Vigiland ist ein mobiler Roboter für Erkundungs-
und Überwachungsaufgaben in der freien
Natur. Er unterstützt auf großflächigen Arealen
wie Flughäfen, Industrieanlagen, militärischen
Einrichtungen oder Kernkraftwerken den dort
ohnehin vorhandenen Betriebsschutz. Zusatz-
ausrüstungen erweitern seinen Einsatzbereich bis
hin zur Feuerbekämpfung und Manipulation
von Gefahrgütern.

Das vierrädrige Geländefahrzeug basiert auf
einem bereits 1992 entwickelten Fahrgestell der
französischen Firma Camiva, die zum Renault-
Konzern gehört. Ein Dieselmotor mit 75 PS treibt
über ein Automatikgetriebe alle vier Räder an.
Die Lenkung erfolgt entweder servounterstützt
oder elektrisch. Das Leergewicht des Fahrzeuges beträgt 1900 kg, gleichzeitig kann eine
Nutzlast von 1100 kg transportiert werden.
Der Geländewagen überwindet Gräben bis zu
einem halben Meter Breite und erklimmt
Steigungen bis zu 100%.

Der französische Hersteller autonomer mobiler
Plattformen Cybernétix modifizierte dieses

**CyberGuard K2A,
Fa. Cybermotion, USA**

**Überwachungsroboter von
Midi-robots, Frankreich**

**Inspektionsroboter für
Rohrleitungen, Japan**

**Schienengeführter Über-
wachungsroboter, Plant
Patrol Robot, Japan**

Basisfahrzeug derart, daß es nicht nur wie ein konventioneller PKW, sondern auch ferngesteuert und sogar vollautomatisch betrieben werden kann: in diesem Fall erfolgt die Navigation über Bodenmarkierungen. Im ferngesteuerten und vollautomatischen Modus reduziert sich die erreichbare Höchstgeschwindigkeit von 120 auf 20 km/h.

Zur Standardausrüstung des Erkundungsfahrzeuges gehören CCD-Kameras und Mikrofone. Für die Feuerbekämpfung wird der Roboter mit einer Wasserstrahl- oder Schaumkanone ausgerüstet. Ein ebenfalls von Cybernétix entwikkelter Roboterarm kann auf dem Geländewagen adaptiert werden, um das Handling von Gefahrgütern zu ermöglichen.

**Vigiland, Fa. Cybernétix,
Frankreich**

Mobiler Wächter, allein im Aufzug

Mobile Roboter zur Erkundung und Überwachung von Gebäuden entwickelt die US-amerikanische Firma Cybermotion seit 1984. Ihr neuestes Modell heißt CyberGuard 3. Die zwei wichtigsten Komponenten dieses mobilen Wächters sind das Navigationssystem und das Sensorsystem.

Das Navigationssystem basiert auf einer digitalen Karte der Gänge und Zimmer des Gebäudes Im Onboard-Computer des Roboters. Vier angetriebene Räder bewegen das System; Lenkbewegungen werden durch unterschiedliche Geschwindigkeiten der benachbarten Antriebsräder realisiert.

Verschiedene Sensoren unterstützen die Navigation und zeichnen die Umgebungsinformationen auf, die im Rahmen der Überwachungsaufgabe ausgewertet werden. Unvorhergesehene Hindernisse auf der Bewegungsbahn des Roboters werden von Ultraschallsensoren erkannt und erzwingen eine Bahnkorrektur. Über eine Funkverbindung zur Aufzugsteuerung des Gebäudes holt sich CyberGuard 3 sogar selbst den Aufzug her, um ins nächste Stockwerk zu wechseln.

Mannshohe Schnüffelnase

Scanner und Umgebungssensoren des Cyber-Guard 3 sind in einer Höhe von 1,8 Metern montiert: so werden Schadgase erkannt, die leichter als Luft sind. Ein integriertes Videosystem ermöglicht die Aufnahme und Übertragung der visuellen Umgebungsinformationen an eine Kontrollstation.

Infrarot- und Mikrowellensensoren mit einem Arbeitsbereich von 360 Grad detektieren Eindringlinge. Bei Raumtemperatur spüren diese Infrarotsensoren menschliche Körperwärme in Entfernungen von 20 bis maximal 50 Metern auf. Die Mikrowellensensoren arbeiten mit einer Frequenz von 25 GHz und erkennen kleinste Bewegungen von Menschen und Geräten noch in 20 Meter Entfernung.

Ein Sensor zur Flammenerkennung registriert die Flamme eines bis zu 5 Meter entfernten Feuerzeuges und sorgt zusammen mit Rauch- und Temperatursensoren für einen optimalen Brandschutz. Weiterhin kann das Fahrzeug mit einer Vielzahl von Gassensoren ausgerüstet werden, die die Konzentration von Kohlenmonoxid, Azetondämpfen, Methan und anderen Gasen in der Umgebungsluft überwachen.

Überwachungssequenz aufgenommen von CyberGuard 3, Fa. Cybermotion, USA

Die ersten kommerziell eingesetzten CyberGuards
verrichten ihren Dienst im Los Angeles Museum
of Art. Weitere Geräte wurden an pharmazeuti-
sche Unternehmen sowie an das US- Verteidi-
gungsministerium ausgeliefert.

**CyberGuard 3 von
Cybermotion im Einsatz**

Wachsame Libelle

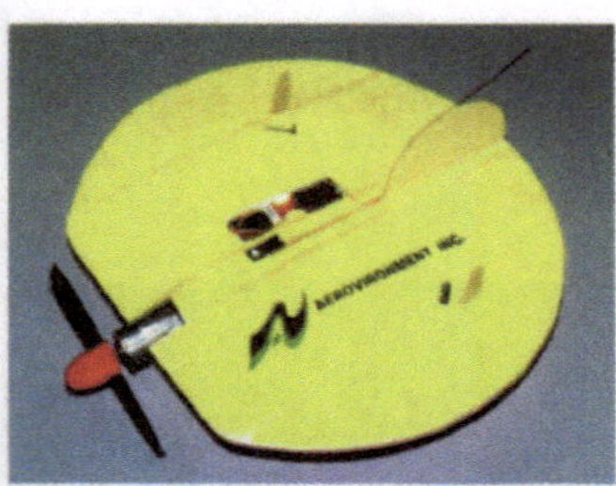

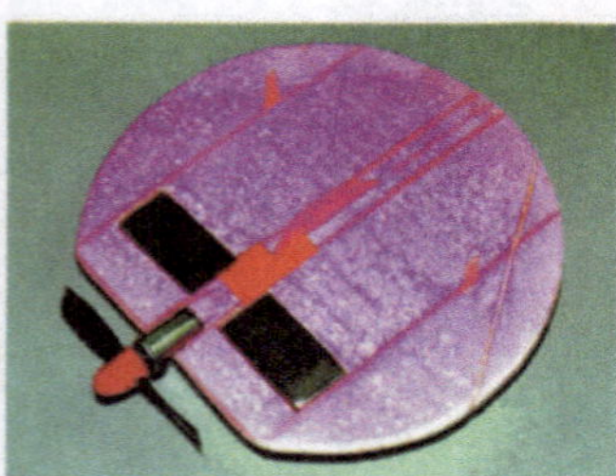

Prototypen der Micro Air Vehicles (MAV) von Aerovironment, USA

Die Micro Air Vehicles (MAV) scheinen dem jüngsten Bond-Film entflogen zu sein: die von Aerovironment Inc., Simi Valley, Kalifornien entwickelten Miniflugzeuge stellen die Grenze des heute technisch Machbaren auf dem Sektor der miniaturisierten Luftaufklärung dar.

Die noch recht junge Entwicklungsgeschichte dieser Flugzeuge begann im April 1996 mit der Konzeption einer miniaturisierten Fernsteuerung. Im Oktober 1996 wurde der erste Jungfernflug mit einem 45 Zentimeter kleinen und nur 39 Gramm schweren Flugobjekt gestartet, das sich zwei Minuten lang in der Luft halten konnte.

Auf der Basis dieses Erfolges wurde im Oktober 1996 ein halbjähriges Forschungsprojekt beschlossen, in dessen Rahmen die Eignung von Mikroflugzeugen für militärische Aufklärungsaufgaben erörtert werden sollte. Dafür wurden verschiedene Teilsysteme des Flugapparates auf ihre Verwendbarkeit untersucht.

Als Antriebsvarianten standen Elektromotoren und Verbrennungsmotoren zur Auswahl. Unterschiedlichste Tragflächengeometrien wurden ebenso untersucht, wie Propellervarianten und Fernsteuersysteme. Mit Hilfe einer morphologischen Vorgehensweise wurden alle potentiellen Lösungen an drei relevanten militärischen Praxisaufgaben gemessen und bewertet. Am Ende des Programms entschied man sich, die drei besten Lösungen im Maßstab 1:1 zu fertigen.

Schwarze Witwe mit GPS

Zwei der auf nunmehr 15 Zentimeter geschrumpften Flieger wurden von einer Propeller-Elektromotor-Kombination angetrieben und besaßen eine nur zwei Gramm leichte Fernsteuereinheit. Das Tragflächendesign war im einen Fall konventionell, im anderen Fall hatte das ganze Flugobjekt die Form einer Scheibe. Dieses scheibenförmige Mikroflugzeug erhielt den Namen Black Widow (Schwarze Witwe). Der dritte nicht steuerbare Prototyp wurde von einem Verbrennungsmotor angetrieben.

Black Widow der Firma Aerovironment ist in der Lage, sich mehr als 16 Minuten lang in der Luft zu halten: nicht im Laborbetrieb, sondern in der freien Natur! Der ferngesteuerte batteriegetriebene Miniflieger erreicht dabei Spitzengeschwindigkeiten bis zu knapp 70 km/h.

Die nächste Generation der Schwarzen Witwe soll das technisch Machbare bei Mikroflugzeugen neu definieren. Ihr Entwickler Matt Keennon möchte der Dame zusätzlich ein GPS-Naviga-

Steuereinheit, sowie Abschußgarage für das Micro Air Vehicle

tionssystem, Sensoren zur automatischen Flug-
stabilisierung, einen Magnetkompaß sowie
Höhen- und Geschwindigkeitsmesser integrieren.
Erste Pläne bestehen bereits.

Da kommen sicher die von RMB in der Schweiz
gefertigten Mikromotoren gerade recht. Der
kleinste industriell hergestellte Elektromotor wiegt
nur 0,3 Gramm!

Eine weitere bemerkenswerte Ingenieursleistung
markiert die integrierbare Videokamera. Sie
besitzt die Größe eines Zuckerwürfels und bildet
zusammen mit einem Übertragungsschalt-
kreis in Briefmarkengröße ein Videosystem mit
einem Gesamtgewicht von 6 Gramm. Dieses
System wurde bereits auf dem 45 Zentimeter
Flugzeug erfolgreich getestet.

Ob sich solche Entwicklungen in Zukunft auch
im zivilen Einsatz bewähren dürfen, bleibt
abzuwarten. Eine Kollision mit der neugierigen
Lady dürfte nämlich sehr schmerzhaft sein.

**Die High-Tech Komponenten
des Flugapparates**

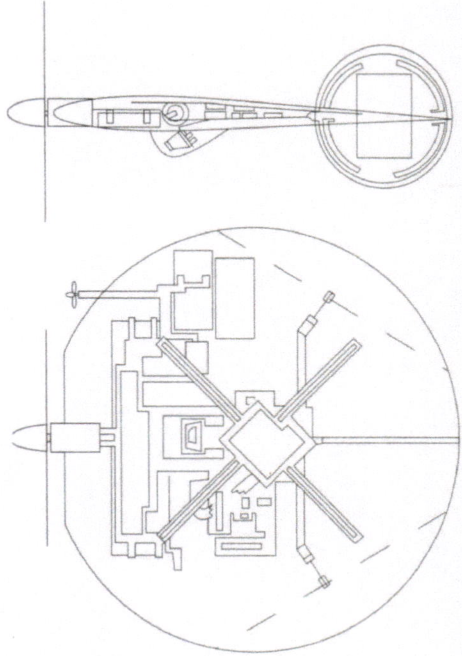

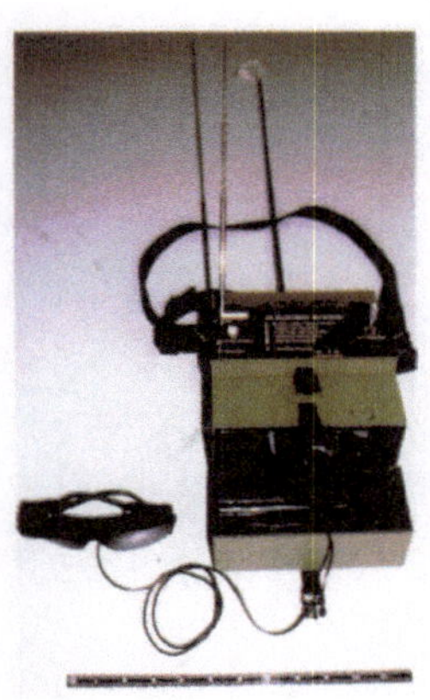

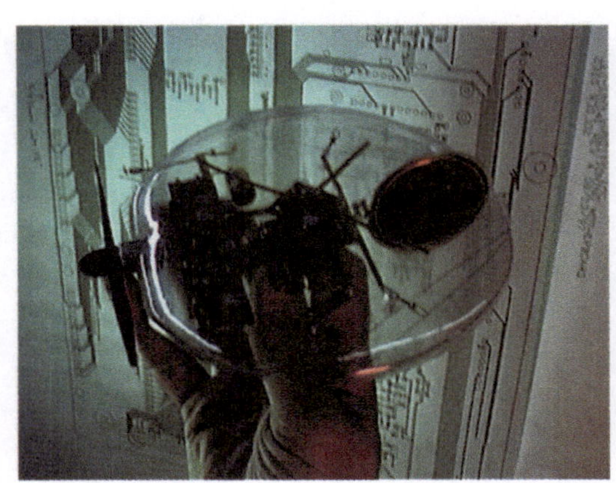

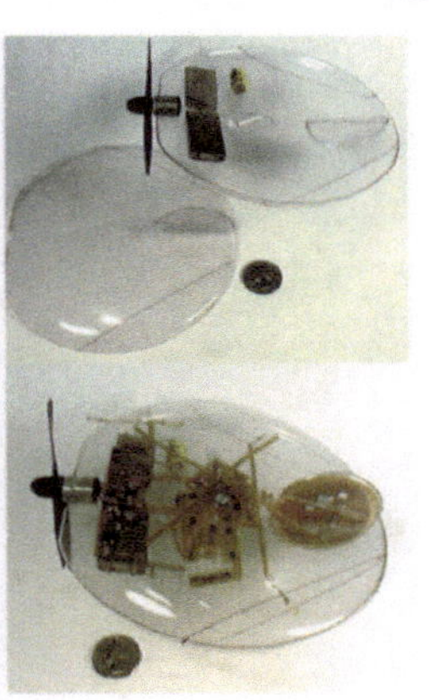

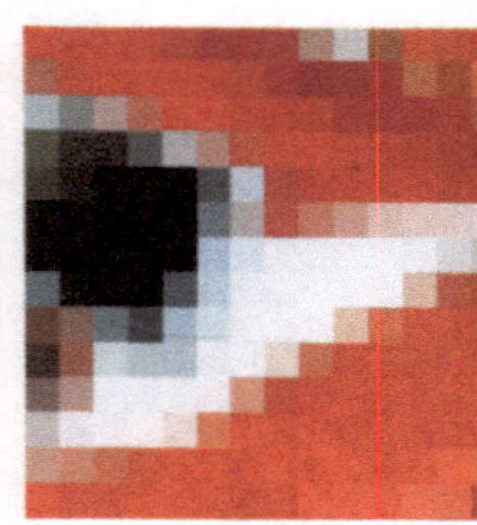
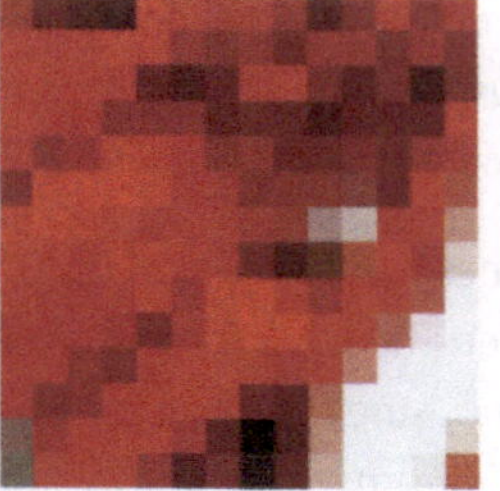
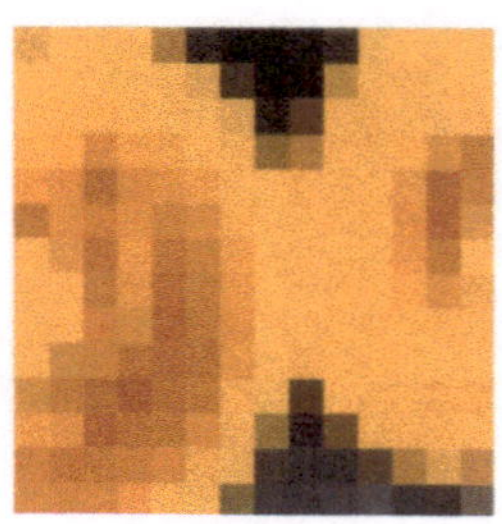

Brandbekämpfung

Fluch der Flammen

Seitdem der Mensch das Feuer kennt, weiß
er auch um seine zerstörerische Kraft. Wer Brände
löscht und andere Menschen aus den Flammen rettet, begibt sich auch heute noch selbst
in Lebensgefahr.

Einen ersten Versuch, Feuer aus sicherer Entfernung zu löschen, stellte 1715 die Erfindung
einer Löschbombe dar: Ein mit Wasser gefülltes
Faß, bepackt mit zwei Pfund Pulver und Zünd-
schnur, wurde in das brennende Gebäude gerollt
und dort gesprengt.

Erst in diesem Jahrhundert gelingt es, Brände mit
Maschinen aus sicherer Entfernung fernbedient zu bekämpfen. Die ersten Systeme wurden
für die Bekämpfung von Flugzeugbränden
entwickelt. Die Personenrettung aus brennenden
Flugzeugen ist besonders kritisch, weil aus-
gelaufener und entzündeter Treibstoff eine mäch-
tige Feuerwand bildet: Sie trennt Retter und
Opfer!

Löschbombe, um 1715

Schaumbresche in den Feuerwall

Für die Brandbekämpfung auf Flughäfen planten
Prof. Ernst Achilles und Dr. Oskar Herterich
1968 einen kleinen kettengetriebenen und ferngesteuerten Löschmittelträger, der von einem
Flugfeldlöschfahrzeug zur Einsatzstelle transportiert wird. Dort verläßt er das Transportfahr-
zeug, bewegt sich selbständig zum brennenden
Flugzeug und schlägt dabei mit Schaum eine
Bresche in den Flammenwall.

Der 120 m lange Löschmittelschlauch zum
Löschroboter ist formstabil im Mutterfahrzeug
aufgetrommelt, damit schon während des
Ausfahrens Löschmittel gefördert werden kann.
Die Schlauchtrommelwinde auf dem Versorgungsfahrzeug zieht den ausgelegten Schlauch
sofort zurück, wenn der Löschpanzer zurück-
setzt.

Als Trägerfahrzeug für das 850 kg schwere,
1,2 m breite und mit Löschmonitor 2,8 m lange
Fahrzeug diente der Goliathpanzer aus dem
Zweiten Weltkrieg. Durch eine eigene Batterie ist
das ferngesteuerte Fahrzeug engergiemäßig
autonom. Es ist mit mehreren Schaumrohren ausgerüstet, mit denen sich am einfachsten eine
Schaumbresche in die Feuerwand schlagen läßt.

Schaumrohr

Ein Strahlrohr, das aus
Wasser unter Zusatz von
schaumbildenden Mitteln
und Luft Löschschaum
erzeugt, der das Feuer
unter einem Schaumtep-
pich erstickt.

**Vision einer Flugzeugbrandbekämpfung
mit Hilfe eines Löschroboters, 1968**

**Flugzeugbrandbekämpfung mit
Löschschaum**

Florian fliegt als Rakete

Eine Flugzeugzelle hält den Flammen eines Treib-
stoffbrandes nur etwa 130 Sekunden stand.
So schnell sind aber auch die 1000 PS starken
und 110 km/h schnellen Löschfahrzeuge nicht
zur Stelle. Daher setzt sich Prof. Ernst Achilles,
international renommierter Experte für Brandbekämpfung und ehemaliger Branddirektor der
Frankfurter Feuerwehr, schon 1971 für den
Einsatz von Löschraketen bei brennenden Flugzeugen ein.

Auf der Basis bestehender Raketentechnik entwickelt Achilles zusammen mit Honeywell
(Offenbach) das „Feuer-Lösch-Raketensystem Im
Airport-Nahbereich" Florian. Die Rakete
kann ihren Löschmittelvorrat von 50 kg im Flug
an einer definierbaren Stelle ihrer Flugbahn
abwerfen.

Vom Tower oder einem anderen Leitstand aus
werden der Standort des brennenden Flugzeuges festgestellt, binnen Sekunden Flugbahn
und Abwurfzeitpunkt für das Löschmittel
berechnet und darauf die ferngesteuerten Löschraketen gezündet. Über dem Ziel klinken
sich die Pulverbehälter aus und öffnen sich exakt
über dem Brandherd. Sie halten den Brand
so lange nieder, bis die Flughafenfeuerwehr die
Brandbekämpfung mit ihren Fahrzeugen
fortführen und die Passagiere retten kann.

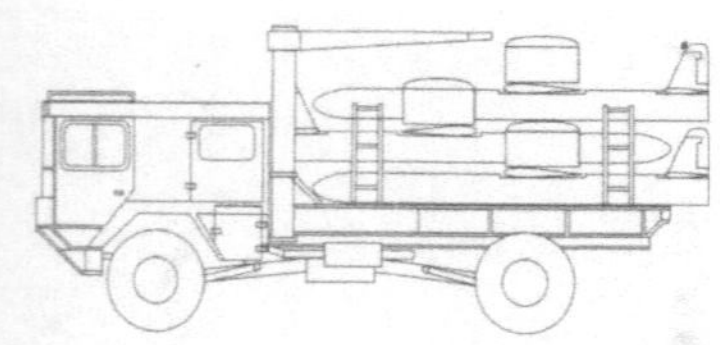

**Vision zur Brandbekämfung mittels
Löschraketen**

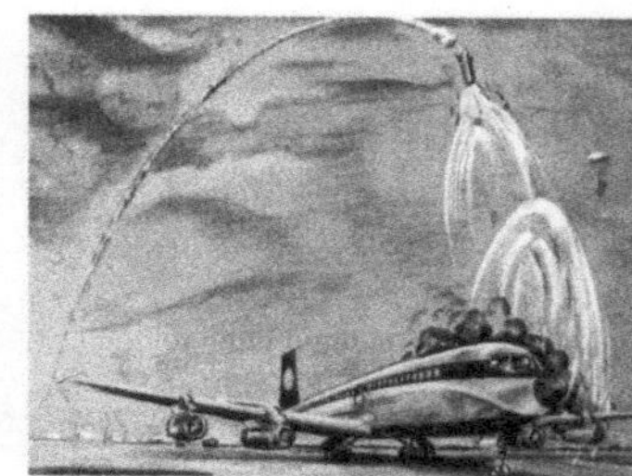

Über dem Ziel werden die Löschpakete abgelassen

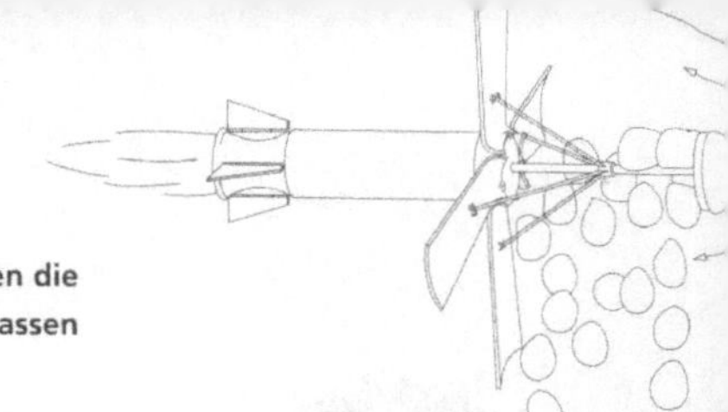

Die deutsche V1 war Vorbild

Die Nutzlast von Florian war mit 50 kg nicht ausreichend. So konzipierten Achilles und die Bremer Firma ERNO Raumfahrttechnik 1972 gemeinsam mit Löschmittelherstellern ferngesteuerte Fluggeräte, die 500 kg Löschmittelkapazität hatten.

Alle Passagierflugzeuge sollten mit Notfrequenzgebern ausgerüstet werden, deren Signale die Löschflugkörper automatisch zum havarierten Flugzeug navigieren. Die bisherigen langen Such- und Wartezeiten entfallen. Eine Kamera im Flugkörper überträgt ein Bild der Unfallstelle per Funk zum Leitstand.

Ein Dutzend der unbemannten Raketenflugkörper könnte in dichter Reihenfolge und bei jedem Wetter aus Raketenwerfern abgeschossen werden. Mit 100 m/s fliegen die Löschraketen durch Autopilot gesteuert auf das brennende Objekt zu und schleudern aus 30 m Höhe ihre 500 kg Löschmittel in die Flammen. Ihr Aktionsradius beträgt 8 km. Vom Leitstand aus wird entschieden, wo der Löschflieger dann mittels Fallschirm landen soll. Äußerlich erinnert der 4,60 m lange Flugkörper an die erste deutsche Rakete V1; vollbeladen wiegt er 750 kg. Das Konzept wurde jedoch bis heute nicht realisiert.

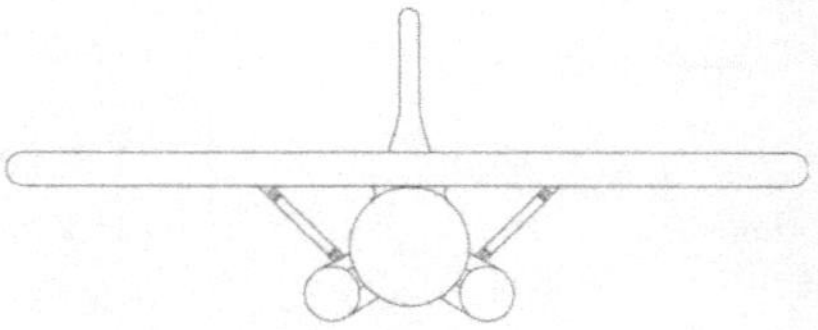

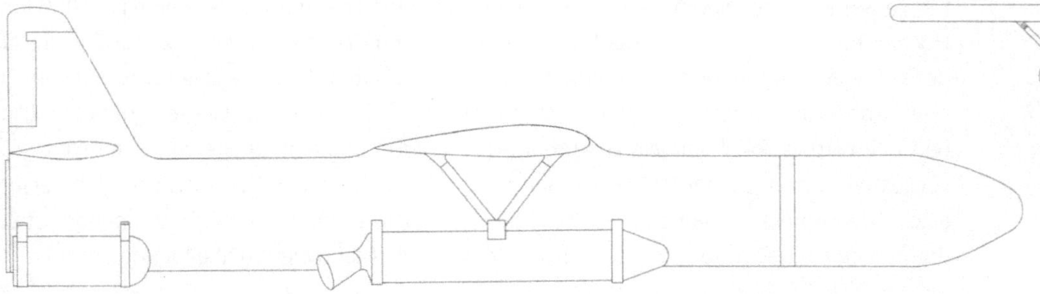

Zeichnungen einer Löschraketenvariante

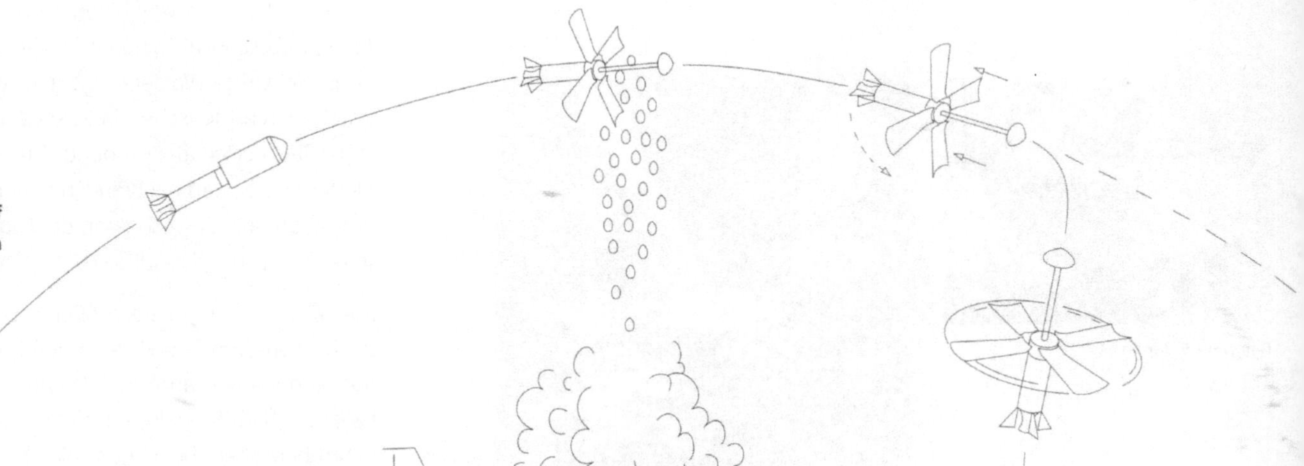

Geplanter Ablauf einer Löschaktion

JetFighter, Japan

Löschmonitor

Ein bei der Feuerwehr auf einem Gestell drehbar gelagertes Strahlrohr, dessen Wurfrichtung des Löschmittels von einem Feuerwehrmann manuell oder fernbedient eingestellt wird.

Internationale Entwicklungen

In den Vereinigten Staaten realisiert General Dynamics 1968 mit der FireCat den Prototyp eines fernsteuerbaren Fahrzeugs zur Gefahrbekämpfung (Remote Controlled Hazard Fighting Vehicle); das Konzept wird 1973 zum Patent angemeldet. Das über Funksignale steuerbare Mini-Löschfahrzeug basiert auf einem 1,20 m langen, Kettenfahrzeug. Auch die Wurfrichtung seines Strahlrohrs kann ferngesteuert werden. Den Schlauch für die Wasserversorgung sollte das Fahrzeug hinter sich herziehen: das schaffte es aber wegen der dafür benötigten Kräfte nicht so recht, so daß die Entwicklung nicht weiter verfolgt wurde.

Die Pariser Berufsfeuerwehr stellt 1972 einen Hochleistungs- Löschmonitor Sparfeu in Dienst, der auf einem motorisierten und ferngesteuerten Anhängerfahrgestell aufgebaut ist. Im selben Jahr wird in Yokohama ein Löschroboter vorgestellt, der mit einer Wasserkanone und einer Videokamera in brennende Häuser vordringen kann. Das rund 6 000 kg schwere Gefährt erreicht 15 km/h und überwindet mit seinen zahnradähnlichen Laufrädern auch Treppenstufen.

Hitzefest in brennendem Öl

Eine Forschungsabteilung der Feuerwehr von Tokyo entwickelte mehrere Roboter: Rainbow 5, FireSearch, WaterSearch und RoboCue. Rainbow 5 dient der Bekämpfung von Großbränden mit extremer Hitzeentwicklung oder Explosionsrisiko. Dieser Roboter eignet sich besonders für den Einsatz bei Ölbränden, wie sie etwa bei Flugzeugkatastrophen, Unfällen mit Tanklastzügen und in petrochemischen Anlagen vorkommen.

Rainbow 5 kann wahlweise über Kabel oder drahtlos gesteuert werden. Mehrere TV-Kameras, darunter eine in 3D-Technik, erlauben die Überwachung des Brandes. Der Löschmittelausstoß liegt mit Wasser bei max. 5 000 l/min und mit Schaum bei max. 3 000 l/min. Allerdings benötigt Rainbow 5 sehr viel Platz am Einsatzort, denn das Gerät ist mit einer Länge von 4 m und einer Breite von 2 m relativ groß. Durch die unter Druck stehenden Versorgungsschläuche, die den Roboter speisen, ist auch die Manövrierfähigkeit eingeschränkt.

Ausschließlich der Branderkundung dient der raupengetriebene Kleinroboter FireSearch. Er hat eine variable Fahrhöhe und ist mit Suchscheinwerfern, schwenkbaren TV-Kameras, Temperatursensoren und einem Greifarm ausgestattet. Unter Wasser sucht und rettet WaterSearch Menschen in Seenot und unterstützt Taucher bei der Bergung. Ein weiterer Kletterroboter wird bei Bränden in hohen Gebäuden eingesetzt. Er ist sogar in der Lage, Glasscheiben zu zerschneiden.

Die Personenrettung aus größeren Gebäuden ist die Domäne von RoboCue. Er holt Menschen aus brennenden Fabriken, Warenhäusern, Lagerhallen, U-Bahntunneln und explosionsgefährdeten Bereichen, bei Flugzeugkatastrophen und

Rainbow 5, Japan

RoboCue, Japan

FireSearch, Japan

in chemischen Anlagen. Hierfür ist der Roboter mit Suchscheinwerfern und mehreren TV-Kameras ausgerüstet. Unter erschwerten Sichtbedingungen bei Rauchentwicklung unterstützen ein Infrarotsuchsystem, Ultraschallsensoren sowie Kontaktsensoren die Videokameras beim Auffinden von Personen. Über Lautsprecher und Mikrofone kann mit den Hilfebedürftigen kommuniziert werden, die durch einen integrierten Luftbehälter sogar Frischluft atmen können.

Der Löschroboter der englischen Firma Ai Secrity ist ebenfalls eine kettenangetriebene Roboterplattform mit einem aufgesetzten Löschmonitor. Die Versorgung mit Wasser und Energie erfolgt über zwei separate, vom Fahrzeug gezogene Leitungen. Die Plattform kann auch als Trägersystem für andere Anwendungen, etwa für einen Manipulator, genutzt werden.

Brandkatastrophen gefährden Einsatzkräfte

Löschroboter sind gefordert, wenn der Einsatz von Menschen zu riskant ist. Dazu zählen beispielsweise der Löschangriff in einem einsturzgefährdetem Gebäude, das Kühlen und Sichern eines durch die Hitze berstgefährdeten oder undichten Behälters, Unfälle mit Gefahrguttransporten auf Straße und Schiene oder Flugzeugbrände.

Bisher sind Fahrgestelle für Löschroboter oftmals im Militärbereich verwendete Kleinpanzer und ehemalige Manipulatorfahrzeuge, die für den Katastropheneinsatz in kerntechnischen Anlagen konzipiert worden sind. Sie wurden hier zur Gasdetektierung und für einfache Handhabungsaufgaben verwendet und haben in der Regel kein Hitzeschild.

Da die bisher eingesetzten Roboter einen integrierten Löschmonitor haben, müssen zur Bekämpfung großer Feuer, bei denen die Löschkapazität eines Monitors nicht ausreicht, weitere Löschroboter eingesetzt werden. Wegen des hohen Anschaffungspreises einer Roboterplattform (ab 100 000 DM), ist es den Feuerwehren nicht möglich, mehrere Löschroboter vorzuhalten, um diese dann bei Großfeuern einsetzen zu können.

WaterSearch, Japan

Zukünftige Konzepte müssen preisgünstiger sein.

Aufgrund bisheriger Erfahrungen hat die Firma Iveco Magirus Brandschutztechnik GmbH (Ulm) zusammen mit der Kieler Firma telerob ein neues Konzept für ein Löschrobotersystem erarbeitet, das mehrere Monitore mit nur einem Transportroboter bedient.

Das System besteht aus einem kettengetriebenen teleoperierten Roboter MF-4 der Firma telerob mit einer Fernlöschhaspel mit einem formstabilen Gummischlauch und einem fernsteuerbaren Löschmonitor, die anstelle der Einpersonenhaspel nach DIN 14826-2 am Heck eines Standard-LF 16/12 mitgeführt werden kann.

Das Robotersystem MF-4 wird weltweit bei Spezialeinheiten von Armee und Polizei sowie bei Sicherheitsdiensten zur sicheren Handhabung von mutmaßlich explosiven Behältern oder Gegenständen eingesetzt. Das Fahrzeug MF-4 hat ein Hitzeschild, das selbst einem Flash-Over gewachsen ist. Der Innenraum wird mit CO_2 gekühlt. Die Antriebsketten sind natürlich auch hitzefest.

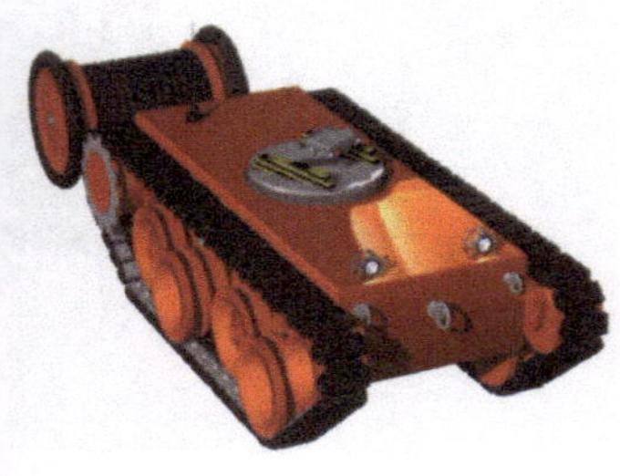

Flash-Over

(Flammenübersprung): Bei einem Brand in einem geschlossenen Raum sammelt sich der Rauch an der Decke. Er enthält noch viele brennbare Stoffe, und nach und nach heizt er sich immer weiter auf. Ist genügend Sauerstoff in der Luft, kann sich der erhitzte Rauch schlagartig entzünden. Der brennende Rauch heizt alle Gegenstände im Raum auf, die dann ebenfalls blitzartig Feuer fangen.

Die Schlauchhaspel trägt einen formstabilen, aufgetrommelten, zweikammrigen Gummischlauch und ein Steuer- und Versorgungskabel für den Monitor. Die Wurfrichtung des Monitors wird fernbedient mittels eines Joysticks im Versorgungsfahrzeug eingestellt.

Ein Roboter für mehrere Monitore

Der mobile Roboter MF-4 wird hier „nur" als Transporteinheit genutzt. Die eigentlich operierende Löscheinheit ist die Fernlöschhaspel mit elektrisch betriebenem Monitor, die als Anhänger am Zugfahrzeug hängt.

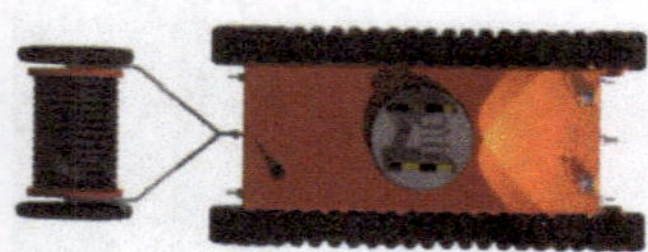

Haspel

Ein zweirädriges Gestell mit einer Trommel, auf der Feuerwehrschläuche aufgerollt sind. Mit einer Haspel lassen sich solche Schläuche schnell und platzsparend transportieren und auslegen.

Die Fernlöschhaspel wird vom Roboter zur Einsatzstelle gezogen. Dabei wird kontinuierlich Schlauch von der Haspel abgerollt, die ihr Wasser aus dem Löschfahrzeug erhält. Der funkferngesteuerte Roboter positioniert am Einsatzort den Löschmonitor auf den Brandherd und kuppelt die Haspel dann ab.

MF-4 verläßt dann sofort den Gefahrenbereich, um weitere Haspeln an einem anderen geeigneten Ort in Stellung zu bringen. Bei weiter entfernten Einsatzstellen können gleichzeitig mehrere Schlauchhaspeln an MF-4 angehängt werden. Die Monitorhaspel kann auch ohne den Roboter durch entsprechend geschützte Feuerwehrleute in Position gebracht werden.

Kommt es zum Einsturz eines Gebäudes oder zu einer Explosion, geht nur die vergleichsweise billige Schlauchhaspel samt Monitor und Schlauchmaterial verloren. Der teure mobile Löschroboter steht im Regelfall außerhalb des Gefahrenbereiches und wird daher nicht beschädigt. Der Roboter MF4 steht außerdem für andere Aufgaben, wie Messen, Prüfen und Beobachten zur Verfügung und kann auch als Manipulatorträgerplattform genutzt werden.

Iveco Magirus, telerob, die Werkfeuerwehr der BASF und das Fraunhofer IPA entwickeln zur Zeit im Rahmen eines Forschungsprojekts den vorhandenen Prototyp des Löschrobotersystems weiter. Das System soll noch praxistauglicher, für den Feuerwehrmann möglichst einfach zu bedienen und so kostengünstig werden, daß es sich zunächst jede Berufsfeuerwehr und später jeder Hauptstützpunkt der Feuerwehr eines Landkreises leisten kann.

MF 3, telerob, Deutschland

MF 3, telerob, Deutschland

MF 4, telerob, Deutschland

Löschsystem von telerob und Iveco Magirus Brandschutztechnik GmbH

Plattform für die Zukunft

Das Roboterfahrzeug wird mit verschiedenen Kameras (Sicht- und Infrarotbereich), Sensoren und Steuerungseinheiten ausgestattet und kann auch kartografische Informationen speichern. Die Löschhaspel wird mit einem Brandherd-Detektor ausgerüstet, der die Wurfrichtung des Löschmonitors automatisch nachregelt, selbst wenn Rauch die Sicht behindert. Das Robotersystem ist in der Lage, seinen Weg zur Einsatzstelle zu finden und dabei Hindernisse selbst in dichtem Rauch zu erkennen. Die intelligente Steuerung verhindert dabei kritische Situationen, in denen das Fahrzeug umkippen könnte.

Durch seine Navigationsfähigkeiten, die intelligente Steuerung, seine Sensorik und die kamera-optischen Systeme ist diese Plattform für zukünftige Aufgaben und Weiterentwicklungen im Brandschutz bestens gerüstet und ließe

sich in autonome fahrerlose Löschsysteme integrieren.

In Industrieanlagen können Gefahrenbereiche in brennenden Gebäuden oder bei leckgeschlagenen oder berstgefährdeten Gefahrgutbehältern mit diesen Fahrzeugen autonom befahren werden. Löschsysteme zur Brandbekämpfung können automatisch positioniert und Sicherungsmaßnahmen an Gefahrgutbehältern selbständig und teleoperiert ausgeführt werden.

Auf Flughäfen könnten diese fahrerlosen autonomen Löschfahrzeuge an Gefahrenschwerpunkten stationiert werden. Droht eine Notlandung, können die Fahrzeuge vom Tower aus in den absehbaren Landebereich geschickt werden und die notwendigen Löschmaßnahmen einleiten, sobald das Flugzeug zum Stehen gekommen ist.

- Roboter positioniert Löschhaspel
- Roboter dichtet mit Hilfe des Manipulators einen leckgeschlagenen Gefahrguttransporter ab.
- Roboter in Warteposition außerhalb des Gefahrenbereichs

Prototyp von telerob und Iveco Magirus Brandschutztechnik GmbH

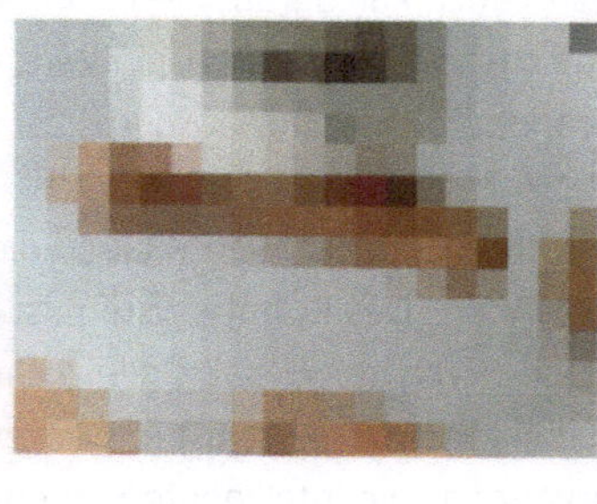

Sortieren

Die Guten ins Töpfchen...

Der Mensch lebt und überlebt mit Sortiervorgängen. Wir sortieren unsere Umwelteindrücke und klassifizieren sie nach bestimmten Ordnungskriterien. So kommen wir sicher über eine befahrene Straße, erkennen Menschen wieder und können bestimmte Materialien unterscheiden. Von Kindesbeinen an wird unser Gehirn auf Sortier- und Klassifizierungsvorgänge trainiert.

Diese Fähigkeit des Menschen wird heute in Anlagen zur Produktion, Verpackung und Wiederverwertung von Rohstoffen und Produkten genutzt und stellt hohe Anforderungen an eine Automatisierung.

Sortieren ist Wertschöpfung

Bei der Gewinnung von Rohstoffen aus Naturprodukten oder Bodenschätzen sind Sortierprozesse unerläßlich, um eine bestimmte Qualität der Rohprodukte zu gewährleisten. Einst mußte man für die Kohlegewinnung von Hand an Sortierbändern taubes Gestein und Kohle trennen. Inzwischen ist die Verfahrenstechnik zur Trennung von Stoffen nach physikalischen und chemischen Prinzipien so hoch entwickelt, daß der Prozeß ohne die monotone Arbeit am Leseband ablaufen kann.

Bei der Ernte von Naturprodukten unterscheidet man nach Größe, Reifegrad oder Schädlingsbefall und bildet Güteklassen von Produkten. So erzielt man Qualitätsnormen, die zu einem höheren Marktpreis führen. Die Sortierung stellt also einen wertschöpfenden Prozeß dar. Bei der Sortierung von Produkten aus einem Produktionsprozeß sind fehlerhafte Teile zu erkennen und zu handhaben.

Inhuman und hochbelastend

Industrielle Sortierplätze sind vom Maschinentakt der Anlage abhängig, da eine Fließfertigung bei Massengütern die wirtschaftlichste Produktionsvariante darstellt. So müssen etwa in Backstraßen 60 000 Brötchen pro Stunde begutachtet werden, um Brötchen zu entfernen, die fleckig sind oder die Normgröße nicht erreicht haben. Derartige Tätigkeiten werden heute weitgehend von Menschen durchgeführt, denen dabei eine Rolle zugeteilt wird, die weit unter ihren sozialen Fähigkeiten und Bedürfnissen liegt: sie sind die Aschenputtel des Industriezeitalters.

Roboter entlasten den Menschen von der monotonen Arbeit an Sortierbändern. Der Roboter erkennt dabei mit Hilfe eines aufgabenspezifischen Sensorsystems Lage und Orientierung der zu sortierenden Teile und nimmt sie mit seinem speziell entwickelten Greifer auf.

Zarter Griff für Würste und Pralinen

Von der Sortierung unterschiedlicher Pralinen bis hin zur geometrisch heterogenen Wurst können Roboter heute die unterschiedlichsten Produkte sortieren. Die Hersteller von Sortieranlagen mit Robotern nutzen die Vorteile der Roboterflexibilität dabei geschickt aus. Im Falle der Wurstsortierung ist der Roboter beispielsweise in der Lage, 10 000 h ungeordnet ankommende Teile so zu sortieren, daß sie gleich geordnet in eine Verpackungsmaschine geführt werden können. Die Geschwindigkeit eines Roboters gegenüber manuellem Sortieren ist dabei gleich. Werden die Prüfungen zur Produktqualität und die Durchsatzmengen größer, so kann das Sortierproblem wirtschaftlich und sicher nur noch maschinell gelöst werden. Problem ist dabei allerdings oft, daß die Produkte sehr heterogen sind, d.h. nicht nur durch ein einziges Merkmal unterschieden werden können.

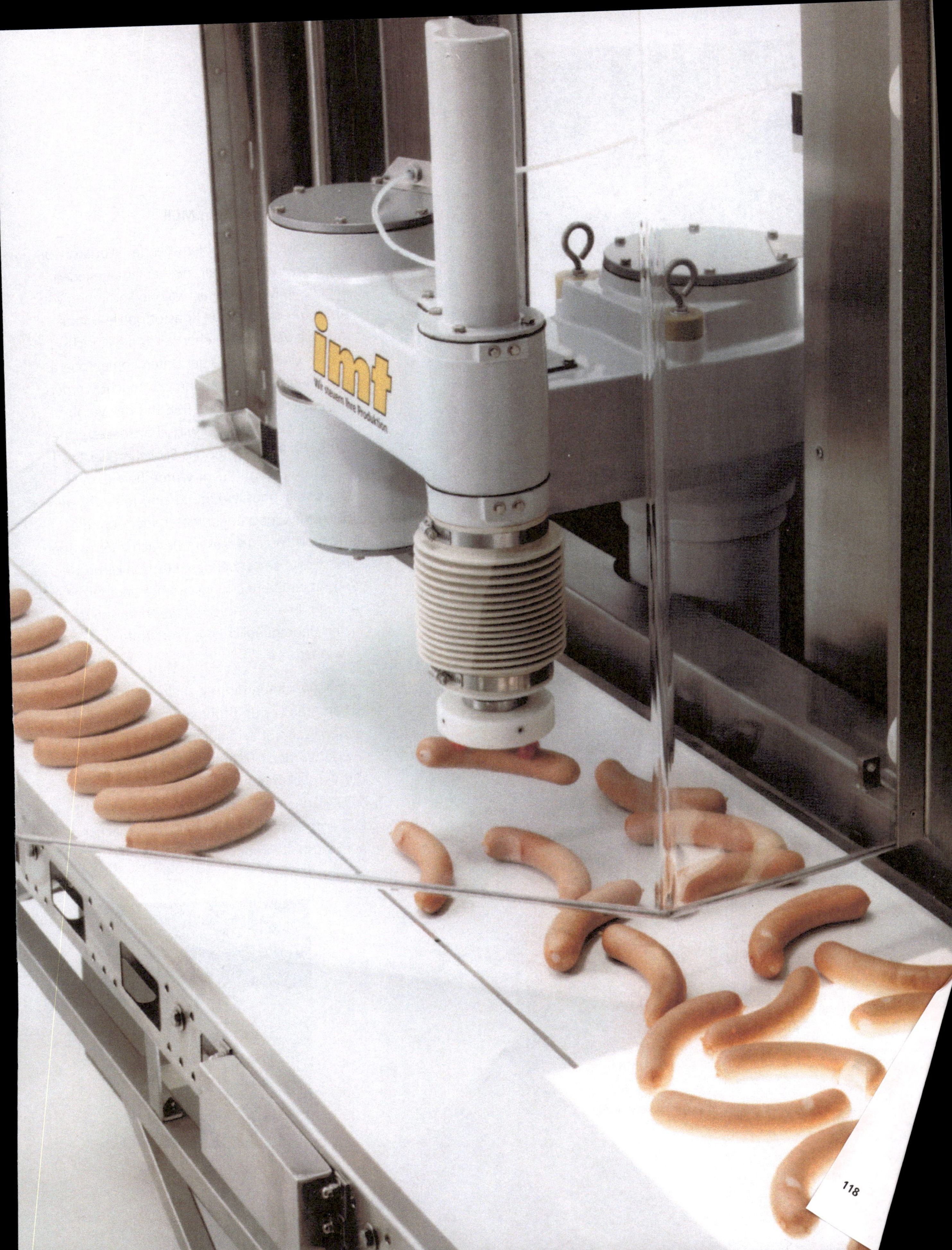
imt

Demontage von Elektronikschrott für
die Weiterverwertung

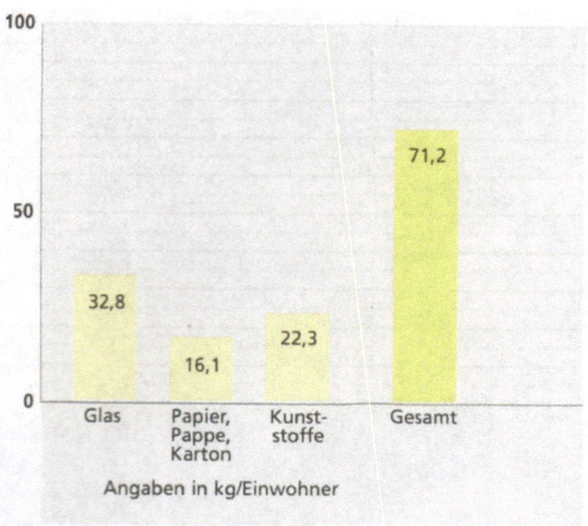

Sammelbilanz in Deutschland

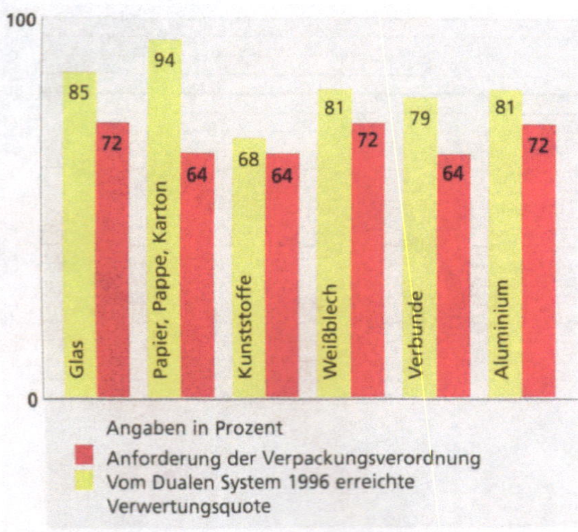

Anforderungen der Verpackungsverordnung

Ressourcen aus dem Müll

Extrem ist dieses Problem bei der Wertstoffsortierung, einer Tätigkeit, die heutzutage jeden angeht. In Mangelzeiten war die Sortierung von Abfällen eine wichtige Rohstoffquelle. Heute muß die Verwertung eher durch die Einsicht der Bürger, Umweltimage der Unternehmen oder durch legislative Maßnahmen erreicht werden. In Deutschland wurde 1996 mit der Verabschiedung des Kreislaufwirtschaftsgesetzes der rechtliche Rahmen für das Schließen der Stoffkreisläufe gelegt. Zuvor wurde bereits mit der Verpackungsverodnung ein Kreislaufsystem für Leichtverpackungen geschaffen, um die Mengenströme in diesem Bereich zu erfassen und wieder zu verwenden. Elektronikschrott- und Altauto-Verwertungssysteme sind derzeit im Aufbau. In allen Recyclingbereichen ist Sortieren unumgänglich, um Wertstoffe zurückzugewinnen.

Hierbei sortieren die Haushalte ihren Abfall schon grob vor und führen ihn den verschiedenen Wertstoffsammelsystemen zu. Auf diese Weise wurden 1996 im Sammelsystem für die Verpackungen, dem Grünen Punkt, rund 5,3 Millionen Tonnen Wertstoffe gesammelt. Das entspricht 84% der Verkaufsverpackungen aus Haushalten und Kleingewerben.

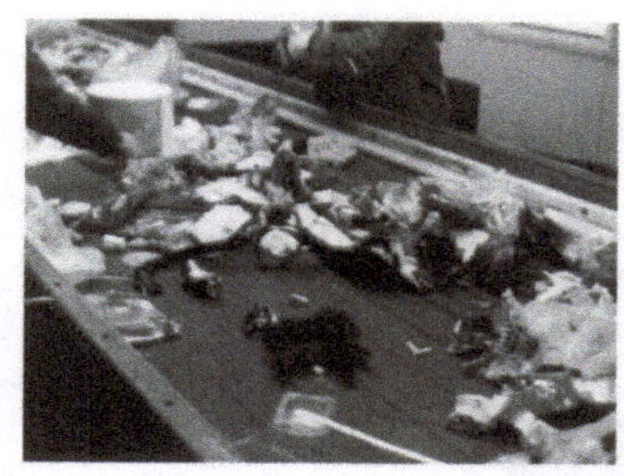

Nichts ist heterogener als Abfall

Im Gelben Sack des Grünen Punkts findet sich ein stark heterogenes Stoffgemisch aus unterschiedlichen Kunststoffen, Getränkekartonagen und Aluminium, bei dem weder die ankommenden Mengen, noch die Materialien klar definiert werden können. Darüber hinaus kommen durch Fehler beim Sammeln natürlich immer wieder Stoffe in das Sammelsystem, die nicht wiederverwertet werden können. Sortieraufgaben zur Wertstoffverwertung sind deshalb außerordentlich schwer zu automatisieren: derzeit muß manuell an sogenannten Lesebändern sortiert werden.

Neben der monotonen Arbeit am Leseband kommen dabei vor allem massive gesundheitliche Belastungen auf die Mitarbeiter in den Sortieranlagen zu. Sporen- und Keimübertragungen durch verdorbene Lebensmittelreste, üble Gerüche oder Belastungen durch chemische Stoffe bilden ein bisher noch nicht abschließend untersuchtes Gesundheitsrisiko mit heute noch schwer zu kalkulierenden Langzeitfolgen.

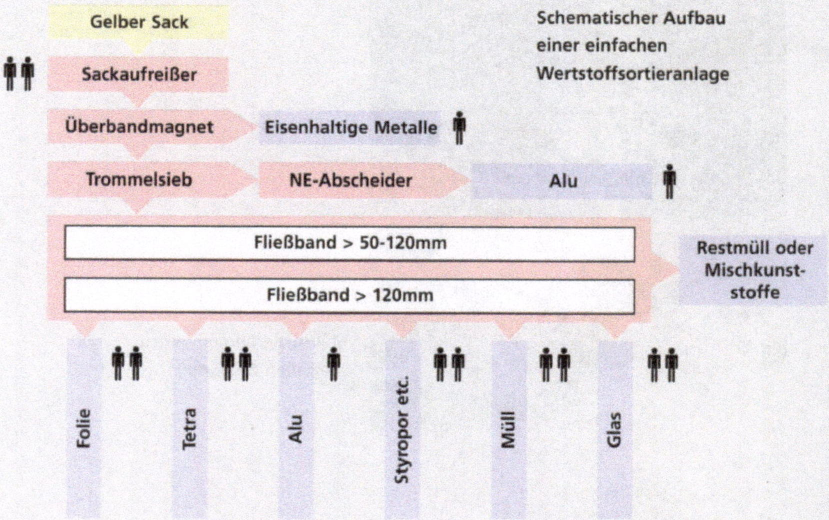

Schematischer Aufbau einer einfachen Wertstoffsortieranlage

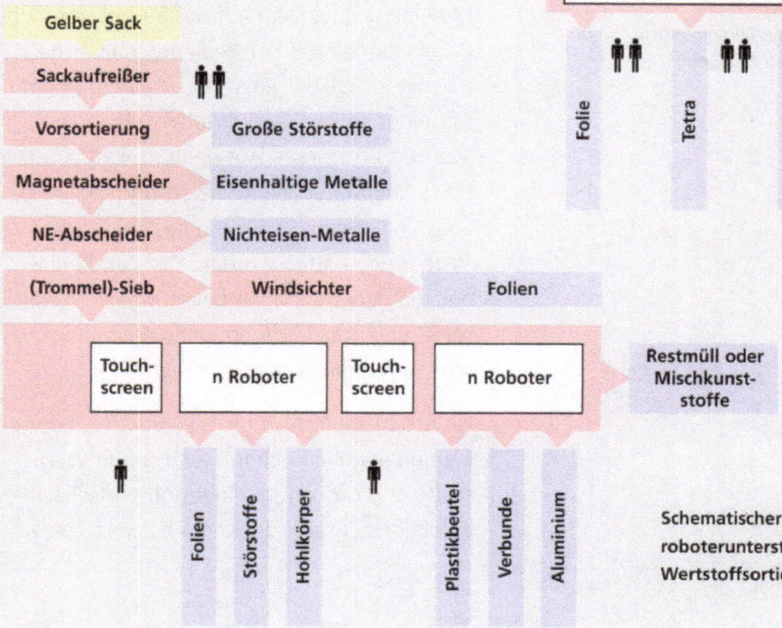

Schematischer Aufbau einer roboterunterstützten Wertstoffsortieranlage

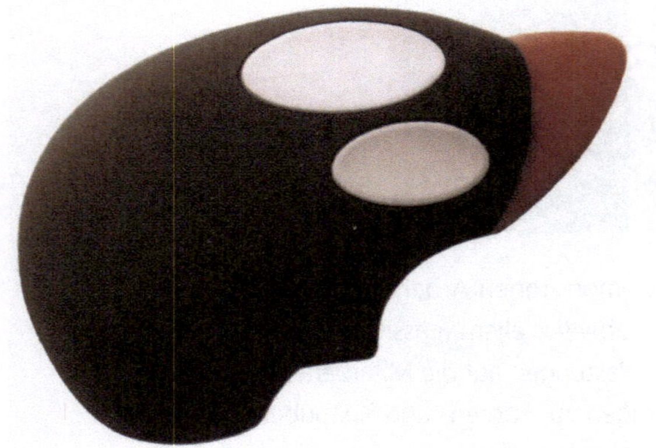

**Datenerfassung über
eine Pointer-Mouse**

**Müllsortierung mit einem
speziellen Greifkopf**

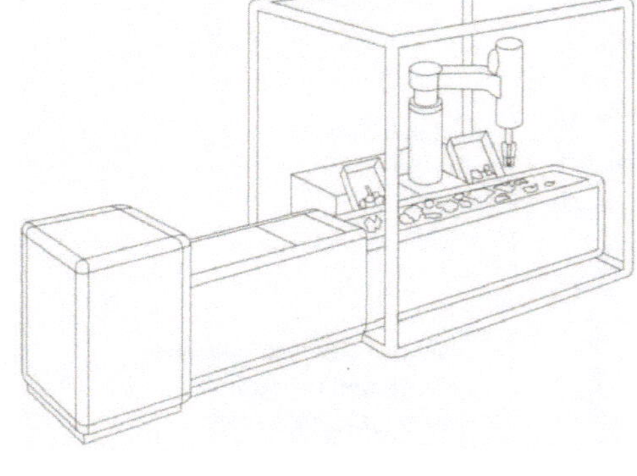

**Hygienische Wertstoff-
trennung hinter Glas**

Der Mensch erkennt für den Roboter

Zusammensetzung und Zustand der Wertstoffe stellen den Entwickler automatisierter Sortieranlagen vor beinahe unlösbare Aufgaben. So müssen die Objekte auf dem Förderband erst lokalisiert, dann klassifiziert und schließlich durch eine geeignete Greiftechnik aussortiert werden.

In einem ersten Schritt wurde daher vom Fraunhofer IPA eine teilautomatische Prüfzelle zur Sortierung von Wertstoffen entwickelt, in der grundsätzliche Fragestellungen bezüglich der Sensorik, Handhabungstechnik und Greifprinzipien geklärt werden können.

Hierbei übernimmt der Mensch zunächst die schwierige Aufgabe der Lokalisierung und Identifizierung der Objekte. Über eine patentierte Mensch-Maschine-Schnittstelle mit Touchscreen steuert er die Kinematik des Greifroboters direkt an.

Hygiene hinter Glas

Die Bedienerschnittstelle ist als transparente Glasscheibe über dem Leseband montiert. Mit einem Fingerzeig auf das auszusortierende Objekt signalisiert der Bediener, daß er genau dieses Objekt aussortiert haben möchte. Mit einer speziell entwickelten „Pointer-Mouse" und einem Auswahltaster ist zusätzlich noch eine Materialidentifizierung möglich. So ist in einer ersten Automatisierungsstufe ein System geschaffen worden, das den Bediener von der Gesundheitsbelastung der Wertstoffsortierung durch luftgetragene mikrobiologische Verunreinigungen abschirmt.

Unterschiedlichste sensorbestückte Greifer erkennen etwa aluminiumbeschichtete Wertstoffe und ordnen sie einem Abwurfschacht zu. Induktionssensoren reagieren auf verschieden

**Datenerfassung über die
Bedienerschnittstelle**

hohe Objekte und steuern dementsprechend
die Greifhöhe (z-Achse) des Roboters.

Der Roboter selbst ist noch als herkömmlicher
Industrieroboter ausgeführt, da nur eine
Standardkinematik derzeit das gewünschte
Kosten - Nutzenverhältnis erbringen kann.
Mittelfristig muß über Neukonstruktionen nach-
gedacht werden, da für diesen Anwendungs-
fall Roboter mit geringeren Genauigkeiten und
Tragkräften ausreichen würden.

Bildverarbeitung zur vollautomatischen
Müllsortierung

Der nächste Schritt in Richtung automatisierter
Sortierung wurde vom Fraunhofer IPA bereits getan. Es wurde ein Sensorsystem entwickelt, das in der Lage ist, teilweise überein-
anderliegende Teile zu erkennen. Dies ist ein
wesentlicher Fortschritt bei der Sortierung von
Wertstoffen, da eine vollständige Vereinze-
lung nur mit kostspieliger Fördertechnik zu erreichen ist. Teile, die übereinander liegen,
konnten von einer herkömmliche Bildverarbeitung nicht unterschieden werden. Zu diesem
Problem liegen jetzt Lösungen vor, die auch in
bereits bestehende Anlagen integriert werden
können.

Der entwickelte Algorithmus berechnet aus einem vom Sensor aufgenommenen Höhenpro-
fil die zu greifenden Objekte und unterscheidet
zwischen dem oben liegenden und unten
liegenden Teil. Mit einem entsprechend trainier-
ten neuronalen Netz ist es darüberhinaus
möglich, bestimmte Stoffgruppen zu identifizie-
ren. Der Robotereinsatz in Umwelt- und
Gesundheitsschutz wird so immer wirtschaftli-
cher.

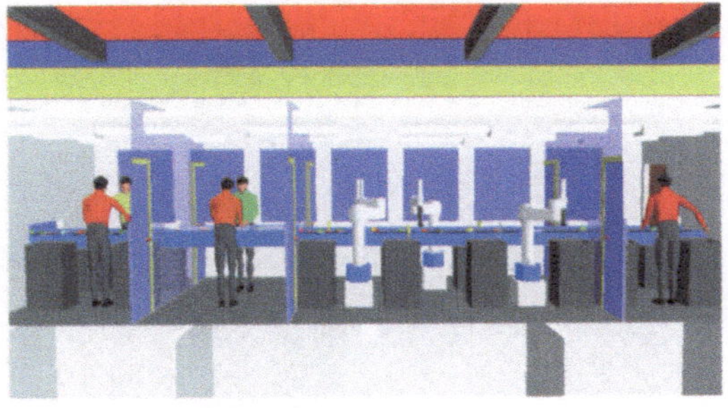

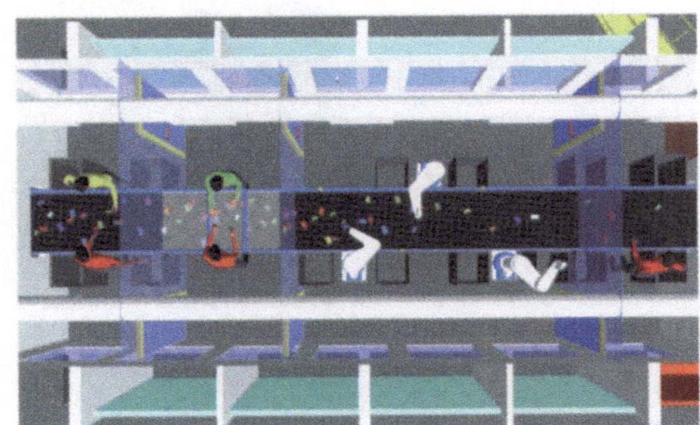

**Computersimulation
der roboterunterstützten
Wertstofftrennung**

Versuchsaufbau Müllsortierung, Fraunhofer IPA, Stuttgart

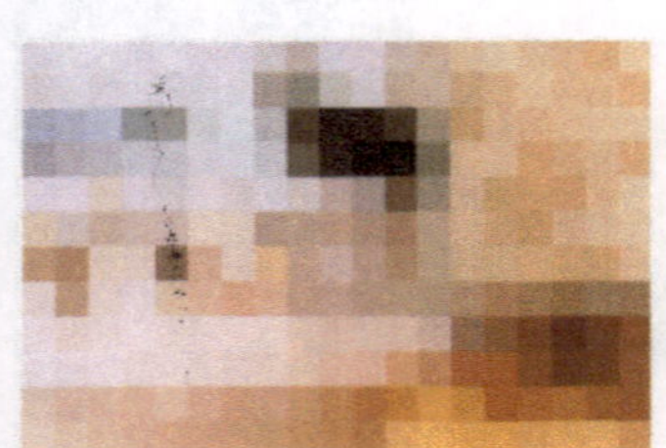

Hotel und Gastronomie

Pommes mit Pentium

Roboter, die Pommes frites goldgelb fritieren?
Kofferträger mit Pentium-Prozessor? In Süd-
deutschland existieren zwei Beispiele für Serviceroboter, die sich in diesen Anwendungs-
feldern wohl fühlen.

Pommes frites in konstanter Qualität

Selbst bei einem schlichten Gericht wie Pommes frites kann bei der Zubereitung einiges
schiefgehen. Die Qualität hängt dabei von der
Temperatur und dem Zustand des Fettes
und wesentlich von den Fritierzeiten ab. Bisher
konnten lediglich die Qualität der Rohprodukte und des Fettes durch die amerikanische
Fast-Food Restaurant Kette McDonald's
sichergestellt werden. Hersteller von Friteusen
bemühen sich mit Messung und Regelung
der Fettemperatur, die Parameter des Zuberei-
tungsvorganges konstant zu halten.

Hin und wieder jedoch kam es vor, daß ein
Korb mit Pommes frites zu lange im Fett-
bad hängen blieb. Abhilfe verspricht hier der
von McDonald's und den amerikanischen
Firmen Frymaster und Gas Research Institute
entwickelte Pommes-Roboter. Er beschickt
die Friteusenbecken automatisch.

Pommes-Roboter, entwickelt von McDonald's,
Fa. Frymaster und dem Gas Research Institute, USA

Ein Roboter läßt nichts anbrennen

Dazu wird der Friteusenkorb zunächst von einer
Linearachse zu einer Befüllstation gefahren
und dort stets mit der gleichen Menge gefro-
rener Pommes frites befüllt. Anschließend
kann der Roboter je nach Belegung zwischen
maximal vier Fritierbecken auswählen, in die
er sein Fritiergut taucht. Nach einer in den Qua-
litätsrichtlinen festgelegten Zeit hat er die
Pommes im Korb aufzuschütteln, damit eine
gleichmäßig Bräunung erzielt und ein Zusam-
menbacken verhindert wird.

Genau nach der festgelegten Garzeit werden die
Pommes frites vom Roboter zu einem Warm-
haltefach gefahren und dort entleert. Hier werden
die Pommes frites dann noch vom Personal
gesalzen und anschließend verpackt.

Der ganze Ablauf wird von einem Bediener gestartet oder kann in einem bestimmten
Zeitrhythmus erfolgen. Insgesamt ist das Personal von der Arbeit an der Friteuse entlastet
und kann sich den Gästen oder anderen Tätigkeiten widmen. Fällt eine Teilfunktion des
Roboters im harten Alltagsbetrieb aus, dann
ist auch die manuelle Befüllung der Friteuse
möglich. In den USA wird der Roboter bereits
mehrfach eingesetzt. In Deutschland gibt es
derzeit nur eine Testanwendung, in der sich das
Gerät erst bewähren muß, bevor sein Einsatz
landesweit in Erwägung gezogen wird.

**Pommes-Roboter beim Fritieren
köstlicher Mc Donald´s Pommes frites**

Mortimer serviert das Frühstück

Der weltweit einzige mobile Serviceroboter für den Hotelbereich kommt aus Karlsruhe und hört auf den Namen Mortimer. Am Institut für Prozeßrechentechnik und Robotik (IPR) der Universität Karlsruhe entstand unter der Leitung des Physikers René Graf ein Roboterbutler, der Koffer tragen kann, Frühstück serviert, den Zimmerservice unterstützt oder Post verteilt. Der Karlsruher Hotelier Siegfried Weber, der diesen Serviceroboter bereits 1998 einsetzen will, begleitete diese Entwicklung von Anfang an.

Das Forschungsprojekts Korinna (KOmponenten für Roboter in INNovativen Anwendungen) gab den Anstoß für diese neue Generation freifahrender Serviceroboter. Das Ziel von Korinna ist die Entwicklung modularer Serviceroboter, die flexibel an ihre Anwendungsfelder angepaßt werden können. In diesem Projekt entstehen mobile Roboter mit den verschiedensten Kinematikkonzepten und Sensorausstattungen.

Der "Roboterbutler für das Hotelgewerbe" stellt außerordentlich hohe Ansprüche an ein mobiles Servicesystem. Für einen störungsfreien Betrieb in dieser dynamischen Umgebung muß der Serviceroboter durch enge Gänge navigieren, bewegten und stehenden Hindernissen ausweichen sowie mit Menschen und Geräten interagieren. Trotz dieser Anforderungsvielfalt darf das Gerät nur wenig kosten, um rentabel zu sein.

Das Karlsruher Forscherteam einigte sich daher auf folgendes Gerätekonzept: Mortimer besitzt eine achteckige, symmetrische Grundfläche mit einem Durchmesser von 72 cm. Vier passive Stützräder sind fest mit dem Rahmen des Fahrzeuges verbunden und tragen das gesamte Gewicht der Einheit. Die Antriebsräder sind federnd aufgehängt, um Bodenunebenheiten ausgleichen zu können. Motor und Batterien wurden so montiert, daß sie einen hohen Anpreßdruck der Antriebsräder in jedem Betriebszustand garantieren und der Schlupf während der Fahrt auf ein Minimum reduziert werden kann. Die Höhe der Transportplattform beträgt 45 cm, was ein leichtes Abstellen der schweren Koffer ermöglicht. Der mobile Roboter mißt an seiner höchsten Stirnseite 115 cm.

**„Roboterbutler" Mortimer,
IPR Universität Karlsruhe, Deutschland
(Foto: Arnulf Hetterich, Stuttgart)**

Multisensorsystem erkennt die Umwelt

Mortimer verwendet zur Umgebungserkennung ein Multisensorkonzept mit einem 2D-Laserscanner, einem Array aus 16 Piezo-Ultraschallsensoren und einem Kamerasystem. Außerdem helfen acht taktile Sensoren an den Außenflächen des achteckigen Roboters, kollisionskritische Objekte im letzten Moment zu ertasten.

Das Kamerasystem zur Merkmalserkennung ist an der höchsten Stelle des Roboters montiert. Es erzeugt zusammen mit dem 2D-Laserscanner im Grundkörper des Roboters ein dreidimensionales Modell der Umgebung. Speziell zur Erkennung von statischen Hindernissen wie Türkanten oder anderen unbewegten Objekten liefert die Kamera in Verbindung mit dem Laserscanner wichtige Informationen.

Die Meßdaten des Laserscanners werden vor allem zur Positionskorrektur und in Verbindung mit den Meßwerten der Ultraschallsensoren auch zur Kollisionsvermeidung eingesetzt. Der Laserscanner kann wegen seiner Montageposition nur Objekte erfassen, die sich rund 20 cm über dem Boden befinden. Daher wurden am Umfang des Roboters Ultraschallsensoren angebracht, die aufgrund ihres relativ großen Meßkegels mit einem Öffnungswinkel von 52 Grad die gesamte Umgebung des mobilen Fahrzeuges überwachen.

Orientierung ohne CAD-Modell

Zum Anlernen folgt Mortimer einer Person durch das Hotel und lernt dabei Details über seine Umgebung. Es ist also kein CAD-Modell des Arbeitsbereichs mehr nötig. Mortimer bildet und speichert seine eigenen Eindrücke.

Inzwischen haben außer dem Karlsruher Hotelier noch weitere Firmen ihr Interesse an Mortimer bekundet. Daher könnte es gut sein, daß wir schon bald während eines Hotelaufenthalts auf einen Roboterpagen treffen, der zum Dank für seine Dienste kein Trinkgeld sondern einen Tropfen Öl verlangt.

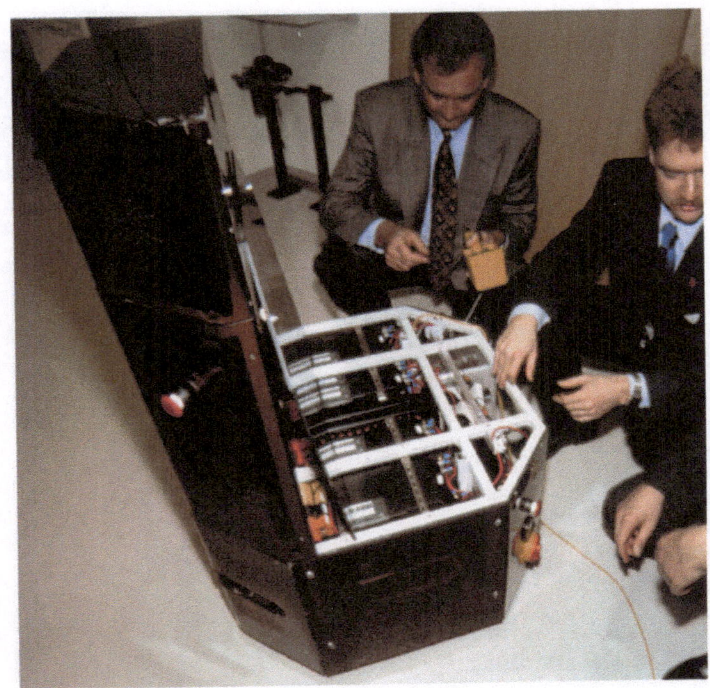

Innenleben von Mortimer,
IPR Universität Karlsruhe, Deutschland
(Foto: Arnulf Hetterich, Stuttgart)

Marketing

Von der Präsentation zum Produkterlebnis

Nicht nur Consumerprodukte verkaufen sich umso besser, je mehr Aufsehen bei ihrer Präsentation erregt wird. Das emotionale und assoziative Umfeld einer Werbung oder eines Messe-Events ist heute fast wichtiger, als das eigentliche Produkt. Milliardenschwere Werbeetats sprechen für den dafür betriebenen Aufwand.

Hersteller technologischer Produkte geben sich gerne die Anmutung von Innovation und Zukunft. Intelligente Systeme der Automatisierungstechnik werden daher immer häufiger als Blickfang bei Präsentationen eingesetzt.

Roboter gelten als hochinnovativ

Eyecatcher aus der Robotertechnik sollen etwa auf Messen die Aufmerksamkeit des Publikums auf sich ziehen. Sie unterhalten die Gäste und wecken bestimmte Assoziationen, die vom Besucher mit dem Produkt oder einer Dienstleistung gekoppelt werden sollen.

Maßgeblich für den Erfolgsfaktor Aufmerksamkeit ist der Verblüffungsgrad. Ein Roboter, der Schrauben eindreht, ist langweilig. Serviert er dagegen Kaffee, ist der vorbeieilende Messebesucher verblüfft: das erwartet er nicht. Je ungewöhnlicher die Anwendung, desto größer ist der Überraschungseffekt. Besteht dann noch die Möglichkeit, mit dem System zu interagieren, etwa eine Bestellung aufzugeben oder dem Roboter bestimmte Bewegungsabläufe vorzugeben, ist der Erinnerungseffekt gesichert.

Vollautomatische Espresso-Bar,
Wolf Produktionssysteme
GmbH, Deutschland

Attraktiver Barkeeper

Die Wolf Produktionssysteme GmbH aus Freudenstadt baut auf Messen gern eine vollautomatische Espresso-Bar zur Demonstration von komplexen Handhabungsaufgaben auf. Dort erfaßt der pneumatisch angetriebene Revolvergreifer des Roboters alle erforderlichen Teile, vom Geschirr bis zum Siebträger. Der Roboter befüllt den Siebträger mit frisch gemahlenem Espressopulver und dreht ihn in die Maschine ein. Danach greift er sich eine kleine Espressotasse, stellt sie unter die Ausgußöffnung und schaltet die Espressomaschine an. Während der heiße Espresso aufgebrüht wird, richtet der Roboter eine Untertasse sowie einen Löffel auf einem vorbereiteten Tablett an. Nun stellt er die gefüllte Tasse auf die Untertasse, legt zum Kaffeegenuß noch ein Schokoladestückchen bei und serviert die Tasse dem Gast.

Für diese Aufgabe wird ein vierachsiger Scara-Roboter mit einem Aktionsradius von 50 Zentimetern und einer maximalen Verfahrgeschwindigkeit von 4,1 m/s verwendet. Bei diesem Beispiel stand die Präsentation eines Revolvergreifersystems für sechs unterschiedliche Greifer im Mittelpunkt. Mit der Darstellung der Automatisierungstechnik in einer eher unkonventionellen Applikation stieß das Unternehmen auf eine sehr positive Resonanz.

**Vollautomatische Espresso-Bar,
Wolf Produktionssysteme GmbH, Deutschland**

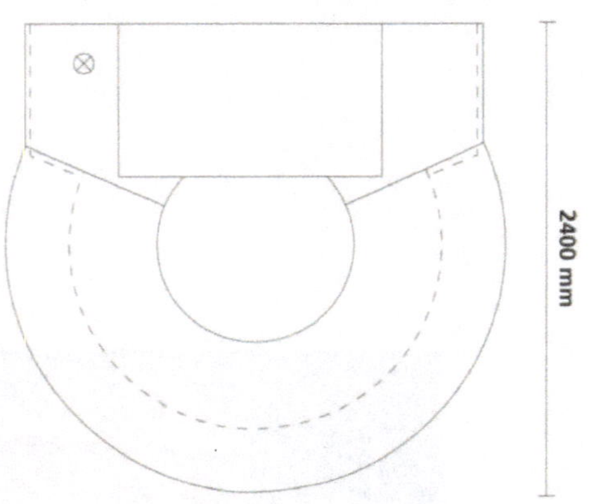

Sektroboter, Fraunhofer IPA und Fa. Erhardt + Abt
Automatisierungstechnik GmbH, Deutschland

Sektkellner mit Feingefühl

Die Firma Erhardt+Abt im württembergischen Geislingen widmet sich seit 1997 dem Thema Technik für Marketing. Sie stellen ausgefallene Eyecatcher für Veranstaltungen wie Messen oder Jubiläumsfeiern zur Verfügung und sie konzipieren und realisieren Sonderanwendungen, zugeschnitten auf die Präsentation spezieller Produkte oder Dienstleistungen.

Die am Fraunhofer IPA realisierte und von den schwäbischen Jungunternehmern weiterentwickelte automatische Roboter-Bar schenkt Getränke ein und serviert sie den Gästen. Die Roboter-Bar besteht aus einem Roboter, zwei Greifern und einem Magazin für Flaschen und Gläser. Über zwei Tasten an der Theke ordert der Gast ein Getränk. Elegant greift sich der Roboter eine Flasche sowie zwei Gläser aus dem Magazin und stellt sie ab. Behutsam öffnet er die Flasche und gießt das Getränk sorgfältig in die Gläser ein.

Dabei legt der Roboter besonderen Wert auf eine gleichmäßige Verteilung des Getränks auf die zwei Gläser sowie auf ein tropffreies und sauberes Einschenken. Der Roboter stellt die leere Flasche ab, greift sich vorsichtig ein Glas und übergibt es dem Gast. Drucksensible Greifer stellen sicher, daß dabei weder Flaschen noch Gläser zu Bruch gehen.

Auch hier werden Komponenten aus der industriellen Fertigung verwendet. Der Barkeeper ist ein sechsachsiger Knickarm-Roboter mit zwei pneumatisch betriebenen Greifern.

Dank ihres ansprechenden Designs und der Verwendung von hochwertigen Materialien bilden diese Marketing-Produkte einen Besuchermagneten auf Veranstaltungen.

Weiterentwicklung Sektroboter, Fa. Erhardt + Abt Automatisierungstechnik GmbH, Deutschland

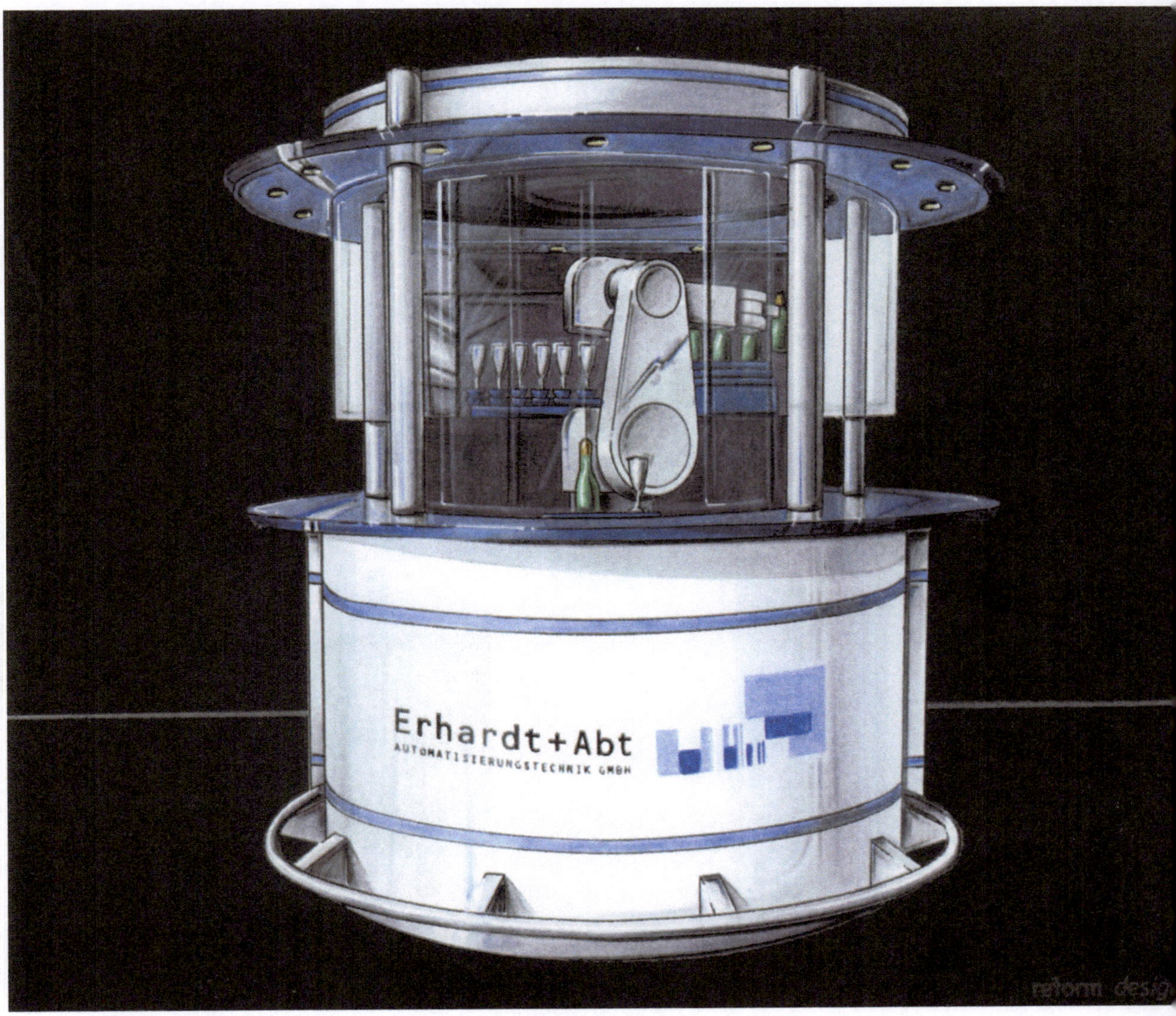

Hobby und Freizeit

Von Schafen, Caddies und Balljungen

Körperliche Aktivität bei Sport und Freizeit ist in
der Regel ganz gewiß kein sinnvolles Ziel für
maschinelle Rationalisierung. Aber auch hier gibt
es Grenzbereiche, in denen die Gesundheit
oder die Ökonomie von Kraft und Geld im Vordergrund steht.

Wenn Schafe ausscheiden...

Die Idee zum automatischen Rasenmäher Solar
Mower kam ihren Schöpfern von Husqvarna
während eines Umweltseminars in Schottland.
Auf den Wiesen rund um das Konferenz-
zentrum kümmerten sich Schafe um das Gras.

**Einfaches Transportieren
des Solar Mower**

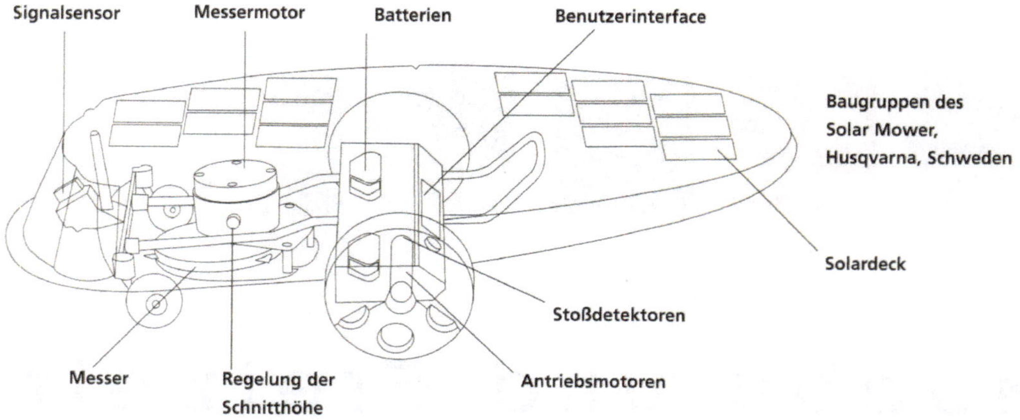

**Solarzellen liefern die Energie
für das Roboterschaf**

"Wie müßte wohl ein Roboter aufgebaut sein, der die guten Eigenschaften des Schafes besitzt, nämlich den Rasen immer gut getrimmt hält und ein kurzes Schnittgut zur Düngung zurückläßt, und gleichzeitig nicht auch noch Nachbars Wiese abfrißt oder gar ganz ausbüchst?", fragten sich einige der Teilnehmer während des Mittagessens.

Die Entwickler der zum schwedischen Electrolux Konzern gehörenden Firma Husqvarna entschieden sich für eine elektrisch angetriebene mobile Plattform, die mit Hilfe von im Rasen verlegten Induktionsschleifen und im Fahrzeug eingebauten Stoßdetektoren navigiert. Die Energie bezieht der kleine Robotermäher Solar Mower von der Sonne: auf der Oberseite des Gerätes sitzen Solarzellen, die zwei Nickel-Cadmium Akkumulatoren mit Energie versorgen.

Das Roboterschaf lebt von der Sonne

Der Elektromotor des Schneidwerks besitzt einen Sensor, der das Messerwiderstandsmoment mißt. Dieser Meßwert wird an den Onboard-Computer weitergemeldet. Sinkt das Widerstandsmoment unter einen gewissen Grenzwert, so erkennt der kleine intelligente Helfer, daß er eine bereits gestutzte Rasenfläche abfährt, und sucht sich neue Schnittflächen.

Dringt das Gerät in eine Zone ein, die sich ständig im Schatten befindet, fragt der Computer die Batterieleistung ab und entscheidet, wie lange in diesem Bereich gemäht werden darf, bis sich der Roboter wieder einen Platz an der Sonne suchen muß.

Die ebenfalls mit Sonnenenergie gespeiste Induktionsschleife, die um den gesamten Garten und um Bäume herum verlegt werden muß und den zu mähenden Bereich eingrenzt, dient als virtueller Zaun für das "Roboterschaf". Sie sendet zwei verschiedene Signale aus, die von einem im Robotermäher integrierten Empfänger ausgewertet werden.

Induktionsfeld sorgt für Sicherheit

Das erste Signal wird auf einer Sicherheitsfrequenz übertragen, die vom Mäher im gesamten Arbeitsraum empfangen werden muß. Bricht dieser Kontakt ab, so bleibt das Gerät automatisch stehen und der ursächliche Fehler, etwa eine defekte Induktionsschleife, muß behoben werden, bevor der Robotermäher wieder weiterarbeiten kann.

Das zweite Signal, das auf einer anderen Trägerfrequenz von der Induktionsschleife ausgesendet wird, dient der Navigation. Es signalisiert dem autonomen Mäher, daß er noch ca. 40 Zentimeter von der Induktionsschleife entfernt ist und sich vor der Grundstücksgrenze oder einem Hindernis befindet. Er setzt zurück und wendet. Unvorhergesehene Hindernisse wie z.B. Gartentische werden erst beim direkten Kontakt mit Hilfe des eingebauten Stoßdetektors erkannt. Auf diese Art bewältigt der Solar Mower während der Sommermonate Rasenflächen von bis zu 1200 Quadratmetern.

Damit das ca. 4000,- DM teure Gerät (Stand 1998) nicht eines Morgens in einem anderen Garten seine Dienste verrichtet, ist es mit einer Alarmanlage ausgestattet. Versucht der Dieb den Roboter vom Boden aufzuheben, ertönt ein akustisches Warnsignal, das nur durch eine persönliche Code-Nummer wieder deaktiviert werden kann.

Golf-Caddy mit Spürsinn

Wenn ein Profi-Golfer gemächlich zum nächsten Abschlag spaziert, studiert er in aller Ruhe die Umgebung und legt sich die Strategie für das nächste Loch zurecht. Derweil schleppt der Caddy Schläger und Tasche hinterher. Für den Hobby-Golfer wird der Spaziergang über den Course jedoch schnell zur Knochenarbeit, da er sich oft keinen Caddy leisten will.

In den Vereinigten Staaten wird Golf nicht nur in elitären Kreisen gespielt: fast jede nordamerikanische Kleinstadt hat ihren eigenen Golfplatz. So verwundert es nicht, daß die im kalifornischen Santa Clara beheimatete Firma GolfPro International mehrere Millionen Dollar in die Entwicklung eines autonomen Golfcaddy-Roboters investiert hat, der in Zukunft auf Amerikas Golfplätzen für rund zehn Dollar pro Runde gemietet werden kann.

Der Intelecady ist ein computergesteuerter, elektrisch angetriebener Golfcaddy-Roboter. Dank seiner Telekommunikationsfähigkeiten und Sensoren kann er auf dem Golfplatz navigieren, einem Golfspieler folgen und ihm so die Dienste anbieten, die der menschliche Caddy seither übernimmt. Für diese Aufgabe muß der elektronische Golfdiener seinen Golfer erkennen und im überall hin folgen.

Funknavigation ortet Spieler und Umgebung

Das ist keine einfache Aufgabe: der Roboter muß die Position des Golfers relativ zu seiner eigenen Position kennen. Außerdem ist es zwingend notwendig, daß er sich auf dem Golfplatz zurechtfindet, er muß also auch seine absolute Position kennen. Darüber hinaus müssen feste und bewegte Hindernisse wie Bäume und Büsche und andere Golfer erkannt und umgangen werden. Außerdem sollte der Roboter das Grün meiden und nicht in einen Sandbunker stürzen.

Die Personenidentifikation besorgt ein kleiner codierter Sender, den der Golfer in der Hosentasche trägt: Intelecady folgt so nur seinem Spieler. Auf dem Onboard-Computer des intelligenten Roboters ist eine digitale Landkarte des Golfplatzes gespeichert. Da jeder Golfplatz Bereiche besitzt, in denen ein Robotercaddy nichts verloren hat, sind diese Zonen in der digitalen Karte gesondert vermerkt.

Starke Steigungen oder Gefälle, kleine Wälder, etc. zwingen den mobilen Roboter zum Anhalten. Erst wenn der Golfer diese Bereiche verläßt, folgt Intelecady wieder. In der Nähe des Grüns geht der Roboter in einen Wartemodus, um nicht durch unnötige Bewegungen den Spieler beim Einlochen zu stören.

Seine tatsächliche Position auf der Karte bestimmt der Roboter mit einem GPS-System (Global Positioning Satellite-System) auf einen Meter genau. Ist eine noch genauere Navigation, etwa auf Brücken, gefordert, orientiert er sich mit Optosensoren an einer auf dem Gehweg aufgebrachten weißen Markierungslinie.

Die Meßwerte für das exakte Lenken erhält der Bordcomputer von Encodern an den beiden Antriebsrädern. Tauchen unvorhergesehene Hindernisse wie andere Golfer oder herabgefallene Äste auf, so sorgen elf am Umfang verteilte Ultraschallsensoren für sicheren Betrieb.

Intelecady trägt jedoch nicht nur Golftaschen, er versorgt den Golfer auch mit nützlichen Informationen. So kann er etwa abgefragen, wie weit er noch vom nächsten Loch entfernt ist.

Eines haben die Entwickler dem Robotercaddy
jedoch noch nicht auf den Weg gegeben: Die
Maschine führt keinen Small Talk mit dem Golfer
und kommentiert auch nicht einen mißglückten
Abschlag.

Intelecady, GolfPro Int., USA

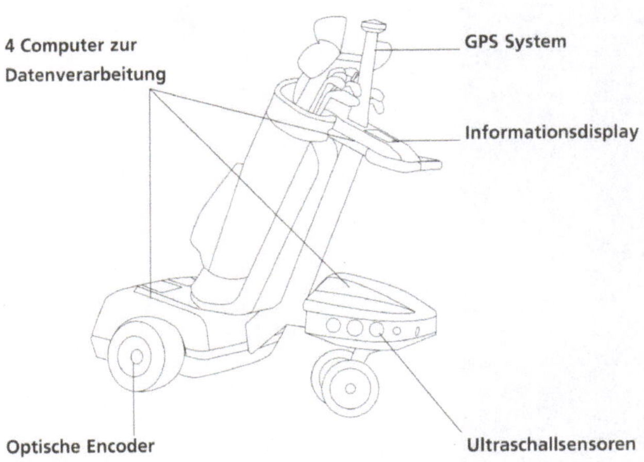

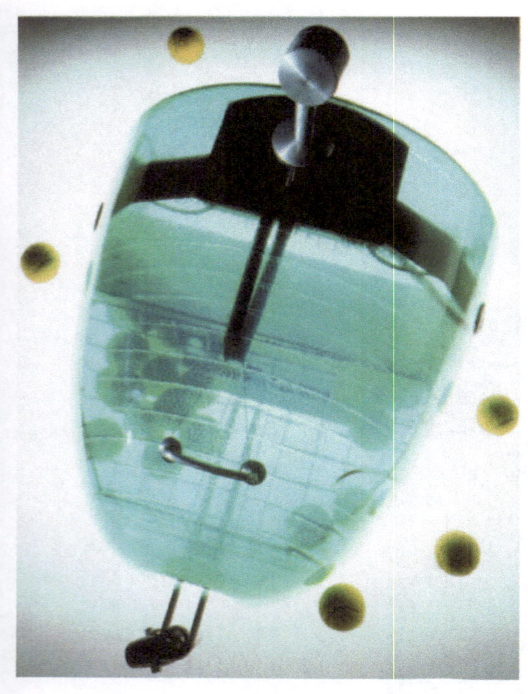

Innenleben des Roboters

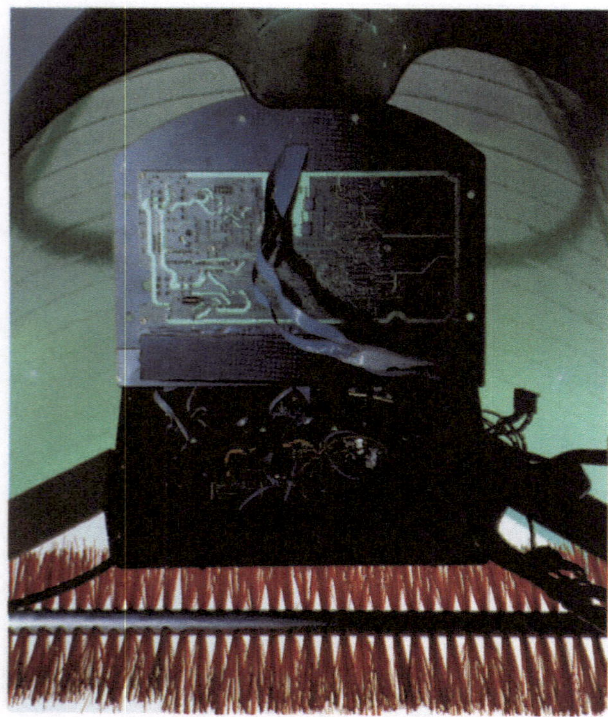

Bandscheibenschutz für Balljungen

Wenn Boris Becker trainiert, bleiben viele Tennisbälle am Boden liegen. Wer bückt sich nach
denen? Für Tennisschulen ein echtes Problem!

Um den Rückenverschleiß bei Balljungen zu reduzieren und Roboterentwicklungen auf diesem
Sektor zu fördern, wurde im August 1996 von
der American Association of Artificial Intelli-
gence (AAAI) im Rahmen eines internationalen
Kongresses in Portland, Oregon ein Wettbewerb "Clean up the Tenniscourt" veranstaltet:
Autonome Roboter sollten in minimaler Zeit
eine maximale Menge an Tennisbällen aufsam-
meln und diese dann nach getaner Arbeit in
einen Behälter befördern.

Sieger und damit Weltmeister wurde ein Tennis-
ball-Sammelroboter, der von dem Stuttgarter
Designer Hans Nopper in Zusammenarbeit mit
der Carnegie Mellon University (CMU), Pitts-
burgh, Pennsylvania und der US-amerikanischen
Firma Real World Interface (RWI), Jaffrey,
New Hampshire aufgebaut wurde. Der von der
Universität Bonn nach Pittsburgh gewechselte
Professor Sebastian Thrun übernahm die Pro-
grammierung des Tennisballsammlers, der
für den Wettbewerb Mäanderbahnen auf dem
Court abfahren mußte.

Das autonome Fahrzeug basiert auf der mobilen
Plattform Pioneer 1 der Firma RWI. Dieser nur
neun Kilogramm schwere Roboter besitzt zwei
getrennt ansteuer- und regelbare Antriebsräder,
die über Gleichstrommotoren in Bewegung ver-
setzt werden. Ein passiv mitlenkendes Stützrad
dient der Balance. Fünf nach vorne und zwei
nach hinten ausgerichtete Ultraschall-Abstands-
sensoren sorgen für kollisionsfreie Bewegungen.
Das knapp 2800 Dollar teure Gerät (Stand
1998) ist mit dem von SRI International, Kalifornien entwickelten Software-Paket Saphira

ausgerüstet, das die Verarbeitung der Sensor-
signale unterstützt. Diese Software erlaubt
auch die Wiedererkennung und Extraktion von
Umgebungsmerkmalen. Zudem können
Reaktionen auf auftretende Hindernisse programmiert werden.

Bürsten statt Bücken

Das eigentliche Ballsammelsystem besteht aus
einer CCD-Kamera, die mit dem Onboard-
Computer des Pioneer 1 verbunden ist, einer
drehbaren Bürste, sowie aus einem Sammel-
korb für Tennisbälle. Befindet sich im Sichtfeld
der CCD-Kamera ein Tennisball, so wird die
Bürste über einen Riemen angetrieben und der
mobile Roboter steuert auf das erkannte
Objekt zu. Durch die Drehbewegung der Bürste
wird der Ball in den Stauraum im hinteren
Bereich des Roboters geschleudert. Der Sammel-
korb faßt rund 70 Tennisbälle. Die Abdeck-
haube aus tiefgezogenem Polycarbonat kann
zur Entnahme des Ballkorbs nach vorne ge-
klappt werden.

Dank seiner großen Sammelkapazität ist dieser
Roboter für den Einsatz in Tennisschulen prädestiniert: bereits während des Trainings mit der
Ballkanone können Tennisbälle aufgesammelt
werden. Die Trainingspausen stehen dann für
Theorieunterricht zur Verfügung. Und die Balljungen schonen ihr Kreuz.

Tennisballeinsammler
in Aktion

Entertainment

Killerbestien mit reellen 56 Freiheitsgraden

Monster begleiten die Geschichte des Kinos seit seinen Anfängen. Und sie schreiben Kinogeschichte: KingKong, Godzilla und Alien stehen da ebenbürtig neben Humphrey Bogart und Doris Day.

Die Zeiten der Plüschtiere mit noch sichtbarem Reisverschluß und der Bügeleisen, die per Kameraperspektive zu Urwaldungeheuern und riesigen Raumschiffen mutierten, schien zunächst mit Abyss und anderen virtuellen Konstrukten einer SGI-Grafikworkstation vorbei zu sein.

Denn die Special Effects werden Dank moderner Computeranimation zur perfekten Illusion. Tom Hanks schüttelt John F. Kennedy die Hand und die Zuschauer sind verblüfft. Wer jedoch glaubt, daß durch die Fortschritte auf dem Gebiet der Computeranimation die Puppen und Modelle aus den Trickkisten der Produzenten verschwinden werden, hat sich getäuscht.

Die eigentlichen Superstars, die den Zuschauern den Angstschweiß ins Gesicht treiben und den Schauspielern langsam aber sicher den Rang ablaufen, sind täuschend echte Nachbildungen von Ungeheuern, in deren Adern kein Blut sondern Hydrauliköl strömt. Ihr Computerhirn besitzt die Leistung von Großrechnern. Und ihre Knochen sind aus Edelstahl, Aluminiumlegierungen und modernsten Verbundwerkstoffen gefertigt.

Animatronic stellt höchste Ansprüche an die Robotik

Diese hoch entwickelten Vertreter der Animatronic, die aufgrund ihrer Komplexität Raumfahrt- und Robotikingenieure ins Schwärmen geraten lassen, können nur dort entstehen, wo Kosten keine Rolle spielen und nur der Zeitfaktor die Entwickler in Atem hält. So schwören Amerikas Filmproduzenten auf die Entertainment-Roboter der Kalifornischen Unternehmen Edge Innovations und Stan Winston Studios.

Aber nicht nur in Hollywood läßt man sich gerne von Robotern unterhalten. Die in Salt Lake City (Utah) ansässige Firma Sarcos Entertainment Systems (SES) produziert Robotersysteme, die auch auf Messen oder in Freizeitparks die Besucher scharenweise heranlocken. Und selbst das Bostoner Massachusetts Institute of Technology (MIT) widmet seine Forschungsarbeiten dem Aufbau eines zweibeinigen frei laufenden Dinosauriers.

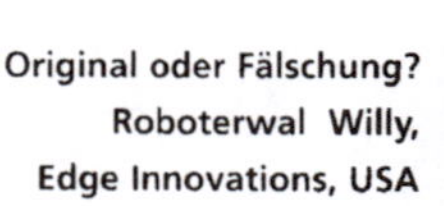
Original oder Fälschung?
Roboterwal Willy,
Edge Innovations, USA

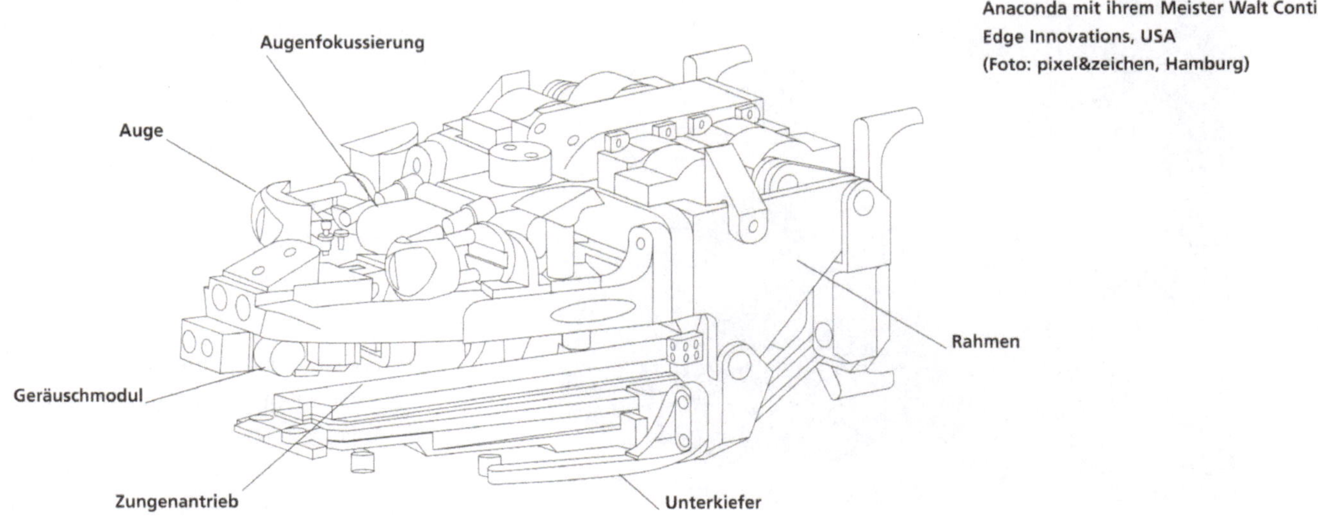

Anaconda mit ihrem Meister Walt Conti,
Edge Innovations, USA
(Foto: pixel&zeichen, Hamburg)

Hollywoods Killerbestien sind Entertainment-Roboter der Sonderklasse

In Columbia Tristars Thriller Anaconda dezimiert ein Ungeheuer die Mitglieder einer Forschertruppe, die sich im Amazonasgebiet aufhält. Der Star dieses Films ist eine zwölf Meter lange und mehrere Tonnen schwere Riesenschlange. Sie wurde innerhalb weniger Monate von der im kalifornischen Mountain View ansässigen Firma Edge Innovations entwickelt.

Das voll funktionsfähige Replikat der Würgeschlange Anaconda besitzt 60 künstliche von Hydraulikzylindern bewegte Wirbel mit je 250 Einzelteilen aus hochfestem Edelstahl. Andere Materialien wären auch kaum in der Lage, dem Eigengewicht und den enormen Beschleunigungskräften des bemerkenswert dynamischen Kolosses standzuhalten: schließlich peitscht der Kopf des Monsters mit bis zu 60 Stundenkilometern durch die Luft.

Die Workstations für die Bewegungssimulation und Steuerung dieses Entertainment-Roboters haben die Rechenleistung von rund 50 PC. In dem 30 Zentimeter dicken Körper der Schlange winden sich 60 Kilometer elektrischer Leitungen und Hydraulikschläuche. Um die Killerbestie zu bewegen, pumpt ein mehrere hundert PS starkes Hydraulikaggregat Öl in die künstlichen Adern des hochgradig redundanten Kolosses. Da es weder Industrieroboter noch Raumfahrtmanipulatoren mit einer derart hohen Anzahl von Freiheitsgraden gibt, mussten für die Anaconda spezielle Regel- und Steuerungskonzepte entwickelt und implementiert werden.

Stan Winston, der größte Konkurrent von Edge Innovations, lebt in der Nähe der großen Filmstudios von Los Angeles. Aus seinen Labors stammen menschenfressende Science-Fiction-Monster wie Alien oder anthropomorphe Roboter wie der Terminator.

Arbeiten zum Film Anaconda - im Dschungel und in den Studios von Edge Innovations, USA

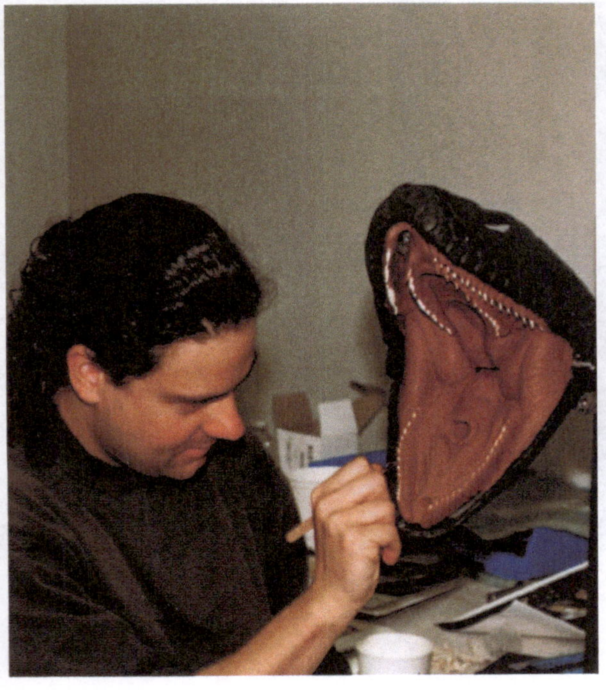

Master-Slave-Roboter, Sarcos Entertainment Systems (SES), USA

Puppenspieler lassen die
Master-Slave-Roboter tanzen

Die Bewegungen der Entertainment-Roboter
steuert man meist über Joystick oder
Mastermanipulator. Puppenspieler verwandeln
die Master-Slave-Roboter in interaktive
Filmdarsteller, die in Echtzeit reagieren. Je nach
Komplexität der Bewegung sind mehrere
Menschen für die unterschiedlichen Körperteile
der Roboter zuständig. Die Saurier, die in
Steven Spielbergs Jurassic Park und The Lost
World ihr Unwesen trieben, wurden teil-
weise von bis zu sechs Puppenspielern bedient:
Gesicht, Kopf, Hals, Torso und Gliedmaßen
hatten jeweils einen eigenen Master.

Die Besonderheit eines Sensoranzuges zur Steuerung von anthropomorphen Robotern besteht darin, daß der Roboter von nur einer Person
bedient werden kann. Dies ist umso erstaun-
licher, da menschenähnliche Roboter bis zu 56
Freiheitsgrade besitzen und diese im Extrem-
fall gleichzeitig angesteuert werden müssen.

Die Firma Sarcos Entertainment Systems (SES)
entwickelt und produziert anthropomorphe
Robotersysteme, die mit Hilfe eines derartigen
Sensor Suit programmiert oder gesteuert
werden können.

Zu diesem Zweck sind im Anzug verschiedenste
Sensoren eingearbeitet, die die Bewegungen
des Master registrieren und an die Robotersteu-
erung weiterleiten. Die von SES in Zusammenarbeit mit dem Center for Engineering Design,
University of Utah, für diesen Anwendungsfall entwickelten Regelalgorithmen sorgen dafür,
daß die Bewegungen der Maschine denen
des Menschen immer besser ähneln. Der Sensor
Suit ermöglicht eine Echtzeit-Interaktion des
anthropomorphen Roboters mit dem Publikum.

Kopf des Entertainment-Roboter,
Sarcos Entertainment Systems (SES), USA

Dinosaurier - völlig losgelöst

Während die Wale von Edge Innovations in Free
Willy noch über eine 90 Meter lange Nabel-
schnur verfügten, die sie mit Hydrauliköl und
Elektrizität versorgte und die später wegretu-
schiert werden mußte, arbeiten Wissenschaftler
des Massachusetts Institute of Technology
(MIT) derzeit an einem frei laufenden zweibeinigen Roboter, der sich völlig autonom
bewegen kann.

Der Körperbau des Therapod-Dinosauriers ist ein
hervorragendes Vorbild für einen agilen
schnellen zweibeinigen Roboter. Am MIT Leg
Laboratory arbeitet Peter Dilworth seit 1996
am ersten autonomen, dynamisch balancierten
zweibeinigen Schreitroboter, der Akkumulatoren und Steuerungscomputer bei sich trägt.

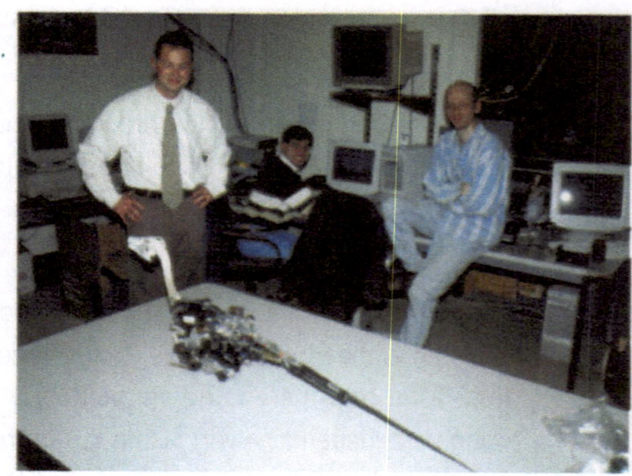

Peter Dilworth (rechts) und Therapod-Dinosaurier,
MIT Leg Laboratory, USA

Während die regelungstechnischen Probleme der
Bewegug eines Zweibeiners weitgehend
gelöst sind, rückt bei diesem Demonstrator die
Konstruktion des Bewegungsapparates in
den Mittelpunkt. Miniaturisierte Elektromotoren
und Federelemente sollen dem künstlichen
Saurier Bewegungsmöglichkeiten verschaffen,
die bisher noch ohne Beispiel sind.

Obwohl vor Jahren totgesagt, erlebt die Animatronic heute einen Boom, der auch in Zukunft nicht abreißen wird. Nach der Raumfahrt
entwickelt sich die Animatronic zum Vorreiter
für zukunftsträchtige innovative Technologien.

Laufroboter, MIT Leg
Laboratory, USA

Laufroboter Therapod-Dinosaurier,
MIT Leg Laboratory, USA

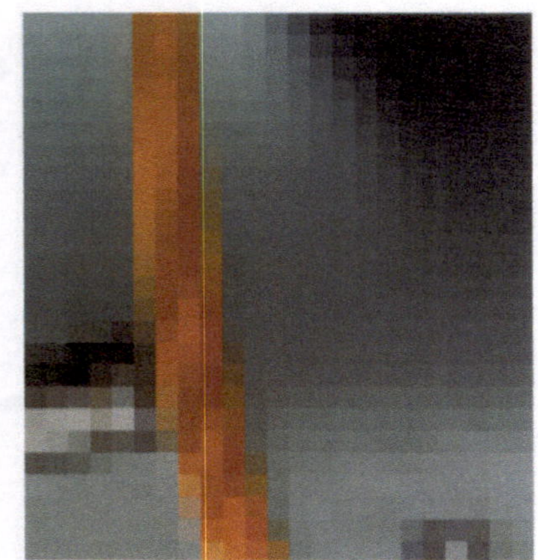

Pflege

Mehr Zeit für Zuwendung

Für eine Solidargesellschaft ist die Gewährlei-
stung humaner Lebensverhältnisse auch für
ältere und unterstützungsbedürftige Menschen
eine zentrale Verpflichtung.

Allein in Deutschland wird sich bis zum
Jahr 2030 die Zahl der 60-jährigen Mitbürger
verdoppelt, die der 90-jährigen verdreifacht
haben. Hierdurch wächst auch die Zahl der durch
Krankheit oder Behinderung eingeschränkten
Personen. Die Gruppe der Pflegebedürftigen wird
nach Schätzungen im Jahr 2040 einen Anteil
von 3,5% an der Gesamtbevölkerung erreichen;
heute beträgt dieser Anteil lediglich 2,1%.

Ein wichtiges Ziel für die betroffenen Personen-
gruppen ist die Teilnahme am familiären
und gesellschaftlichen Leben. Die Umsetzung
des Grundsatzes "häusliche Pflege vor sta-
tionärer Pflege", der auch dem Pflegegesetz
zugrunde liegt, wird damit zur zentralen
Herausforderung der kommenden Jahre.

Die physische Belastung des einzelnen Be-
treuers, aber auch die finanzielle Last für den
Betroffenen und das Gemeinwesen durch
die Pflege wiegt schwer. Lösungskonzepte zur
ethisch verantwortbaren und wirksamen
Kostendämpfung bei gleichzeitigem Erhalt der
Lebensqualität der Betroffenen haben hier
höchste Priorität. Das knappe Pflegepersonal
sollte dann voll für eine Aufgabe verfügbar
sein, die hoffentlich niemals von Maschinen
erfüllt werden kann: der menschlichen Zu-
wendung.

Care Home Systems:
Lieber in der Wohnung als im Pflegeheim

Erhebliche Mittel für individuelle Betreuung
im Alten- oder Pflegeheim werden eingespart,
wenn unterstützungs- und pflegebedürftige
Menschen länger eigenständig in ihrem bisherigen Wohnumfeld verbleiben können. Care
Home Systems werden eine Schlüsselrolle bei der
Umsetzung dieses Konzeptes einnehmen.

Unter dem Begriff Care Home Systems versteht
man technische Hilfssysteme für unterstüt-
zungs- und pflegebedürftige Personen im häuslichen Bereich. Erste Lösungen für intelligente
Hilfen durch Serviceroboter bestehen bereits. Man
kann hier prinzipiell drei Stufen der Entwicklung unterscheiden:

In Stufe Eins wurden Manipulatoren entwickelt,
die auf Tische oder Bänke montiert werden
können. Diese Roboterarme wie etwa das Devar
System der in Palo Alto (Kalifornien) ansässigen Tolfa Corporation oder das Raid System von
Oxford Intelligent Machines Ltd. (England)
sind allerdings besonders für Personen geeignet,
die aufgrund einer Behinderung bei der Aus-
übung einer beruflichen Tätigkeit unterstützt
werden müssen. Im Heimbereich findet man
solche Lösungen noch eher selten.

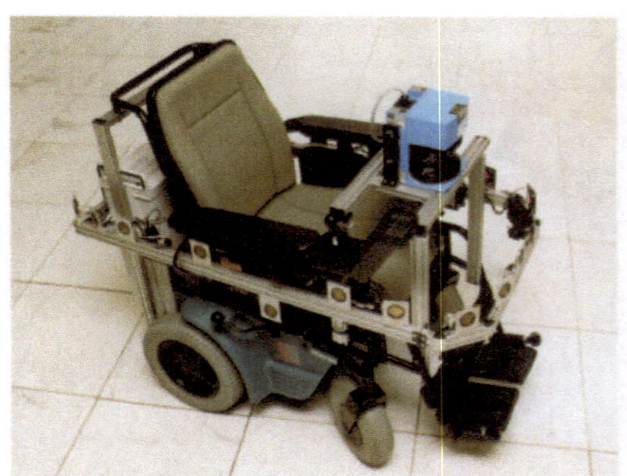

MAid, FAW Ulm,
Deutschland

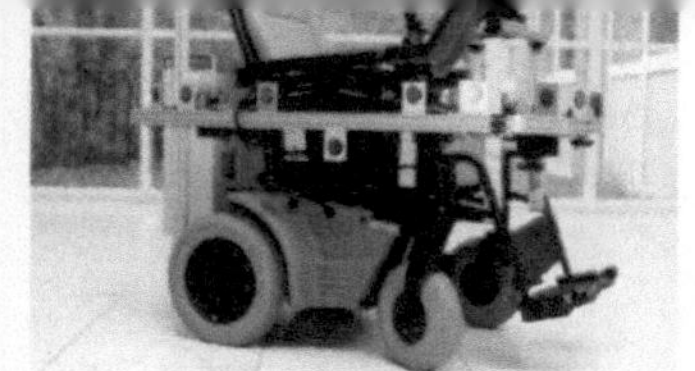

**MAid, FAW Ulm,
Deutschland**

Dem mobilen Universalroboter
gehört die Zukunft

In der Entwicklungsstufe Zwei beschäftigt
man sich mit Roboterarmen, die auch auf Rollstühle montiert werden können. Dieser Ansatz hilft jedoch nur gezielt den Menschen, die
aufgrund ihrer Behinderung an den Rollstuhl
gefesselt sind.

Ein weit größeres Anwendungsspektrum wird
mit den autonomen bzw. teilautonomen
mobilen Robotern abgedeckt, den Prototypen
der Entwicklungsphase Drei. Sie können
eine schier unerschöpfliche Vielzahl an Tätigkeiten im Heimbereich übernehmen. Dieser
Ansatz adressiert sowohl die physisch behinderten oder ans Bett gefesselten Menschen als
auch ältere Personen, die nicht mehr die körperliche Kraft und Beweglichkeit besitzen, um
verschiedene Verrichtungen im Haushalt durchzuführen.

Roboterarm für Rollstühle

Von dem holländischen Unternehmen Exact
Dynamics BV in Zevenaar wurde Manus als
Roboterarm für Rollstühle entwickelt. Manus
hilft behinderten Menschen, Gerichte in
der Mikrowelle zu erwärmen, Kaffee oder Tee
zu kochen, die Türen zu öffnen oder etwa
eine elektrische Zahnbürste zu benutzen.

Manus kann wahlweise auf der linken oder
rechten Seite eines geeigneten Rollstuhls
befestigt werden. Er besitzt sechs rotatorische
Freiheitsgrade, eine Translation an der Basis
und einen Greifer. Rutschkupplungen in den
Antriebssträngen sorgen für zusätzliche
Sicherheit. Gesteuert wird der mechanische
Arm über einen Joystick oder eine Tastatur.
Mit seinem im ausgefaltetem Zustand 85 cm
langen Greifarm kann Manus eine Nutzlast
von 2 kg handhaben; er selbst hat ein Eigengewicht von 20 kg.

Mehr Mobilität für Schwerstbehinderte

MAid ist ein intelligenter, selbstfahrender Rollstuhl für Personen mit besonders stark ein-
geschränkter Motorik. Behinderte mit Multipler
Sklerose werden ebenso von ihm profitieren,
wie Muskelkranke oder Querschnittsgelähmte.
MAid kann sowohl in einem teilautonomen
als auch in einem autonomen Betriebsmodus
arbeiten.

Im teilautonomen Betrieb kann der Benutzer
einzelne, räumlich begrenzte Fahrmanöver
auslösen, wie etwa das automatische rückwärtige
Einparken in eine Toilette oder eine Durchfahrt
durch einen engen Türbereich. Im autonomen
Betriebsmodus führt MAid selbständig und
ohne Interaktion mit dem Benutzer auch weit-
räumige Fahrmanöver aus. Beispielhaft wäre
hierfür die zielgerichtete kollisionsfreie Fortbewegung in der sehr belebten Umgebung einer
Bahnhofshalle oder einer Einkaufspassage.

Die Mechanik basiert auf dem Sprinter-Rollstuhl
der Firma Meyra, der mit einem Differentialantrieb und Castor-Rädern ausgestattet wurde.
Die Sensorik vor dem echtzeitfähigen Indus-
trie-PC besteht aus 22 Polaroid Ultraschallsensoren, einem faseroptischen Kreisel, Rota-
tionsmeßgebern an den Antriebsrädern, mehreren
Infrarotscannern und einem 2D-Laserscanner.

Entwickelt wird MAid am Forschungsinstitut für
anwendungsorientierte Wissensverarbeitung
FAW in Ulm im Rahmen des vom BMBF geför-
derten Verbundprojekts Inservum (Intelligente
Serviceumgebungen). Projektpartner sind die
Firmen Erlau AG, reis robotics, Robert Bosch
GmbH, Siemens AG, ferner Forwiss, das Fraun-
hofer IPA und der TÜV Südwest.

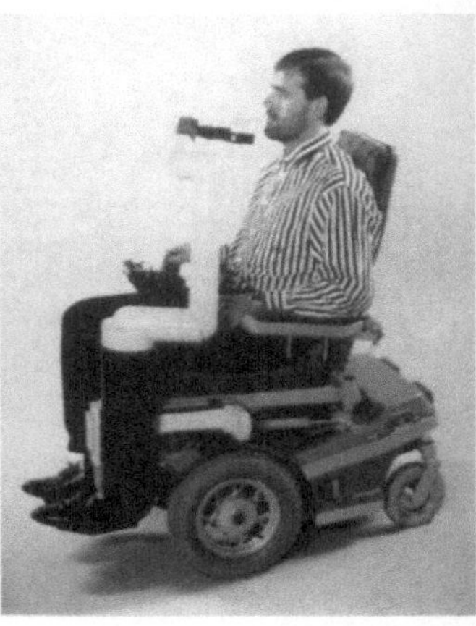

**Roboterarm Manus, Exact
Dynamics BV, Niederlande**

Castor-Räder
drehbare, passive Stützräder

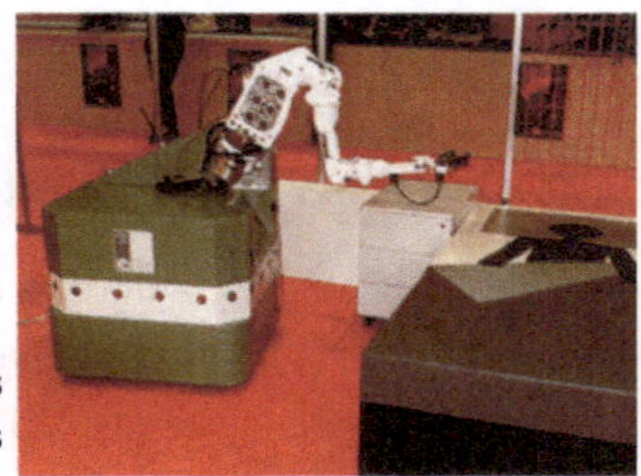

Mobiler Teil des Urmad Systems

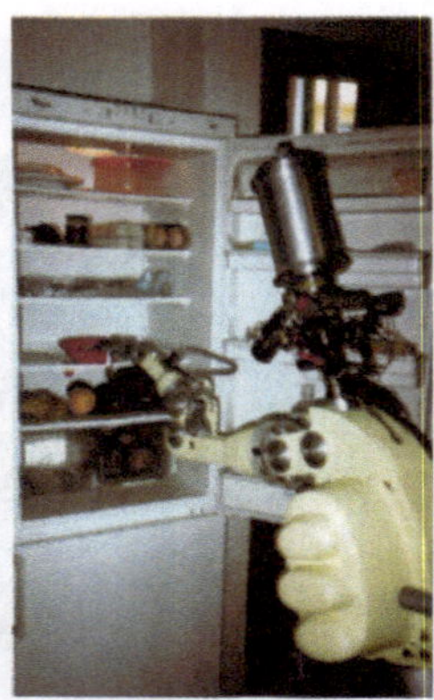

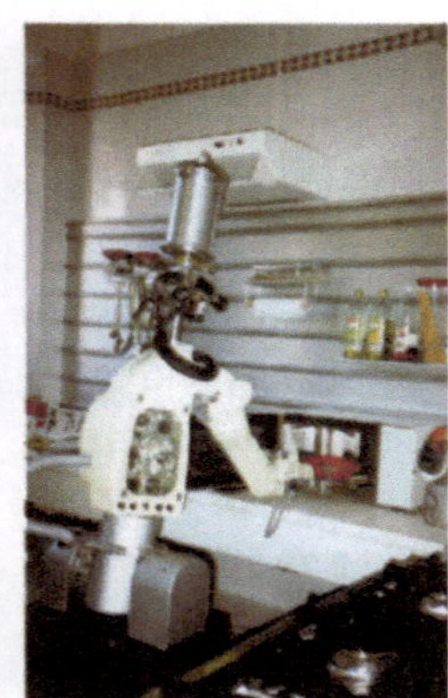

Movaid – Interaktion mit angepassten Küchengeräten

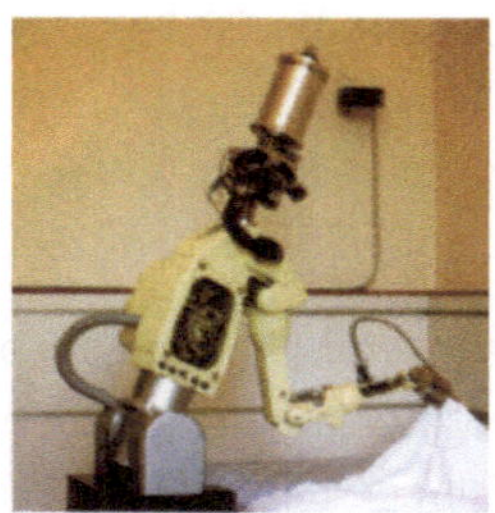

Movaid als Zimmermädchen

Fahrbarer Helfer im Pflegeheim

Das italienische Urmad-System beinhaltet eine mobile Einheit, die autonom in einer bekannten Umgebung navigieren, Hindernissen ausweichen sowie Gegenstände greifen und transportieren kann. Mit dem Urmad-System wurde erforscht, welche Potentiale der Einsatz eines mobilen autonomen Helfers im Anstaltsbereich besitzt. Das bisher nur prototypisch realisierte System besteht aus einem stationären und einem mobilen Teilsystem.

Die stationäre Urmad-Einheit in Reichweite des Bedieners bildet die Mensch-Maschine-Schnittstelle. Sie besteht aus einem PC mit einer grafischen Bedienoberfläche und einer Kommunikationseinheit, die die Datenübertragung zwischen der stationären und der mobilen Einheit sicherstellt.

Die mobile Urmad-Einheit, ein dreirädriges Fahrzeug, dient als Trägersystem für einen Roboterarm mit acht Freiheitsgraden, der speziell an einen Einsatz im Heimbereich angepaßt wurde. Am Roboterarm befindet sich eine Dreifinger-Hand mit zwei Freiheitsgraden, die an den Fingerspitzen und in der Handfläche mit Kraft- und Berührungssensoren ausgerüstet ist. Zur Navigation und Objekterkennung besitzt die mobile Einheit ein Kamerasystem. Für die Kollisionsvermeidung sorgen ringförmig angeordnete Ultraschallabstandssensoren.

Das Urmad-System wurde von 1992 bis 1994 von einem italienischen Konsortium entwickelt, das aus zehn überwiegend universitären Partnern bestand. Beteiligt waren die Scuola Superiore S. Anna in Pisa, die Universitäten Genua, Neapel, Florenz und Bologna, das Polytechnikum Mailand, das Consortium Telerobot in Genua, Scienzia Machinale srl. Pisa, Aitek srl. Genua sowie das Centro Protesi INAIL Bologna.

Behinderte bleiben
auch zuhause selbständig

Aufgrund des hohen Energieverbrauchs seiner Komponenten, der für den Heimbereich ungeeigneten Maße und seines Gewichts, bleibt der Einsatz des Urmad-Systems auf Krankenhäuser oder Altenheime mit entsprechender Infrastruktur (Aufzüge, breite Korridore usw.) beschränkt. Deshalb wurde mit Movaid ein neuer Prototyp für den Einsatz in Wohnungen von einem europäischen Konsortium entwickelt.

Movaid (MObility and actiVity AssIstance systems for the Disabled) ist ein verteiltes Robotersystem. Die halbautonome mobile Robotereinheit kann an mehreren stationären Kommunikationseinheiten andocken. Zum System gehören auch eine Vielzahl von Standardküchengeräten, deren Bedienerschnittstellen speziell an die Bedürfnisse älterer oder behinderter Menschen angepaßten wurden. So hat man etwa einen Mikrowellenherd und eine Zitronenpresse derart umgestaltet, daß die Geräte von Behinderten einfacher bedient werden können.

Die stationären Kommunikationseinheiten des Movaid besitzen eine vom Urmad-System abgeleitete multimediale Mensch-Maschine-Schnittstelle, die eine einfache Interaktion zwischen Bediener und Robotersystem ermöglicht.

Die mobile Robotereinheit des Movaid ist ein Trägersystem mit zwei lenkbaren und zwei angetriebenen Rädern, auf dem der im Urmad-Prototyp verwendete Roboterarm sitzt. Auch dieses Mobilteil besitzt ringförmig angeordnete Ultraschallabstandssensoren und ein Kamerasystem zur Navigation und Objekterkennung.

Der modulare Aufbau der Robotereinheit gestattet einerseits die Montage des Roboterarms auf weitere Trägersysteme, etwa auf Rollstühle. Andererseits kann das Antriebselement als mobile Plattform für andere Zwecke verwendet werden. Die Maße konnten gegenüber dem Urmad-System so reduziert werden, daß jetzt ein Einsatz im Heimbereich möglich wäre.

Das Movaid-Projekt wird von der Scuola Superiore S. Anna, Pisa, Italien koordiniert und von einem internationalen Konsortium mit den Teilnehmern Philips CD (Niederlande), S.M. Scienza Machinale srl. (Italien), Domus Academy (Italien), Biotrast (Griechenland), Inserm Unité 103 (Frankreich), FST (Schweiz), den italienischen Universitäten in Ancona und Genua sowie dem Commisariat Energie Atomique (Frankreich) durchgeführt.

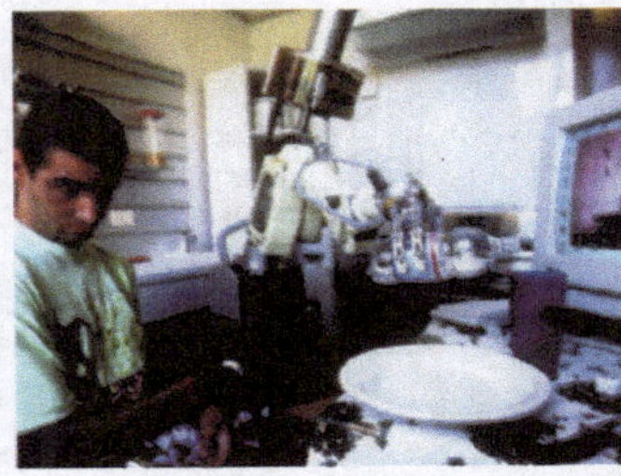

Movaid – Demonstration feinmotorischer Fähigkeiten

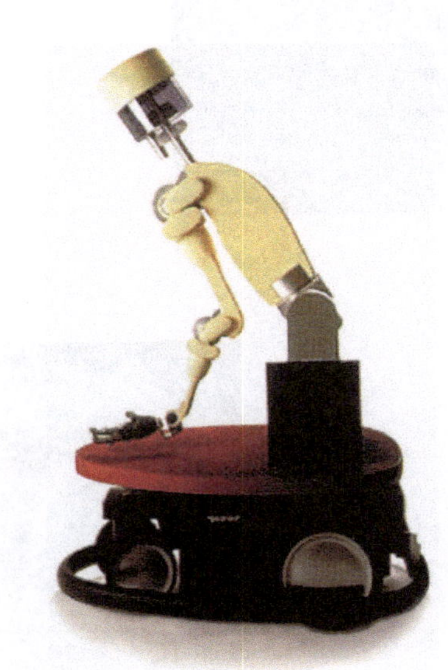

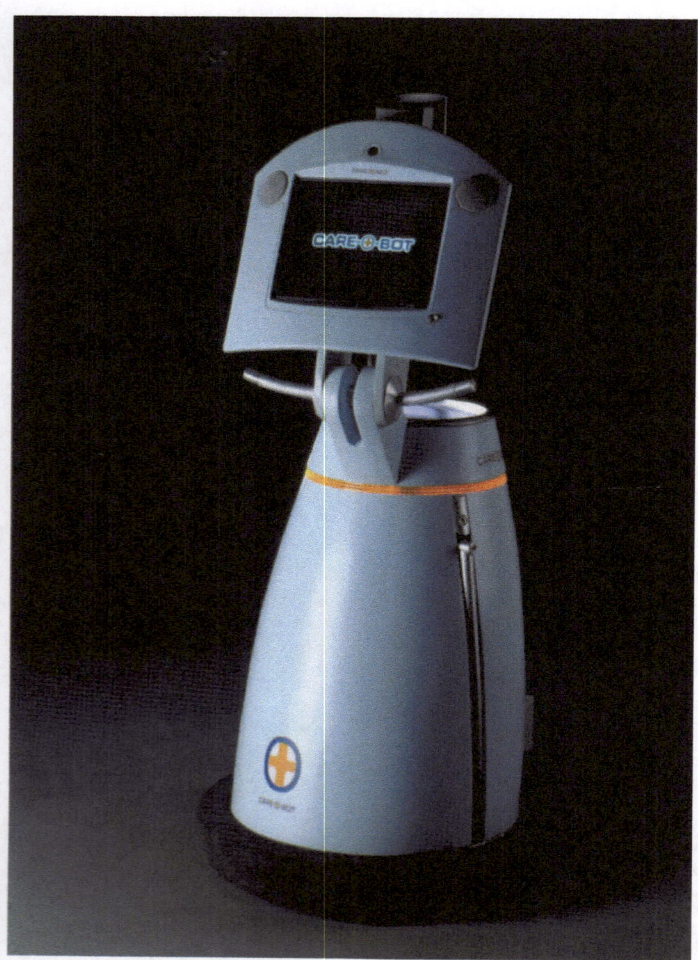

Care-O-bot, Fraunhofer IPA, Deutschland

Der Care-O-bot folgt aufs Wort

Am Fraunhofer IPA wurde Care-O-bot als zukunftsweisendes Care Home System entwickelt. Es ermöglicht älteren, unterstützungs- und pflegebedürftigen Menschen, länger in ihrem bisherigen Wohnumfeld zu bleiben.

Der eigenständig und auf Zuruf agierende mobile Serviceroboter Care-O-bot kann diesen Menschen unmittelbar helfen und das Pflegepersonal entlasten, weil er in den wichtigsten Bereichen des täglichen Lebens Unterstützung bietet:

- Kommunikation mit öffentlichen Stellen (Arzt, Behörden etc.), persönliche Kommunikation, Day-Time-Manager, Medienmanagement, Notruf

- Versorgung mit Essen, Trinken; Zulieferungen und Entsorgungen; Reinigungsaufgaben

- Steuerung der häuslichen Infrastruktur, wie Heizung, Fenster, Licht, Alarmanlage etc.

- Handhabungsunterstützung durch Greif-, Hebe-, Halte- und Bereitstellungshilfen; Unterstützung beim Ankleiden

- Mobilitätsunterstützung durch Stütz-, Geh- und Aufstehhilfen

- Persönliche Sicherheit: Überwachung von Vitalfunktionen und gegebenenfalls Notfallalarmierung

Um einige dieser Aufgaben ausüben zu können, ist der Care-O-bot prototypisch als mobile autonome Plattform realisiert worden. Zwei seitlich angebrachte einachsige Arme dienen als aktive Aufsteh- und Gehhilfe. Die Integration eines mehrachsigen Roboterarms ist in Planung.

Der 140 kg schwere Care-O-bot kann sich durch
zwei bürstenlose Servomotoren über einen
Differentialantrieb mit bis zu 1,5 m/s auf seinen
zwei Vollgummi-Antriebsrädern und vier
Stützrädern bewegen. Die 46 Ah-Akkus lassen
sich in nur 10 Minuten wieder aufladen.

Meßräder, ein Laserscanner und eine Stereokamera erfassen die Umgebung, in der Care-O-
bot vom Bediener auch per Spracheingabe
und Touchscreen navigiert werden kann; das
System gibt seine Meldungen via Sprachausgabe und auf einem 14" TFT-Display aus. Die mit
CAN und Ethernet vernetzte Mobileinheit
ist über ein Funk-LAN mit dem Zentralrechner
verbunden.

Einfachste Handhabung
ist bei Pflegerobotern oberstes Gebot

Die multimediale Mensch-Maschine-Schnittstelle
besteht aus einer audiovisuellen und taktilen
Kommunikationseinheit mit Mikrofon, Lautsprecher und Touchscreen. Zur Navigation und
Objekterkennung ist der Care-O-bot mit mehreren CCD-Kamerasystemen und Ultraschall-
Abstandssensoren ausgerüstet.

In den nächsten Jahren wird schrittweise eine
Weiterentwicklung von Gesamt- und Teilsystemen für den Einsatz im Pflegebereich erfolgen.
Pflege-Serviceroboter werden ja im Regelfall
in Umgebungen mit geringem Technisierungs-
grad eingesetzt und von ungeschulten Personen bedient oder benutzt werden. Deshalb
steht der unmittelbare Kontakt zum Menschen sowie die situationsgerechte Reaktion und
Lernfähigkeit des Systems im Mittelpunkt der
Forschung.

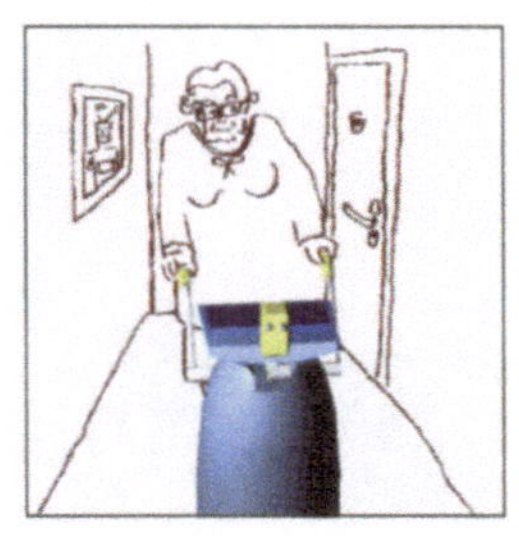

Beispiele aus dem
Funktionsumfang von
Care-O-bot

CAN
siehe Kapitel Unterwasser.

LAN
Local-Area-Network.
Vernetzung mehrerer Com-
putersysteme.

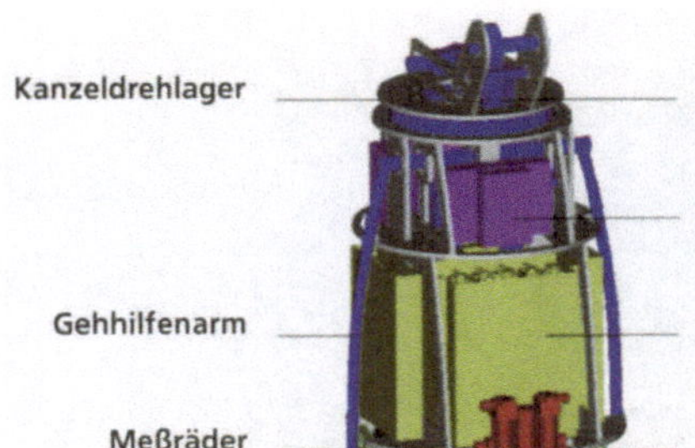

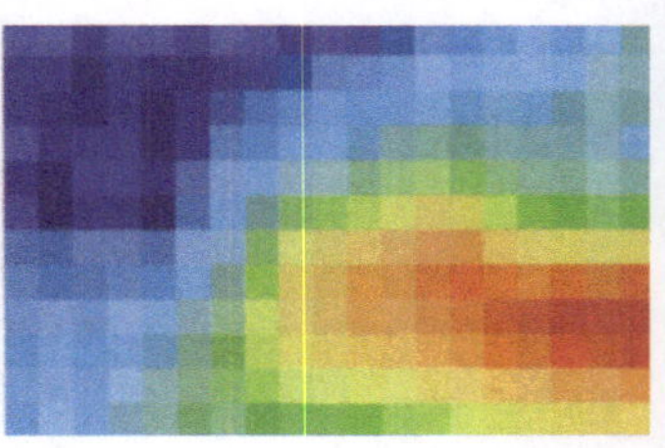

Medizin

Der dritte Arm des Chirurgen

In wenigen Bereichen ist der qualifizierte Mensch so unentbehrlich, wie in der Medizin. Niemand denkt daran, den Arzt oder die ausgebildete Krankenschwester zu ersetzen. Ihre verantwortungsvolle Aufgabe können sie aber besser erfüllen, wenn wir ihnen die körperlich belastende Arbeit so weit wie möglich erleichtern und sie bei Routinetätigkeiten wie auch bei schwierigen Aufgaben optimal unterstützen. Weltweit arbeiten Wissenschaftler und Ingenieure deshalb an roboterassistierten Systemen, die einzelne Handlungsabläufe im Krankenhaus selbständig durchführen können oder technisch unterstützen.

Der Begriff Medizinroboter ist nicht genau definiert und steht für viele verschiedene Applikationen. Die einfachste Laborautomatisierung wird ihm ebenso zugeordnet wie der hochkomplexe Chirurgieroboter. Der klassische Serviceroboter in der Medizin unterscheidet sich grundlegend von den passiven und noch mehr von intraoperativ eingesetzten Robotersystemen.

Zum medizinischen Serviceroboter zählen Laborroboter, die parallel Hunderte von Labortests durchführen und dabei schnell und genau arbeiten, ohne zu ermüden. Auch mobile Roboter in Krankenhäusern, die Medizin oder Mahlzeiten verteilen, gehören hierzu, ebenso wie Roboter, die beim Heben von Patienten helfen oder behinderten Menschen Unterstützung beim Essen, Lesen und dergleichen geben.

Intelligente Roboter im OP-Bereich

In der Chirurgie entlasten robotergestützte Systeme den Operateur von physisch und psychisch ermüdenden Tätigkeiten und erlauben ihm, sich besser auf seine eigentliche ärztliche Tätigkeit - Diagnose und Therapie - zu konzentrieren, ohne dabei die Verantwortung für den Therapieerfolg und die Sicherheit des Patienten aus der Hand zu geben.

Es gibt drei Arten von Aufgaben, bei denen intelligente Robotersysteme den Chirurgen wirksam entlasten können:

- Assistenzfunktionen, wie das längere Halten oder Nachführen von Instrumenten. Für den Mitarbeiter eine konzentrationszehrende, ermüdende Tätigkeit, oft in belastender Körperhaltung.

- Belastende, handwerklich orientierte Verrichtungen, wie etwa das Ausfräsen eines Oberschenkelknochens für die Implantation eines künstlichen Gelenks. Ein Roboter arbeitet hier mit höchster mechanischer Präzision, die manuell nicht erreichbar ist.

- Chirurgische Eingriffe in Mikrostrukturen, die ohne technische Assistenz durch Aktuatoren und OP-Mikroskope gar nicht durchführbar wären.

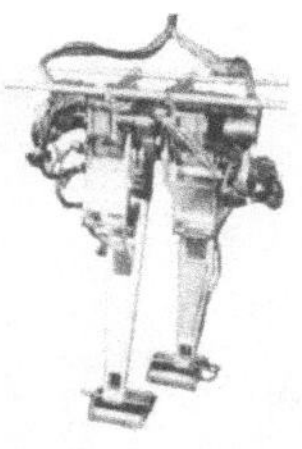

Gehilfe BIPED,
MITI, Japan

NURSY, Fa. Tokay, Japan

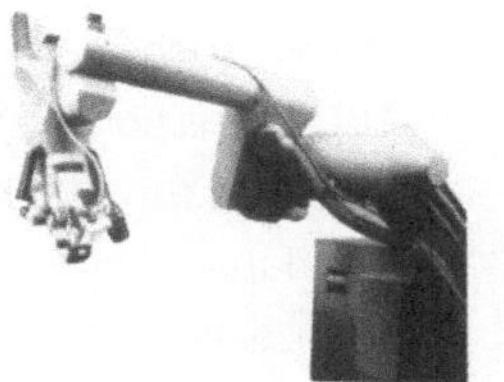

Mehrkoordinatenmanipulator
MKM, Fa. Carl Zeiss, Deutschland

Die einfacheren Roboter sind passive Systeme,
die in ihrer Funktion erweiterte Instrumen-
tenträger darstellen, mit denen aber keine operativen Maßnahmen durchgeführt werden.

Deutlich mehr Funktionalität bieten intraoperative Robotersysteme: hier unterscheidet man
autonome und geführte Systeme.

• Autonome intraoperative Robotersysteme
führen einzelne Schritte im Verlauf einer
Operation programmgesteuert durch.

• Geführte intraoperative Robotersysteme über-
brücken die Diskrepanz zwischen den diag-
nostischen Fähigkeiten der Ärzte und der
motorischen Unzulänglichkeit des Menschen.
Viele Krankheiten können heute zwar mit
Affektoren wie dem Mikroskop diagnostiziert
werden, es fehlen aber die Instrumente
(Effektoren) zum präzisen operativen Eingriff
im Submillimeter-Bereich, etwa in neurolo-
gische Mikrostrukturen. Roboterassistierte Systeme setzen hier normale Bewegungen einer
Chirurgenhand gewissermaßen in verkleinerte
und somit sehr feine Bewegungen eines
Instruments um.

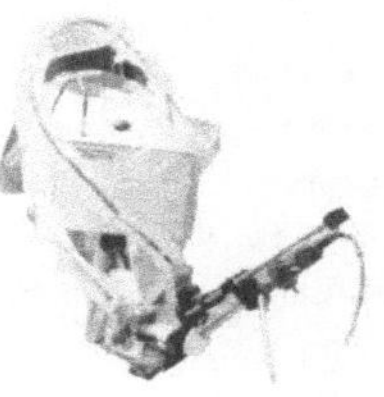

LAPAROBOT, Armstrong
Projects PLC, USA

Schon viele Roboter arbeiten im praktischen Einsatz

Der klassische Serviceroboter HelpMate der Firma TRC (Transitions Research Corporation) wird bereits in rund 20 Krankenhäusern in Amerika und Japan eingesetzt. Er kann selbständig Mahlzeiten, Bettlaken, Medikamente und andere Dinge innerhalb eines Krankenhauses trans-portieren und entlastet so das Personal von Routi-neaufgaben.

Die benigne Prostatahyperplasie (gutartige Schwellung der Vorsteherdrüse) ist die häufigste Ursache der Blasenprobleme älterer Männer. Die transurethrale Resektion (TUR), also das par-tielle Abtragen der Prostata über den Harnleiter ist eine bewährte minimal-invasive Therapie. Am Imperial College in London wurde die robotergestützte TUR der Prostata untersucht. Erste Versuche erfolgten mit LARS, einem Puma 560 Roboter.

Telemanipulatoren entlasten bei der Endoskopführung

AESOP steht für Automated Endoscopic System for Optimal Positioning und bewegt und positioniert das Laparoskop für die Bauchhöhlen-spiegelung in der minimal-invasiven Chirurgie. Das Endoskopträgersystem AESOP 2000 erlaubt eine Nachführung des Endoskops durch Sprachsteuerung. Der Chirurg bleibt mit Augen und Händen voll auf das eigentliche Opera-tionsgeschehen konzentriert und dirigiert sein Endoskop durch gesprochene Anweisungen.

Dieser chirurgische Roboterarm, entwickelt von Computer Motion, Goleta (USA), hat bereits in über 30 000 minimal-invasiven Operationen erfolgreich assistiert und ist in über 300 Kliniken und chirurgischen Praxen im Einsatz.

Zu den Haltesystemen gehört auch das am For-schungszentrum Karlsruhe entwickelte System ARTEMIS. Es ist ein Advanced Robot and Tele-manipulator System, mit dessen Hilfe der Chirurg von einer Arbeitsstation aus minimal-invasive Eingriffe im Bauchraum des Patienten durchführt. ARTEMIS besteht aus zwei unter-schiedlichen Arbeitseinheiten zur Telemani-pulation: Tiska ist ein rechnergesteuertes Träger-system für chirurgische Effektoren und Robox ein rechnergesteuertes Endoskop-Führungs-system.

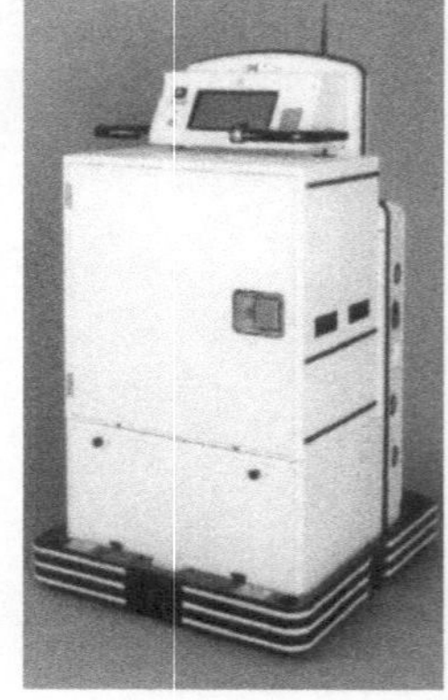

HELPMATE, TRC, USA

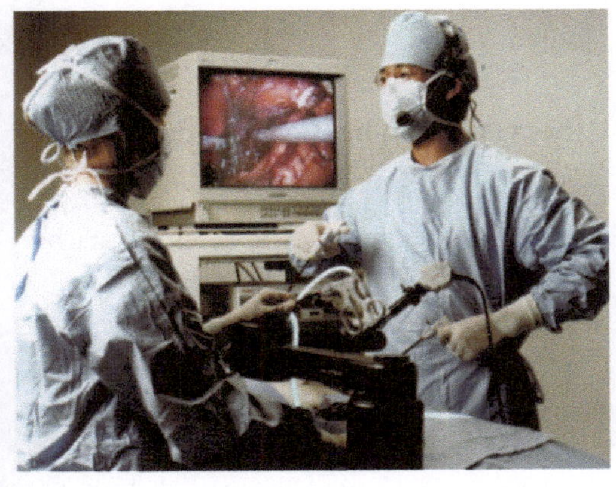

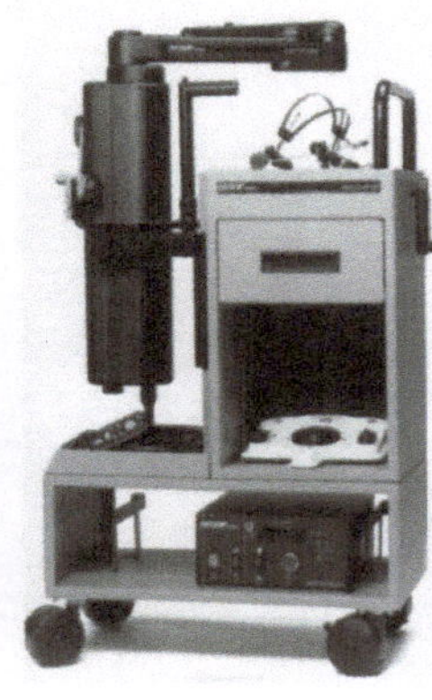

Endoskopträgersystem
AESOP 2000, Computer
Motion, USA

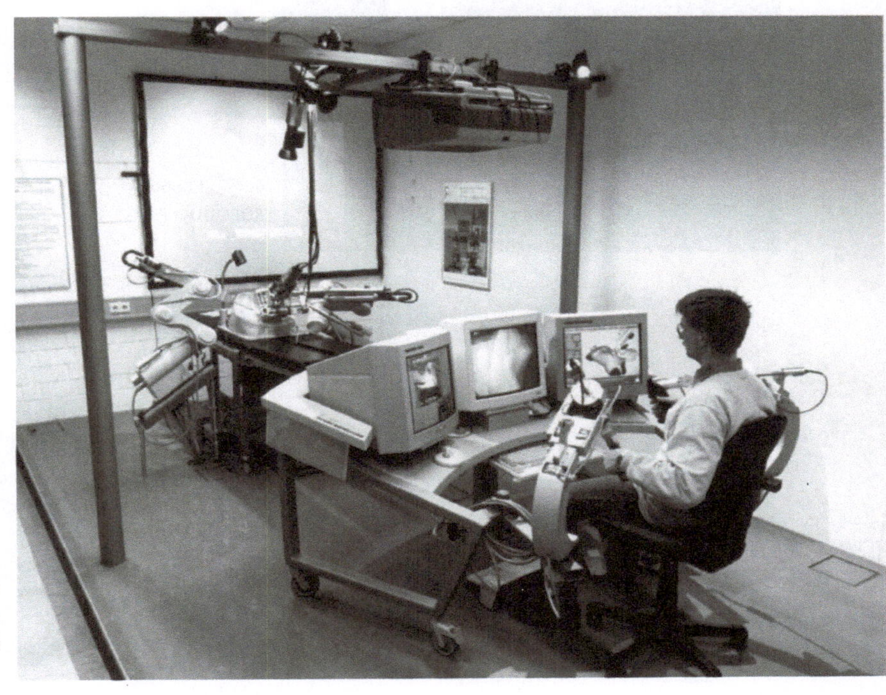

ARTEMIS, Forschungs-
zentrum Karlsruhe,
Deutschland

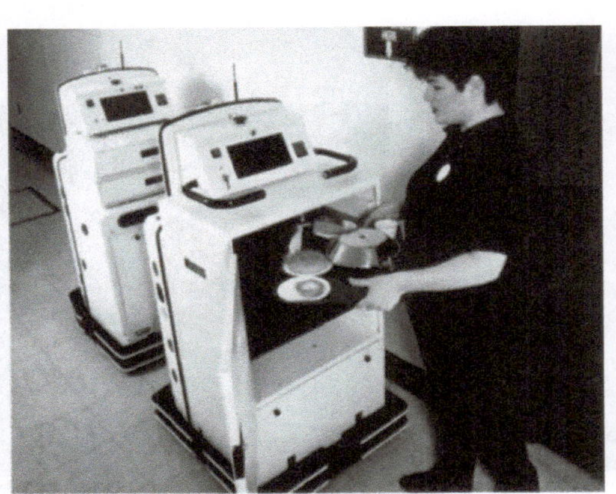

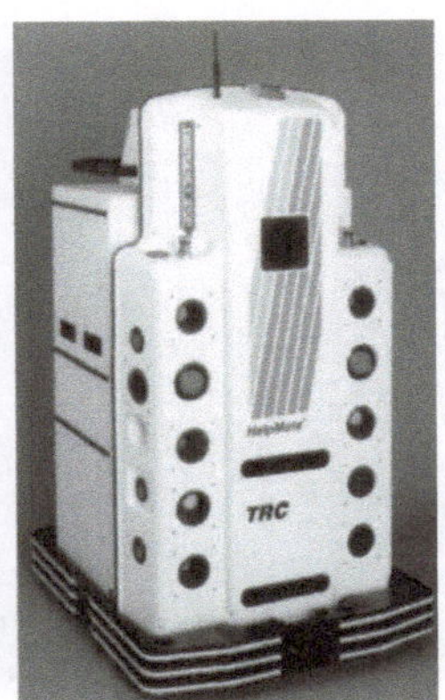

HELPMATE, TRC, USA

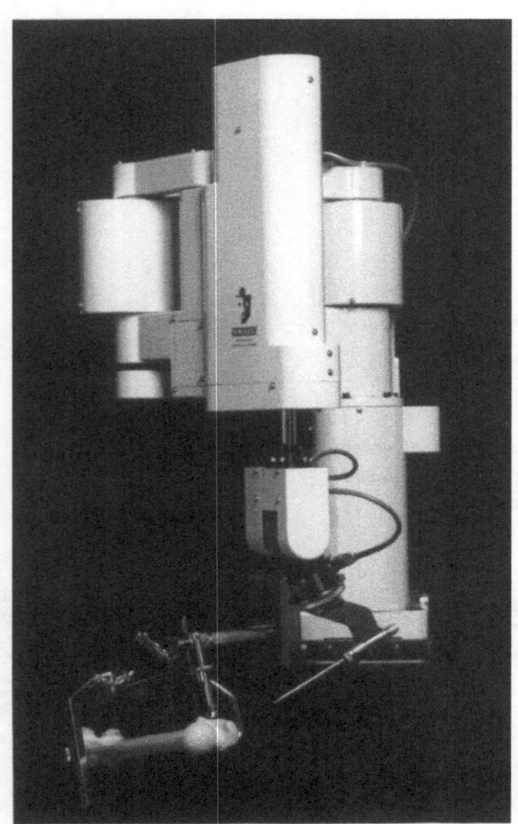

Surgical Robot
ROBODOC, Fa. ISS, USA

Höhere Präzision bei Gelenkendoprothetik

Ein zentrales Problem beim Ersatz „großer"
Gelenke, etwa an der Hüfte, durch künstliche
Endoprothesen ist die präzise Einpassung
des Prothesenschafts in den Knochen. Je inten-
siver der Knochenkontakt mit der Endoprothese ist, desto mehr wird das Anwachsverhalten
des Knochens unterstützt. Nur so ist der feste
Sitz des mechanisch stark belasteten künstlichen
Hüftgelenks über Jahrzehnte sichergestellt.

Mit ROBODOC von Integrated Surgical Systems
(ISS), Sacramento, USA wurden weltweit
bereits in einigen Kliniken mehr als 900 Operationen am Hüftgelenk durchgeführt: ROBODOC
fräst den Prothesenkanal (Kavität) von Schaft
und Pfanne um ein Vielfaches exakter, als es
der beste Chirurg könnte. Vor der zementfreien
Implantation einer Endoprothese erfolgt prä-
operativ eine exakte dreidimensionale Planung
am Grafik-Computer ORTHODOC. Hier wird
anhand des aufgenommenen Computer-Tomo-
gramms des Femurs (Oberschenkelknochen)
die passendste Endoprothese ausgewählt. In der
Planung wird eine Ausrichtungsgenauigkeit in
der Markhöhle von 0,1 mm und 0,1 Grad
erreicht. Die Genauigkeit der Roboterfräsung
beträgt 0,5 mm.

Computer-Tomographie
Der Computer-Tomograph (Scanner)
nimmt Röntgenbilder des Patienten
aus mehreren unterschiedlichen
Richtungen auf, speichert sie und
berechnet daraus Schnittbilder, die
3D-Strukturinformationen "aus dem
Inneren" des Menschen enthalten, die
nur mit dieser Methode erkennbar
sind.

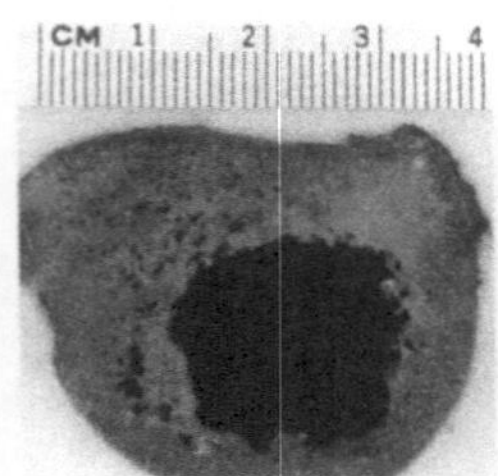 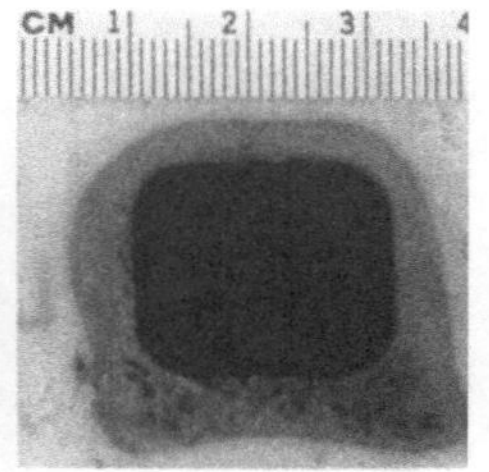

**Vergleich von Knochenquerschnitten: Links ein manuell,
rechts der roboterunterstützt bearbeitete Knochen**

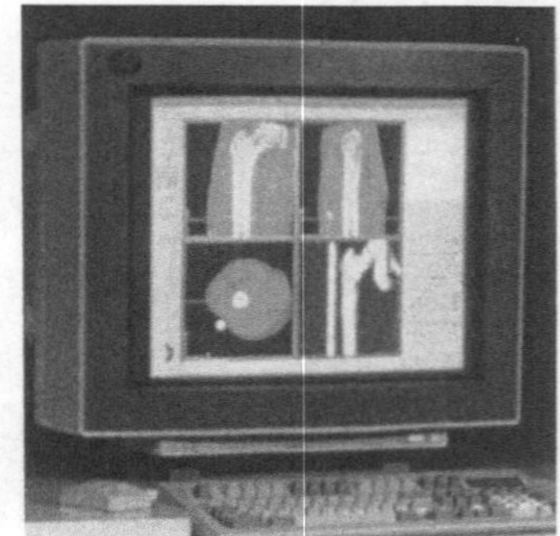

Preoperative Planning Workstation,
ORTHODOC, Fa. ISS, USA

Auch das System CASPAR (Computer Assisted
Surgical Planning and Robotics) von ortoMaquet
soll demnächst die Kavität für die Hüftendopro-
these am Menschen ausfräsen. Das präoperative
Planungstool ist in der Station Proton integriert
und selektiert aufgrund von 3D-Daten die richtige
Endoprothese. Hier werden auch die NC-Daten
für den Manipulator kalkuliert, wobei mit der
Methode der finiten Elemente (FEM) der bio-
mechanische Verbund zwischen Knochen und
Prothesenschaft geprüft wird. Der Roboter übernimmt die Planungsdaten und fräst mit hoher
Präzision das geplante Schaftprofil in den Knochen. Die Ungenauigkeit des Roboters ist
geringer als 0,5 mm bei einer Formabweichung
von weniger als 0,2 mm.

Spannungsverteilung zur Bewertung des Endoprothesensitzes
mit Finiten Elementen

NC-Daten
Numerical Control (NC) bedeutet die
Beschreibung der Bewegungsbahn
eines Roboters mit diskreten Koordinaten, die auch in einem manuell
geführten Teach-In-Prozeß ertastet
werden können.

FEM
Die Methode der finiten Elemente ist
ein numerisches Simulationsverfahren,
bei dem der zu berechnende Körper
in eine endliche Anzahl von Elementen
aufgeteilt wird.

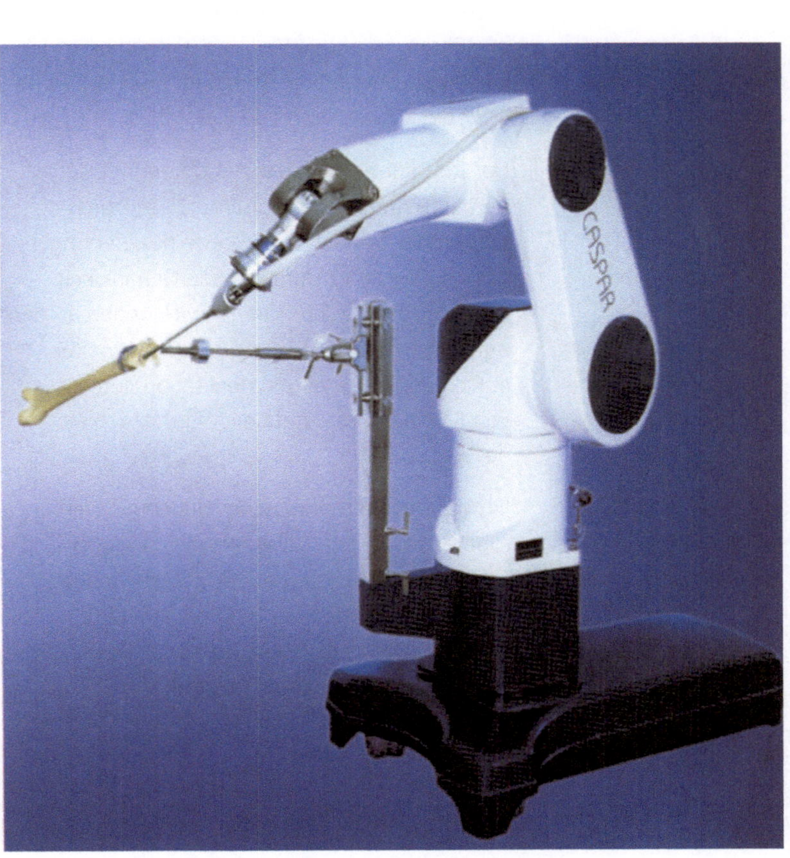

**CASPAR, ortoMAQUET,
Deutschland**

Höchste Präzision für die Neurochirurgie

Zu den schwierigsten Eingriffen der Neurochirurgie gehören die stereotaktischen Operationen,
bei denen abgegrenzte Teile des Gehirns mit
absoluter Präzision erreicht und bearbeitet
werden müssen. Hier können Bruchteile von
Millimetern über den Erfolg eines Eingriffs
entscheiden.

Der Neurochirurgieroboter MINERVA führt konventionelle stereotaktische Operationen aus,
während der Patient auf dem Träger des Com-
puter-Tomographen (CT) liegt. Der Chirurg
kann dadurch der Position der Instrumente folgen
und hat Echtzeitbilder des Operationsfeldes.
Durch das online-imaging, die Visualisierungssoft-
ware und die Genauigkeit des Robotersystems
lassen sich vielfältige operative Eingriffe im Gehirn
ausführen, wie etwa Biopsien (Entnahme von
Gewebeproben), eine Stimulation (Anregung)
oder die Implantation von Elektroden.

Der Roboter besorgt dabei programmgesteuert
den Einschnitt in die Kopfhaut, das Durch-
bohren der Schädeldecke sowie das Einbringen
des benötigten Instruments; die Genauigkeit
liegt hier bei 0,5 mm. Die Entwicklungen an der
universitären EPFL in Lausanne gehen weiter
in Richtung verbesserter Sterilisation, Integration
von Kraftsensoren und neuer Einsatzgebiete
des Roboters.

Ein weiterer stereotaktischer Neurochirurgieroboter wurde von IMMI medical robots in
Grenoble entwickelt. NeuroMate ist ein automatisches und genaues Positioniersystem,
das die präoperative Planung durch Simulation
erlaubt und intraoperativ ein ständiges Feedback über den OP-Situs liefert.

Vorstoß in neue Dimensionen der Chirurgie

Auch am Berliner Virchow-Klinikum beschäftigt
man sich an der Klinik für Mund-, Kiefer- und
Gesichtschirurgie mit den technischen Voraussetzungen für den Einsatz von Robotersystemen. Einsatz finden soll ein solches System bei
der Hyperthermie (Überwärmungsbehandlung)
und im Bereich der Kiefer- und Gesichtschirurgie.

Zur Integration des Roboters gehören die medi-
zinische Planung, die technische Planung, das
Einbringen des Roboters und letztlich die Behand-
lung selbst. Dafür stehen dem Charité-Virchow-
Klinikum verschiedene Komponenten zur Ver-
fügung: ein mobiles CT, ein Planungs- und
Navigationssystem und eine parallele und serielle
Kinematik. Die Plattform des Motorized Surgical
Scopes (MSS) der Firma Elekta mit paralleler
Kinematik ist an der Decke befestigt und hat
damit einen großen Arbeitsbereich. Weiterhin
wird ein PUMA 560 Roboter zur direkten Beob-
achtung mit dem CT-Scanner eingesetzt.
Bisherige Experimente beschränken sich auf
Phantomschädel; klinische Studien an Patien-
ten werden vorbereitet.

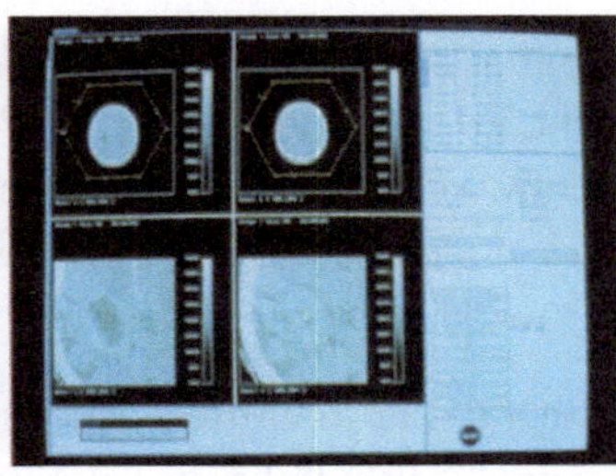

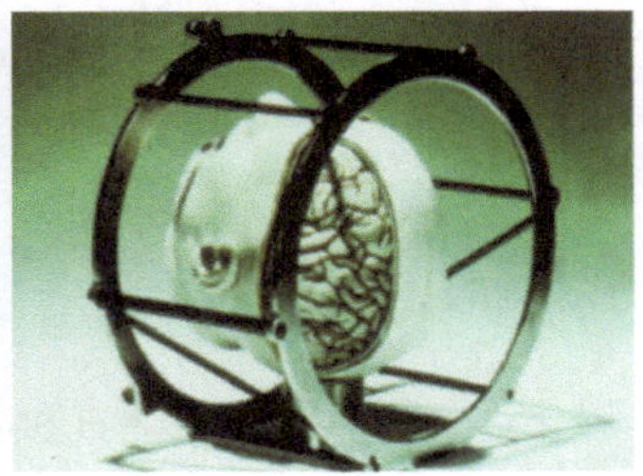

**Neurochirurgie Roboter,
Screen Shot, Fixierrahmen,
MINERVA, EPFL, Schweiz**

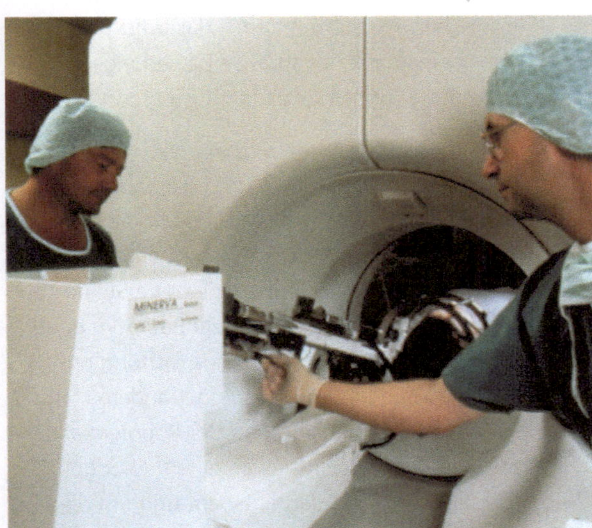

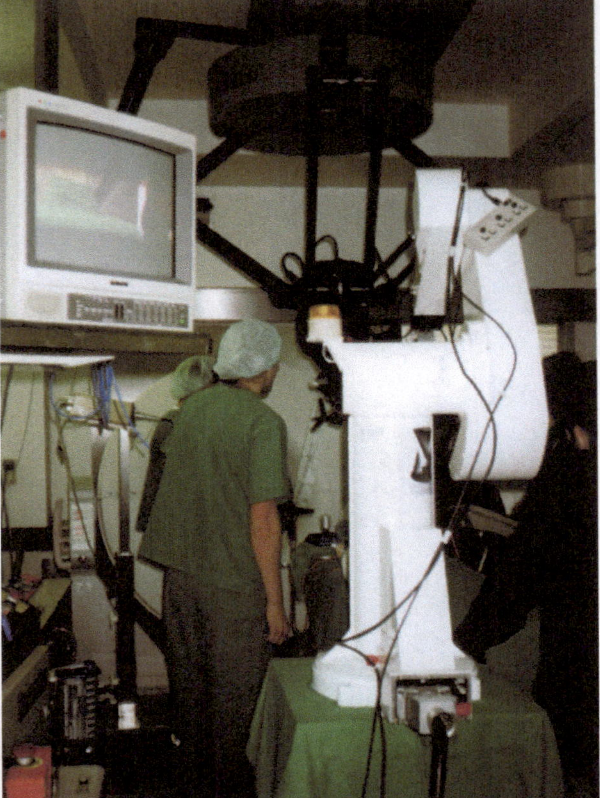

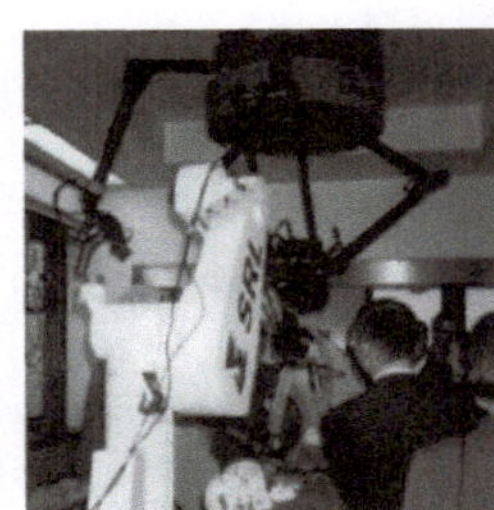

**Virchow-Klinikum für
Mund-, Kiefer- und
Gesichtschirurgie,
Berlin**

Mikrometer-Präzision auch unter
hoher Belastung

Der Endoskop- und Navigationsroboter, Operationssystem 2015, der am Fraunhofer IPA (Stuttgart) entwickelt wurde, ist ein Beispiel für ein geführtes intraoperatives Robotersystem. Bei seiner Entwicklung gab es zwei Ziele:

- Er unterstützt das hochpräzise Operieren im Submillimeter-Bereich. Bisherige Eingriffe werden dadurch sicherer. Viele neue Therapien sind damit überhaupt erst möglich.

- Mit seiner Hilfe können neue Ideen für die roboterassistierte Arbeitsweise in der Neurochirurgie, der Hals-Nasen-Ohren-Chirurgie, der Gefäßchirurgie, der Orthopädie und vielen anderen Bereichen erprobt werden.

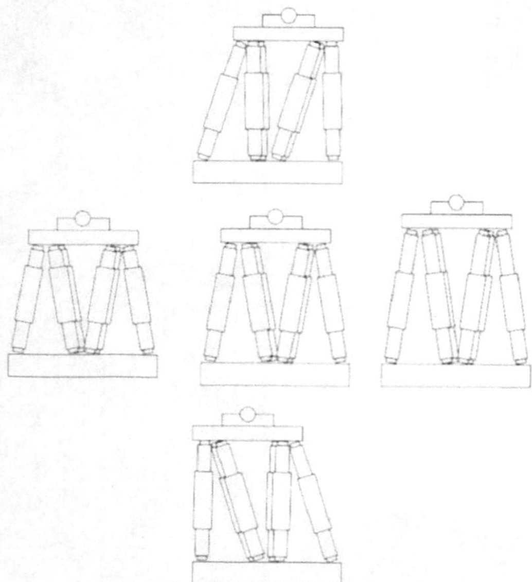

Unterstützt vom Bereich Medizinische Technik der Siemens AG entwickelte das Fraunhofer IPA zusammen mit den Dr. Horst-Schmidt-Kliniken (Wiesbaden) und der Firma reform design (Stuttgart) die Prototypen eines Operationsroboters und eines Operationscockpits. Diese Prototypen sind Systemkomponenten eines medizinisch universell einsetzbaren mechatronischen Assistenzsystems, das aufgrund seiner Kinematik hochpräzise Bewegungen selbst unter hoher Belastung ausführen kann.

Als Operationsroboter wird ein Hexapod eingesetzt, dessen Kinematikkonzept auf dem der "Stewart-Plattform" basiert. Mit dieser Bauform lassen sich extrem hohe Genauigkeiten im Mikrometerbereich und eine hohe Steifigkeit bei vergleichsweise kleinem Bauraum erreichen. Auf der Instrumentierungsplattform des Roboters sind das Endoskop oder andere chirurgische Instrumente befestigt. Der Roboter kann mit Hilfe eines Schlittens an einem C-bogenförmigen Träger entlang bewegt und um diesen geschwenkt werden. Auf diese Weise können die meisten medizinischen Zugänge dargestellt werden.

1996 Designstudie

1997 Entwicklung IPA / Partner

1997 Prototyp

1999 geplante Markteinführung

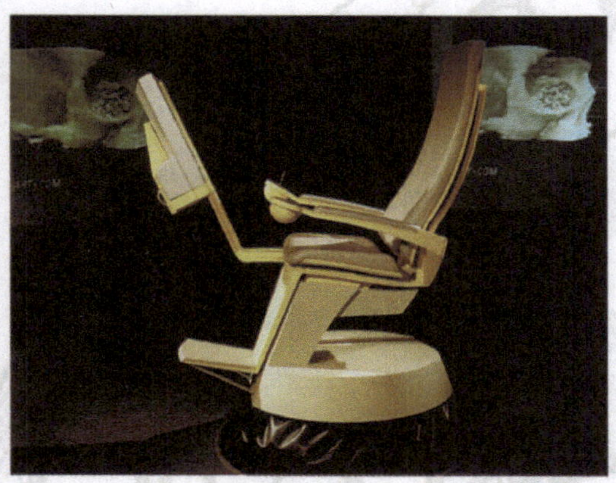

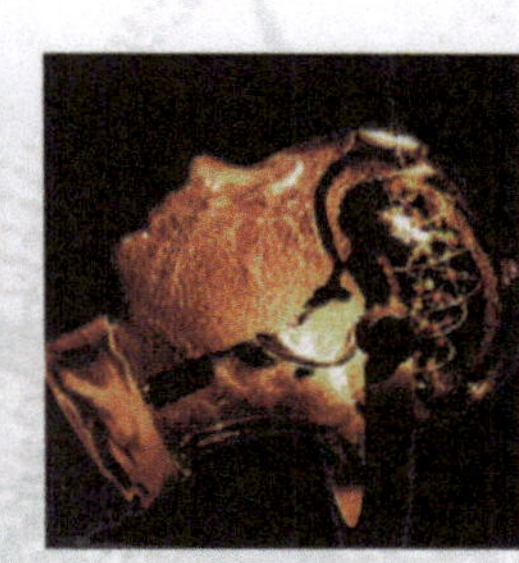

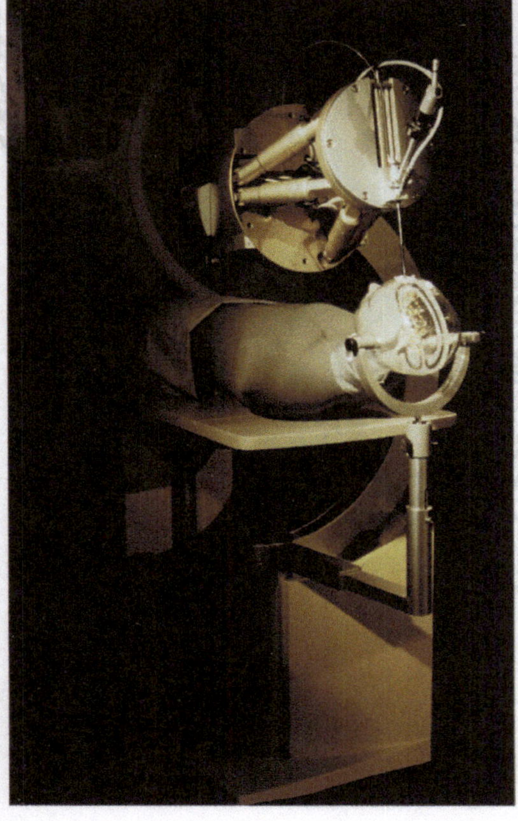

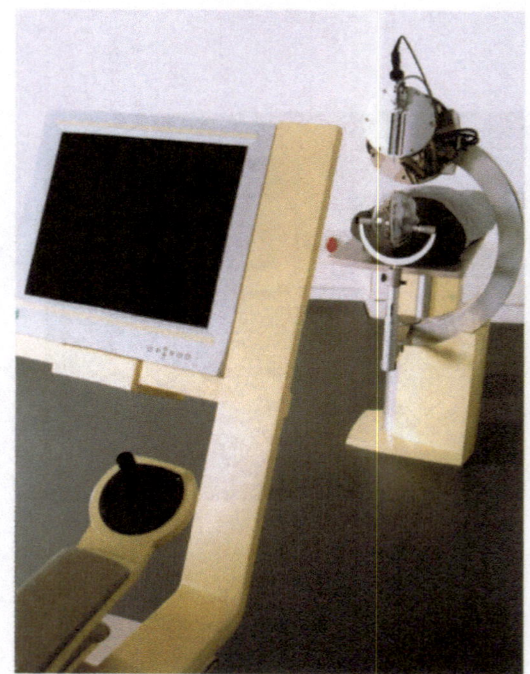

Operationscockpit mit
Joystick, OP 2015

Operationscockpit,
OP 2015

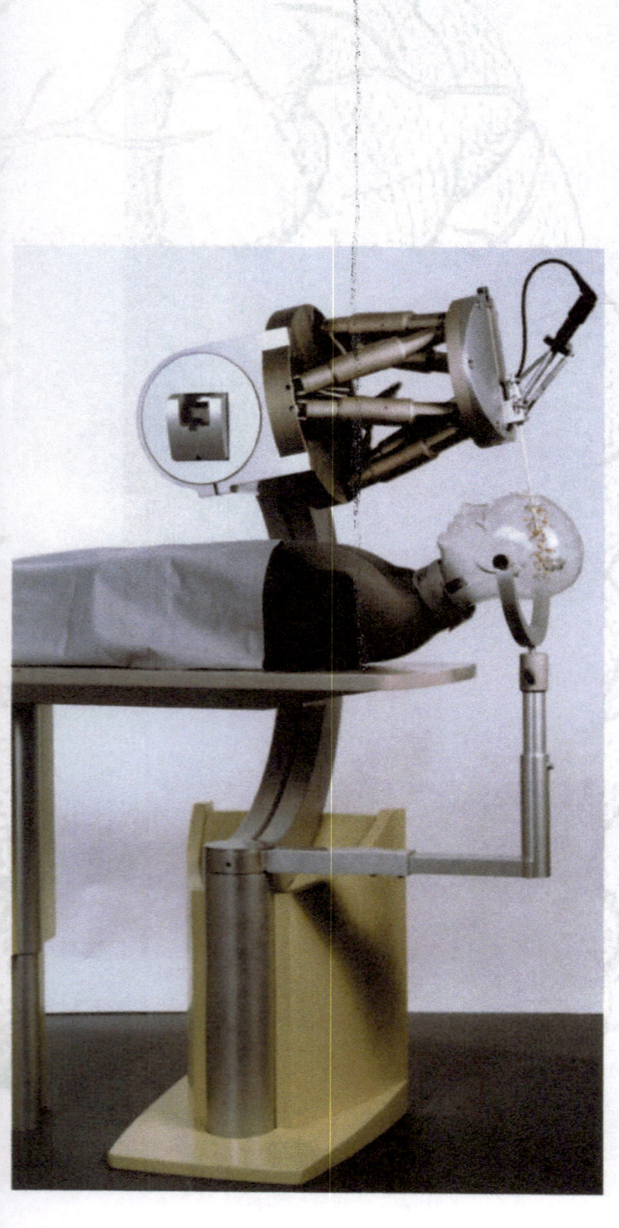

Hexapod-Operationsroboter,
OP 2015

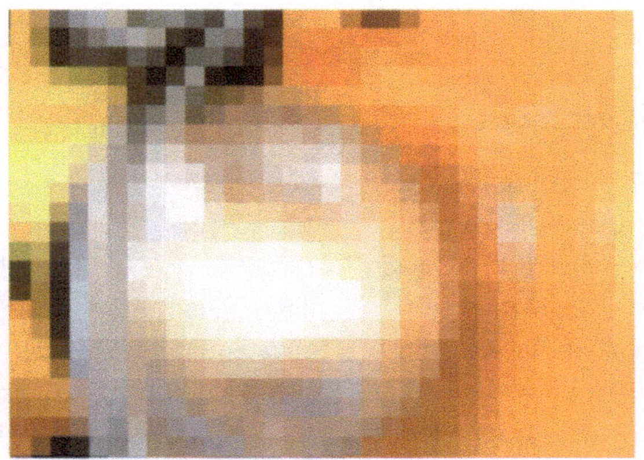

Unterwassertechnik

Kraftriesen in den Tiefen des Meeres

Die Weltmeere bedecken den größten Teil der
Erde. Und dennoch sind es die am wenigsten
erforschten Gebiete unseres Planeten. In mehreren
Kilometern Tiefe leben Tiere, die Menschen
noch nie zu Gesicht bekommen haben. Dort
werden Rohstoffe vermutet, deren Abbau in
wenigen Jahrzehnten vielleicht schon von existen-
zieller Bedeutung für die Menschheit sein
könnte.

Der Mensch ist kein Tiefseewesen

Ein Mensch kann sich nur kurzzeitig unter der
Wasseroberfläche aufhalten, auch wenn er mit
Sauerstoff versorgt wird. Selbst Taucheranzüge
erlauben nur geringe Tauchtiefen, denn der mit
der Tiefe zunehmende hydrostatische Druck
setzt physikalische Grenzen. So bleibt der Meeresgrund dem menschlichen Auge ohne technische
Hilfsmittel verborgen.

Selbst wenn es der Mensch mit technischen Hilfen
für gewisse Zeit unter Wasser aushält, kann er
dort kaum arbeiten. Zu sehr wird er von Sauer-
stoff-Flaschen und Taucheranzug behindert.

Deshalb sind Unterwasser-Serviceroboter
ideale Helfer: sie übernehmen hier gefährliche
Tätigkeiten, die von Menschen gar nicht zu bewäl-
tigen wären. Arbeiten im Offshore-Bereich,
etwa an Bohrinseln oder Unterwasserpipelines,
aber auch Inspektionsaufgaben in Hafenbecken
gehören ebenso dazu wie Kontrollaufgaben in
anderen gefährlichen Wasserbereichen im Kern-
kraftwerk oder in Rohrleitungen.

Unterwasserroboter sind kleine U-Boote mit
einem Bordcomputer, Kamerasystemen, Schein-
werfern, komplizierter Sensorik und teilweise
mit Arbeitssystemen wie Manipulatorarmen.
Versorgungsleitungen verbinden die unbemannten
Unterwasserfahrzeuge mit einem Leitstand
an einem geschützten Platz. So führen diese
Roboter teleoperiert die verschiedensten Meß-,
Inspektions-, Überwachungs- und Handhabungsaufgaben im Unterwasserbereich aus.

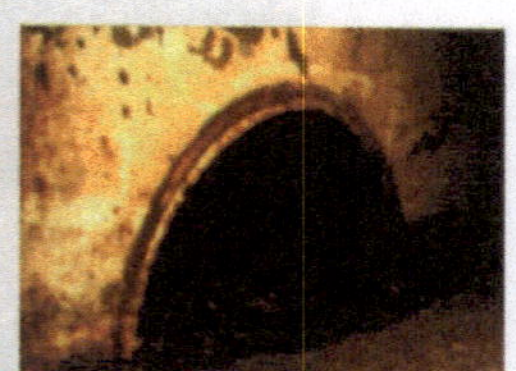  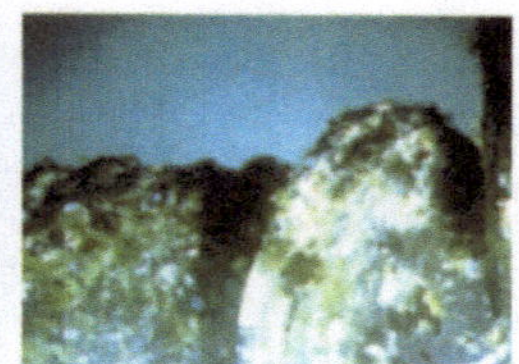

Potentielle Einsatzgebiete für Unterwasserroboter -
Offshore, Hafenbecken, Unterwasserforschung

5 m Mensch ohne Tauchgerät
40 m Sporttaucher
60 m Sporttaucher
mit spezieller Gasmischung
1000 m Wal
20 m µ-Faust, UWTH, Deutschland
50 m Faust, UWTH, Deutschland
100 m Tribun, UWTH, Deutschland
300 m Hyball, Hydrovision, GB
2000 m Demon, MRV, SEL, GB
4500 m ABE, WHIO,
ü. NN

Einsatz für Faust!

Faust ist ein Freitauchender Autonomer Unter-
wasser-System-Träger, der am Unterwasser-
technikum, einem Teilbereich des Instituts für
Werkstoffkunde der Universität Hannover, entwickelt wurde. Das teleoperierbare Unterwasser-
handhabungssystem wird für Inspektions-,
Montage- und Demontageaufgaben in Unter-
wasserinstallationen kerntechnischer Einrichtungen eingesetzt.

Die maximale Tauchtiefe von Faust beträgt 50 m.
Der Serviceroboter ist in fünf Achsen steuerbar.
Durch seine acht elektrisch betriebenen Propeller
und seine lageunabhängige Trimmung kann
er in jeder Position mit beliebiger Orientierung
arbeiten. Sein Raupenantrieb erlaubt ihm präzises
Verfahren auf nahezu jeder Oberfläche.

Ein gekapselter Bordcomputer übernimmt die
Steuerungsaufgaben, während ein Leitrechner
die Schnittstelle zum Bediener bildet. Der Bediener
steuert die Bewegung des Roboters mittels
Tastatur und einer Multifunktionssteuerkugel.
Dabei muß von ihm lediglich die Soll-Lage
des Unterwasserroboters vorgegeben werden.
Die Steuerbefehle für die Antriebe berechnet
dann der Bordcomputer.

Sämtliche Versorgungs- und Signalleitungen sind
in einem Strang zusammengeführt, der bei
einem Systemausfall auch als Bergungsleine dient.
Aufgrund seiner kompakten Aluminiumbau-
weise wiegt das Fahrzeug bei seinen Maßen von
790 mm x 700 mm x 305 mm nur 42 kg.

Kameras, Scheinwerfer und Sensoren ermöglichen
Faust komplexe Inspektionen und Messungen
unter Wasser. Der Bediener kann die Bewegungen
und Arbeiten über das Kamerabild überwachen.
An der im Trägersystem integrierten Zweiachsen-
Führungsmaschine können im Wechsel ein
kleiner Plasmaschneidbrenner zur Zerlegung von
Stahlkomponenten, diverse Sensoren oder ein
Greifer mit einer maximalen Traglast von einem
Kilogramm adaptiert werden.

**Unterwasserschneiden, FAUST,
UWTH, Deutschland**

Kleiner µ-Faust für Feinarbeit

Für Arbeiten in und an Bauteilen mit kleiner Querschnittsfläche wurde µ-Faust entwickelt. Dieses zylindrische Tauchboot mit einer Länge von 50 cm und einem Durchmesser von 12 cm trägt in seinem kuppelförmigen Plexiglaskopf eine schwenkbare CCD-Kamera. µ-Faust ist modular aufgebaut und kann durch zusätzlich eingebaute Segmente an ganz verschiedene Anforderungsprofile angepaßt werden.

Eine Schraube erzeugt den Vortrieb des Roboters, und Querstrahlruder erlauben eine Orientierungsausrichtung im Raum. Die maximale Tauchtiefe beträgt 20 Meter. Wie bei Faust erfolgt die Kommunikation vom Bediener zum Bordcomputer über einen Leitrechner. Die Bewegungen des Tauchbootes werden vom Bediener wahlweise mit dem Joystick oder der Maus vorgegeben; der Bordcomputer berechnet dann die zugehörigen Stellgrößen für die Antriebe.

Ebenfalls aus Hannover stammt der Unterwasserroboter Tribun (Teilautonomes Robotersystem für Inspektion und Bearbeitung im Unterwasserbereich). Er stellt eine Weiterentwicklung des µ-Faust dar, bei der noch mehr auf höchste Modularität und Benutzerfreundlichkeit Wert gelegt wurde.

Die vier am Umfang des Tribun angeordneten Steckerleisten nehmen Sensoren und Aktoren auf, die über CAN-Bus an den Bordcomputer angeschlossen werden. Das Tauchboot kann in Tiefen bis zu 100 Metern vordringen.

CCD
Abkürzung für „Charged Coupled Device" - ladungsgekoppelte Halbleiterelemente. CCDs setzen Licht in elektrische Ladung um und werden deshalb in Form von Chips oder Zeilensensoren in Scannern, Digitalkameras oder Camcordern eingesetzt.

CAN-Bus
Controller Area Networks
Digitale Datenübertragung mit hoher Zuverlässigkeit und Datenrate zwischen Sensoren und Aktoren (auf Feldbusebene)

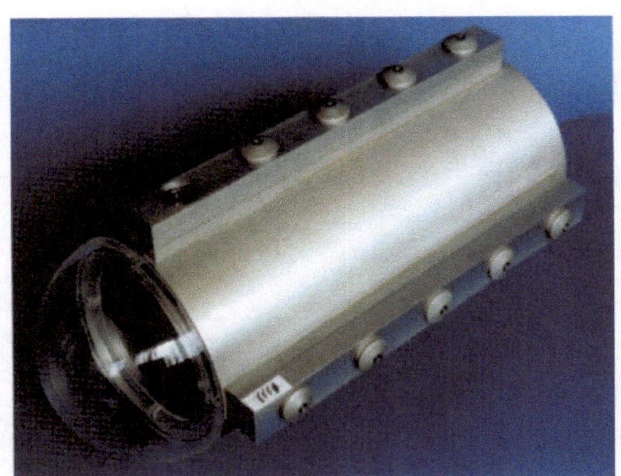

Tribun, UWTH, Deutschland

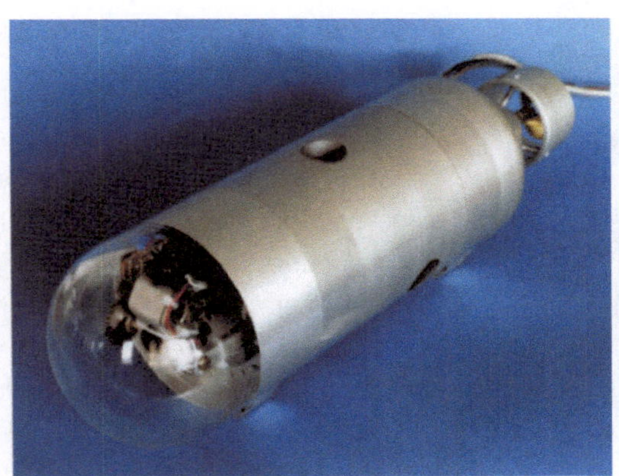

µ-Faust , UWTH, Deutschland

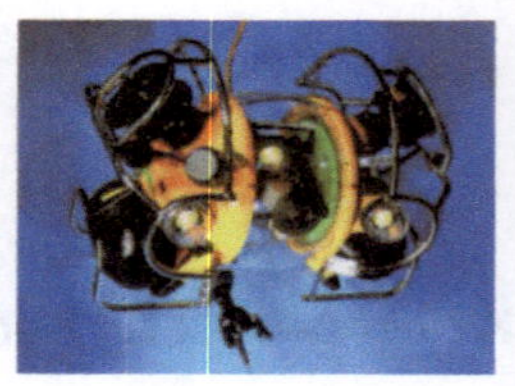

Inspektion von Schiffsrümpfen

Remotely Operated Vehicles (ROV) für den Unterwassereinsatz produziert die im schottischen Aberdeen ansässige Firma Hydrovision. Diese Unterwasserroboter übernehmen Inspektionen, wie die Untersuchung von Schiffsrümpfen, Hafenmauern und Abwasserzuflüssen, und Überwachungsaufgaben: sie kontrollieren Taucher oder Unterwasserbohrungen. Aber auch Bergungen oder kleinere Reparaturen gehören zum Einsatzbereich der ROVs.

Hyball ist Hydrovisons preisgünstigstes ROV. Der 535 mm lange, 565 mm hohe und 650 mm breite Roboter hat vier Propellerantriebe. Zwei davon dienen der Einleitung der Vorwärts-/Rückwärtsbewegung und der Rotationsbewegung um die Roboterhochachse. Die beiden anderen Antriebe leiten die Vertikal- und Diagonalbewegung ein. Jeder Propeller hat einen Durchmesser von 127 mm und eine Antriebsleistung von 0,5 PS (380 Watt). Mit diesem Antriebssystem erreicht Hyball bei einem Eigengewicht von 41 kg und einer maximalen Nutzlast von 4,5 kg eine Geschwindigkeit von 2,5 Knoten. Die größte Tauchtiefe des Unterwasserroboters liegt bei 300 Metern.

Auf einem drehbaren Chassis hat Hyball in der Standardkonfiguration eine CCD-Kamera mit Weitwinkeloptik montiert, die um 360 Grad geschwenkt werden kann. Der Kameraträger kann jedoch je nach Anwendungsfall mit bis zu drei Kameras bestückt werden. Hyball besitzt des weiteren zwei fest eingebaute und nach vorne ausgerichtete 100 Watt Quarz-Halogen-Strahler sowie zwei 75 Watt Strahler auf dem Kameraträger. Die Standardsensorausstattung umfaßt einen Tiefenmesser, einen Magnetkompass und einen Kreisel zur Orientierungsbestimmung sowie einen Leckagesensor. Die Steuerung des Roboters erfolgt über einen 3-Achsen-Joystick. Optional kann Hyball mit einem einfachen Manipulatorarm mit 3-Finger-Greifer und einem translatorischen Freiheitsgrad ausgerüstet werden.

Die Version Offshore Hyball unterscheidet sich von Hyball durch eine höhere Nutzlast und durch ein breiteres Angebot an Zusatzfunktionen. Sie soll Hyball nicht ersetzen, sondern anspruchsvolleren Arbeitsbedingungen genügen. Offshore Hyball ist prädestiniert für den Einsatz in der Offshore Öl- und Gasindustrie.

translatorisch
geradlinige, fortschreitende Bewegung

Knoten
Abk. kn, von der Logleine stammende Bezeichnung für die Fahrgeschwindigkeit eines Schiffes;
1 kn = 1 Seemeile/h = 1,852 km/h

Offshore Hyball
- **Schraube**
- **Greifarm**
- **Kameraeinheit**

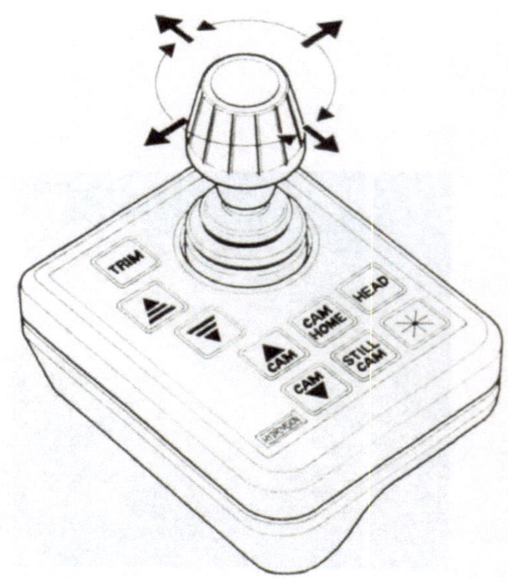

3-Achsen Joystick
zur Steuerung des Roboters

Diablo, Fa. Hydrovision, GB

Demon

Kontrollzentrum

Teufel und Dämon leisten Schwerstarbeit

Diablo und Demon heißen die zwei kraftvollsten ROVs aus Hydrovisions Produktpalette. Beide arbeiten in Tauchtiefen bis zu 2 000 Metern. Die Nutzlast des Demon beträgt 300 kg bei einem Eigengewicht von 2,8 Tonnen. Bei Diablo kann die Nutzlast sogar auf 450 kg erweitert werden; der Unterwasserroboter wiegt dann über drei Tonnen.

Diablo und Demon sind für rauhe Einsatzbedingungen konzipiert und eignen sich ideal für Montage- und Überwachungsanwendungen. Derart leistungsfähige Roboter kommen bei Bohrinseln und beim Bau von Unterwasserpipelines zum Einsatz. Die Roboter können mit Manipulatorarmen und bis zu fünf unterschiedlichen Kamerasystemen ausgerüstet werden.

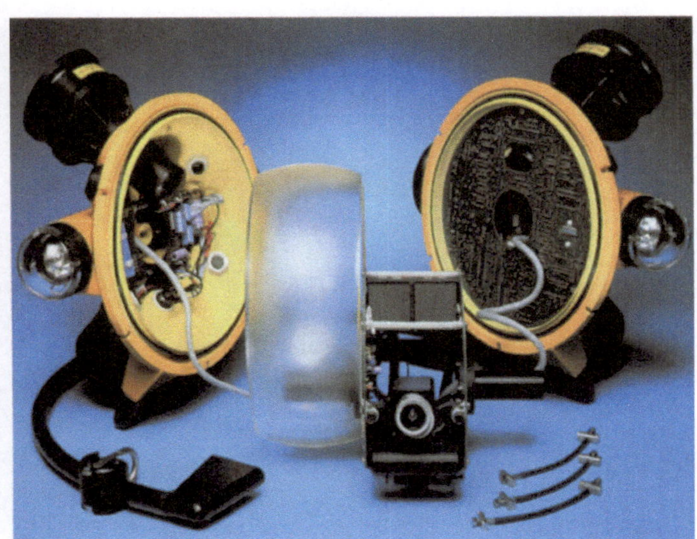

Innenleben Hyball,
Fa. Hydrovision, GB

Antriebssystem Diablo,
Fa. Hydrovision, GB

Roboterkoloß wiegt fünf Tonnen

MRV 4, SEL, GB

Die im englischen Kirkbymoorside ansässige Slingsby Engineering Ltd. SEL ist einer der führenden Hersteller von ROVs und Unterwassermanipulatoren. Der modular aufgebaute Unterwasserroboter MRV (Multi-Role Vehicle) ist das Spitzenmodell in SELs Produktpalette. In die Basisversion können für verschiedenste Anforderungen Arbeitspakete bis zu einem zulässigen Gesamtgewicht des Systems von 5 000 Kilogramm integriert werden. Als Arbeits- bzw. Meßsysteme lassen sich unter anderem zwei Manipulatorarme, fünf Kamerasysteme und ein Sonar am Trägersystem adaptieren. Die 3,5 kW starken Scheinwerfer sorgen für eine hervorragende Ausleuchtung des Arbeitsbereichs. Das je nach Ausstattung mehrere Meter lange ROV kann standardmäßig in Tiefen von 1 000 Metern, optional sogar in Tiefen bis zu 2 000 Metern vordringen.

Eine zweite Domäne von SEL ist die Entwicklung und Produktion von Manipulatorarmen, die speziell an die Anforderungen des Tiefseetauchens angepaßt wurden und die an ROVs adaptiert werden können.

Diese multifunktionalen Roboterarme können Ventile betätigen, hydraulische Werkzeuge bedienen, Sensoren handhaben und Instandhaltungsarbeiten unter Wasser durchführen. Die Kinematikvarianten reichen von fünf bis zu sieben Freiheitsgraden und maximalen Reichweiten von einem bis über zwei Meter. Die Gelenke werden über Hydraulikzylinder angesteuert. Die Armsegmente bestehen aus korrosionsbeständigen hochfesten Aluminiumlegierungen, die Verbindungselemente sind aus Edelstahl. Die maximal handhabbaren Lasten liegen bei ca. 200 Kilogramm.

Als Regelungsvarianten stehen Position Feedback (Regelung des Parameters Position) und Rate Control (Regelung der Parameter Position und Geschwindigkeit) zur Verfügung.

Abtauchvorgang

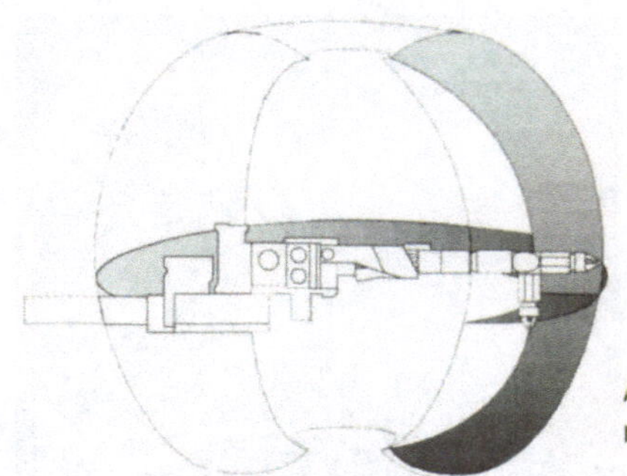

Arbeitsraum des Manipulators.

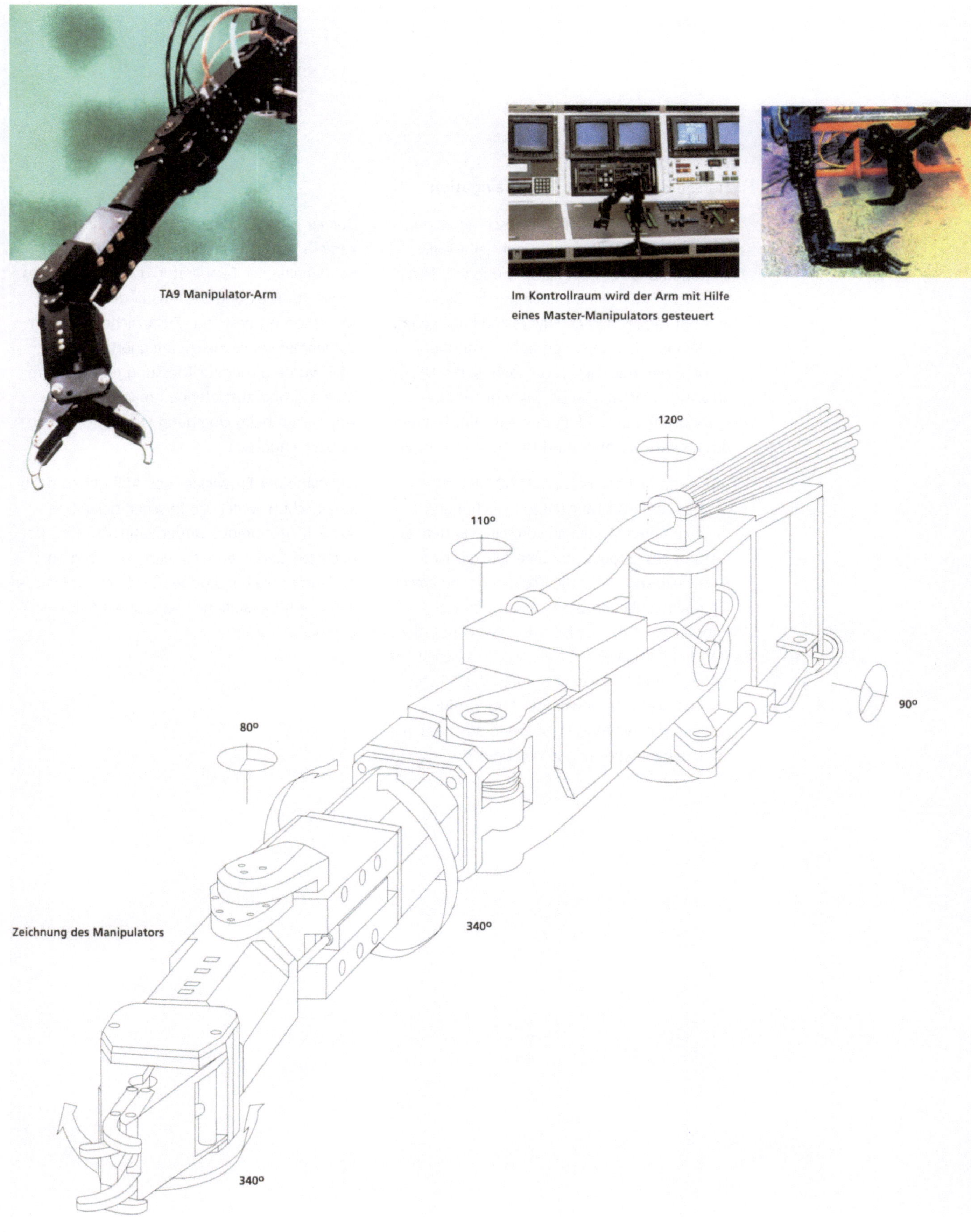

TA9 Manipulator-Arm

Im Kontrollraum wird der Arm mit Hilfe
eines Master-Manipulators gesteuert

Zeichnung des Manipulators

Tiefseeforschung mit Schallnavigation

Einer der wenigen nicht militärisch genutzten autonomen Unterwasserroboter heißt ABE (Autonomous Benthic Explorer) und wurde am Advanced Engineering Laboratory des Department of Applied Ocean Physics and Engineering der Woods Hole Oceanographic Institution (WHOI) gebaut. Die in Massachusetts, USA ansässige Hochschule ist bekannt für ihre einzigartigen Entwicklungen auf dem Gebiet der Meeresforschung und Unterwasserrobotik.

ABE kann in Tiefen bis zu 4 500 Metern vordringen, um dort Langzeituntersuchungen durchzuführen. Abhängig von seiner Batterieausrüstung besitzt der autonome Taucher eine Reichweite von 10 bis 100 Kilometern und erreicht Geschwindigkeiten bis zu 2 Knoten. Der Roboter navigiert mit Hilfe von zwei oder mehr Transpondern in einem Netz aus akustischen Signalen und folgt den Konturen des Meeresbodens im Abstand weniger Meter. ABE gleitet mit minimalem Energieverbrauch zu einer vorgegebenen Position in der Tiefe.

Derzeit ist ABE mit einer Stereo-Einzelbildvideokamera und Sensoren zur Bestimmung des Salzgehalts, der Temperatur, des Magnetfeldes sowie zur Messung des Abstandes zum Meeresgrund bestückt. Zusätzliche Meßwertaufnehmer können leicht integriert werden. ABE wurde bisher zur Messung der nahe am Meeresgrund auftretenden magnetischen Anomalien beim Übergang von tektonischen Platten eingesetzt.

Die Pläne der Entwickler des ABE gehen noch einen Schritt weiter: sie forschen derzeit an AUVs (Autonomous Underwater Vehicles) der nächsten Generation, die nahezu unbegrenzt im Einsatz bleiben können und sich an Unterwasser-Andockstationen selbständig mit neuer Energie versorgen.

ABE, WHIO, USA

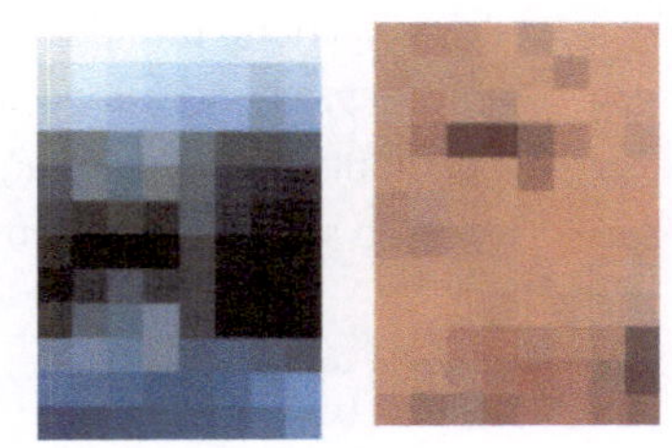

Weltraum

Odyssee 2000: völlig losgelöst

Das Großhirn HAL und der putzige R2D2 sind
Epigonen des ScienceFiction-Films. Auch
in der realen Raumfahrt hat die Robotik ihren
festen Platz. Die Erforschung ferner Planeten, ständig verfügbare Orbitalstationen, fern-
wartbar und vom Boden aus flexibel steuerbar, oder komplexe und langwierige Experimente
im All sind ohne intelligente, fernsteuerbare
und autonome Fahrzeuge und Automaten nicht
denkbar.

Die Aufgabenstellungen für Manipulatoren und
Roboter im Weltraum sind überaus vielfältig.
Sie erfordern ein hierarchisch strukturiertes und
modular aufgebautes Automatisierungskon-
zept, das auf den jeweiligen Einsatzfall abgestimmt werden kann. Der Mensch muß auf
unterschiedlichen Ebenen der Steuerung, der
Überwachung und der Entscheidung einbe-
zogen werden können: von der reinen Telemanipulation bis zum autonomen Roboter-
betrieb sollte jede Variante möglich sein.

Leichtgewichte mit Feingefühl

Ziel der Raumfahrt-Robotik sind Leichtbau-
Robotersysteme. Sie sollen zum einen den
menschlichen Arm verlängeren, also bequem
vom Nutzlast-Spezialisten fernsteuer- und
fernprogrammierbar sein. Zum anderen sollen
sie durch eine Vielfach-Sensorik möglichst
autonom agieren können, um Teilaufgaben auch
völlig selbständig erledigen zu können.

Die manipulative Geschicklichkeit wird sich durch
die Weiterentwicklung komplexer Zwei-Backen-
Greifer zu feingliedrigen, mehrfingrigen Händen
immer mehr der menschlichen Leistungsfähig-
keit annähern. Der Mensch ist bei Außenarbeiten
im freien Weltraum ohnehin stark eingschränkt.

Serviceroboter verrichten jedoch nicht nur im
Weltall sondern auch auf der Erde wichtige
Tätigkeiten, die für die Sicherheit der bemannten
Raumfahrt existenziell sind.

**Inspektionsroboter Tessellator,
CMU, USA**

Lebenswichtige Prüfungen auf der Erde

Das Hitzeschild des Space Shuttle besteht aus
17 000 kleinen Kacheln. Sie schirmen Unter-
seite und Nase des Raumgleiters gegen Hitze ab
und verhindern, daß das Shuttle auf dem
Rückflug zur Erde wie ein Meteorit verglüht. Damit beim Wiedereintritt in die Erdatmosphäre
alles glatt geht, muß dieses Hitzeschild vor jedem
Start peinlich genau geprüft werden.

Bei den ersten Missionen des Space Shuttle
wurde diese Prüfarbeit noch manuell durchgeführt. Vom Eintreffen im Kennedy Space Center bis zum Start mußten die Hitzekacheln
ständig sichtgeprüft und gegen Feuchtigkeits-
aufnahme chemisch versiegelt werden. Dabei
müssen die Arbeiter wegen der aufzubringenden
giftigen Chemikalien schwere Schutzanzüge
und Atemschutzmasken tragen.

Da jedoch in dieser Zeit auch alle anderen
Inspektions- und Wartungsarbeiten am Shuttle
durchgeführt werden müssen, herrscht in der
unmittelbaren Umgebung des Raumgleiters dich-
tes Gedränge; Kabel und Schläuche versperren
überall den Weg. An einigen Stellen beträgt der
Freiraum unter dem Shuttle nur 1,75 Meter.
Für das Personal ist die Arbeit körperlich außerordentlich anstrengend: wegen der durch die
Schutzkleidung eingeschränkten Bewegungsfrei-
heit und des zu knappen Arbeitsraums.

Zur Automatisierung dieser Tätigkeit wurde an
der Carnegie Mellon University (CMU) in Pittsburgh ein mobiler Roboter im Rahmen eines
NASA-Projektes entwickelt. Der Tessellator
besteht aus einer mobilen Plattform, auf der ein
Manipulatorarm integriert ist. Die mobile Plattform ist extrem steif ausgeführt, um dem Roboter
die Stabilität zu verleihen, die für die geforderte
hohe Genauigkeit benötigt wird.

Bildgestützte Arbeitsplanung

Ein Onboard-Computer steuert Tessellators Pro-
zeßaufgaben, während die Arm- und Radbe-
wegungen von einer Low-Level-Steuereinheit mit
Verstärkern angesprochen werden. Zwei weitere Computer kontrollieren das Kamerasystem
und das Injektionssystem für die Versiegelungs-
flüssigkeit.

Vor jeder Inspektion wird Tessellator die Shuttle-
Position und die aktuelle Inspektionssequenz
mitgeteilt. Aufgrund dieser Daten vermißt der
mobile Roboter seine Umgebung und bestimmt seine aktuelle Position. Seine Kamera
lokalisiert die zu prüfende Kachel. Tessellator
teilt dabei die zu bearbeitende Fläche in kleine
gleichgroße Segmente auf, um die Überlap-
pungen möglichst gering zu halten.

Tessellator paßt seine Zustellbewegung der Form
des Raumgleiters an. Den Roboterarm bewegen zwei seitlich an ihm montierte Ausleger
und sorgen so für die nötige Steifheit des
Systems. Die Feinpositionierung erfolgt über eine
kleine Linearachse. Der Manipulatorarm trägt
entweder das Versiegelungswerkzeug oder eine
Kamera zur Sichtkontrolle.

Durch Vergleich der aktuell untersuchten Kachel
mit den benachbarten Kacheln ist es Tessellator
möglich, Anomalien wie Risse, Kratzer oder Ver-
färbungen zu erkennen. Ist er nicht sicher,
ob die inspizierte Kachel in Ordnung ist, stoppt
der Roboter, und der Arbeiter kann diese
Kachel an dem Bildschirm seines Überwachungs-
rechners nochmals inspizieren. Am Ende
eines Inspektionslaufs sendet Tessellator seine
Meßdaten an eine zentrale Datenbank der
NASA.

Die nächste Generation der NASA-Space Shuttle
wird Tessellator jedoch den Job kosten, da
die neuen Raumgleiter ohne Hitzekacheln aus-
kommen werden. Auch Serviceroboter
werden arbeitslos.

Entwurfszeichnung zu Tessellator, CMU, USA

Schreiter auf dem Mond

Die Lunar Rover Initiative ist ein weiterer von der
NASA geförderter Entwicklungsschwerpunkt
des Robotics Institute der CMU. Ihr Ziel ist eine
Mondlandung noch in diesem Jahrzehnt mit
einem Forschungsroboter. Außer der NASA und
der CMU nehmen an diesem Projekt noch die
Sandia Laboratories, die LunaCorp sowie weitere
Regierungs- und Industrieeinrichtungen teil.

Das erste Teilprojekt dieser Gemeinschaft war
Dante - ein Prototyp zur Erforschung von
unwirtlichen Planeten. Im Januar 1993 versuchte
Dante I, den Kraterboden des Mt. Erebus in
Alaska zu erkunden. Obwohl der achtbeinige
Schreitroboter kurz vor Erreichen seines Ziels
aufgeben mußte, sammelte er doch wichtige Informationen, die in die Entwicklung des Nach-
folgegerätes Dante II einfließen konnten.

Dieser Roboter erhielt größer dimensionierte
Beine, eine andere Bein- und Schreitkonfigu-

Forschungsroboter Dante, CMU, USA

ration und ein stabileres Seil für die Sicherheits-
leine. Statt vier Beinen auf jeder Seite besaß
Dante II je vier Beine vorne und hinten. Diese
Konfiguration unterstützte den Roboter
gleichmäßiger und vereinfachte die Regelalgorithmen. Die verbesserten Beine konnten die
dreifache Last im Vergleich zu Dante I tragen.

Im Juli 1994 bewies Dante II seine Fähigkeiten,
als er den Krater des noch aktiven Vulkans
Mt. Spurr in Alaska hinabstieg. Diesmal konnte
die hochentwickelte Telekommunikations-
und Reglersoftware des Systems getestet werden. Die Sensoren des Schreitroboters liefer-
ten Meßwerte über den Kohlendioxid-, den
Schwefelwasserstoff- und den Schwefeldioxid-
gehalt der Vulkangase.

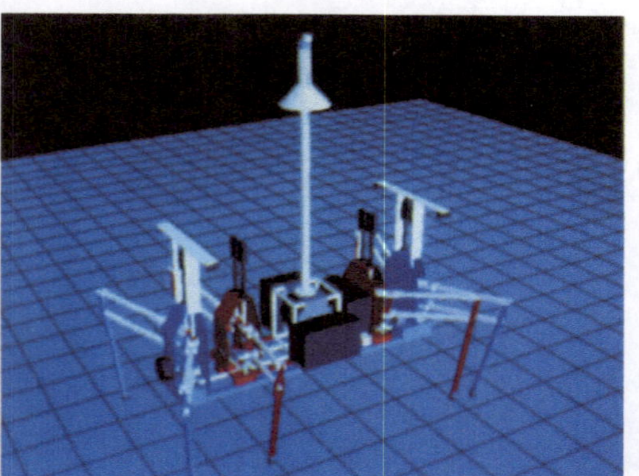
**Computersimulation von Dante,
CMU, USA**

Forschungsroboter Dante, CMU, USA

Transport von Dante II zu seinem
Operationsgebiet in Alaska

Forschungsroboter
Dante II, CMU,
USA

Planetenrover übt in der Wüste

Ein weiteres von der NASA gefördertes Projekt war der 1997 abgeschlossene Atacama Desert Trek. Bei diesem Vorhaben sollte der an der CMU entwickelte Planetenrover Nomad eine Strecke von 200 Kilometern quer durch die chilenische Atacama-Wüste zurücklegen. Neben der Erforschung einer Landschaft, die der Oberfläche des Mars oder unseres Mondes ähnelt, sollten dabei neue Kommunikations- und Steuerungstechnologien getestet werden.

Auf seinem Weg durch die Wüste sollte sich Nomad in unbekanntem Gelände bewegen: autonom oder teleoperiert von einer mehrere tausend Kilometer entfernten Bodenstation. Um für jedes Gelände gewappnet zu sein, schenkten die Konstrukteure dem Rover ein Chassis, das Spurweite und Radstand variabel den Umgebungsbedingungen anpassen kann. Außerdem besitzt der 550 kg schwere Nomad Vierradantrieb und kann dank seiner vier lenkbaren Räder auf der Stelle drehen.

Illustration zum Planetenrover Nomad, CMU, USA

Kamera mit Rundum-Blick

Da konventionelle Videokameras nur ein eingeschränktes Sichtfeld haben, besitzt Nomad eine innovative "Panospheric Camera", die qualitativ hochwertige Bilder mit einem extrem großen Bildwinkel liefert. Diese Kamera ist vertikal auf dem Dach des Fahrzeuges montiert und zeigt nach oben. Genau in der Bildachse hängt eine polierte Stahlkugel. Das Bild, das die Kamera aufnimmt, stellt die sphärisch verzerrte Reflexion der Umgebung des Rovers auf der Kugel dar.

Mit Hilfe von speziell entwickelten Softwaremodulen kann die Aufnahme entzerrt werden, und man erhält eine Panoramaaufnahme der Umgebung. Eine weitere konventionelle Kamera, die im hinteren Bereich des Rovers befestigt wurde, deckt den Bereich ab, der aufgrund der Montageposition von der Panospheric Camera nicht eingesehen werden kann. Da der Rover im hinteren Bereich nicht mit Laserscannern ausgerüstet ist, dient diese Kamera auch der Orientierung beim Rückwärtsfahren.

Die absolute Positionsbestimmung übernimmt auf der Erde ein DGPS-System (Differential Global Positioning-System). Mit dieser Ausrüstung ist Nomad in der Lage, im Idealfall seine absolute Position auf der Erde auf bis zu 20 cm genau zu bestimmen.

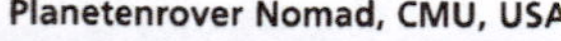

Planetenrover Nomad, CMU, USA

Planetenrover Nomad,
CMU, USA

Kein blinder Gehorsam

Bei der Erforschung entfernter Planeten mit tele-manipulierten Robotern spielt der Weg, den das Steuersignal von der Bodenstation zum Rover zurücklegen muß, eine wesentliche Rolle. Die Totzeit zwischen dem Senden des Signals mit Lichtgeschwindigkeit und dem Empfang der Steuerbefehle durch den Roboter beträgt je nach Entfernung mehrere Sekunden. Bestimmend ist dafür nicht nur die Entfernung, sondern auch die Zahl der Relaisstationen, die das Signal jedesmal digital auswerten und prüfen, ehe sie es weitersenden.

Aber Nomad ficht diese Verzögerung nicht an. Der Roboter merkt dank seiner Sensorik, ob er sich auf einer gefährlichen Route befindet. Hindernisse werden erkannt und in einer digitalen Karte eingetragen. Lenkt dann im Modus "Safeguarded Teleoperation" der Operator an der Fernsteuerung Nomad in Richtung eines Hindernisses, ignoriert der Rover das Steuersignal und ändert sensorgestützt seine Bahn. Nach dem Ausweichmanöver erhält die Bodenstation wieder die Steuerkontrolle.

Nomads Erfolg hängt davon ab, daß seine einzelnen Module wie der Onboard-Computer, das Kamerasystem oder das Kommunikationssystem optimal zusammenarbeiten. Zu diesem Zweck überwacht der autonome Roboter ständig die "Lebensfunktionen" seiner Komponenten und verhindert, das im teleoperierten Modus vom Bediener falsche Vorgaben gemacht werden können. So limitiert Nomad seine Höchstgeschwindigkeit auf 0,2 m/s.

Im Juni und Juli 1997 erfüllte Nomad in Chile seine erste Mission. Für seinen neuen Auftrag muß sich der Rover warm anziehen, denn seine nächste Reise geht in die Antarktis.

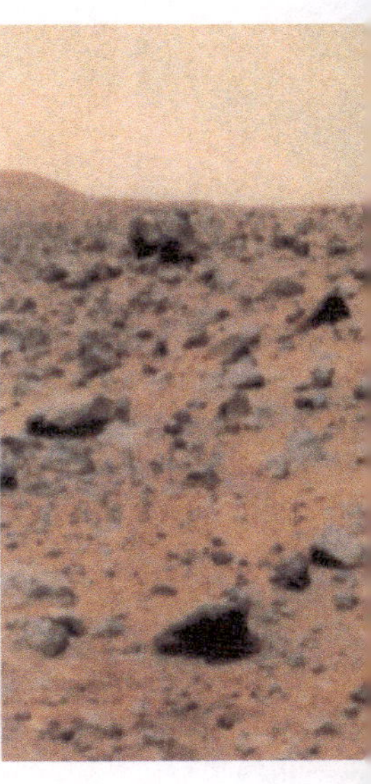

Marslander MVACS, JPL, USA

Prototyp Mars Arm II, JPL, USA
Windsensor
Meteorologische
Meßinstrumente
Dioden Laser
Temperatursensor
Stereokamera
Gas-Analysator
Roboterarm
Kamera
Temperaturmeßfühler

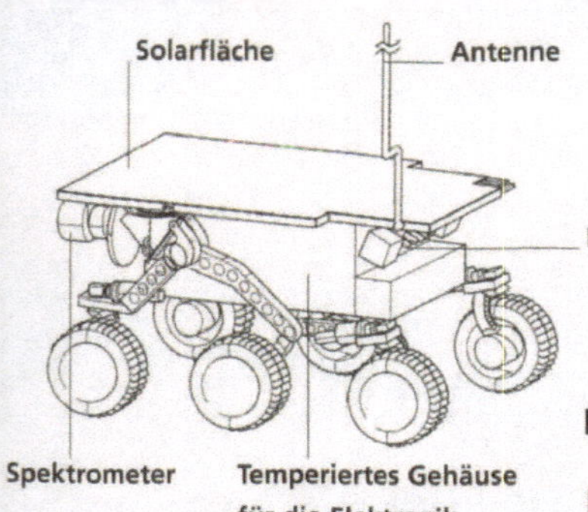

Rocky 4 alias Sojourner

Das Jet Propulsion Laboratory (JPL), ein von der NASA gefördertes Forschungscenter des California Institute of Technology, Pasadena ist an allen wichtigen Weltraummissionen der US-Behörde beteiligt. So wurde etwa der Marsrover Sojourner, intern Rocky 4 genannt, sowie die Marslandefähre der Pathfinder-Mission zu großen Teilen am JPL entwickelt.

Das kleine ferngesteuerte Fahrzeug hielt am 4. Juli 1997, rechtzeitig zum amerikanischen Independence Day die Welt in Atem. Nach dem Eintritt in die Marsatmosphäre bremsten Fallschirme die Geschwindigkeit der Landefähre so weit ab, daß die kurz vor dem Aufsetzen entfalteten Airbags den Aufprall dämpfen konnten. Aufgrund der geringeren Gravitationskraft, die auf dem Mars herrscht (knapp 40% der Erdgravitation), hopste die gepolsterte Landefähre noch einige Male, bis sie schließlich zur Ruhe kam.

Nach dem Ablassen der Airbags konnte die Rampe der Landefähre ferngesteuert geöffnet

Marsroboter Sojourner, JPL, USA

werden und Sojourner war bereit, seinen Auftrag auszuführen. Das sechsrädrige Fahrzeug sollte in erster Linie geologische Messungen der Marsoberfläche durchführen. Die spezielle Kinematik des kleinen Fahrzeuges erlaubte es ihm, sich auf der Stelle zu drehen und Hindernisse zu überwinden, die fast so groß waren, wie Sojourner selbst.

Kleiner Rover mit faltbaren Rädern

Im Rahmen von JPLs Rover and Telerobotics Technology Program wurde jedoch nicht nur Sojourner entwickelt. Das Forscherteam um Dr. Paul Schenker, der 1998 das Lightweight and Survivable Rover (LSR) Program betreut, arbeitet an einer ganzen Reihe verschiedener mobiler Roboter, die zur Erkundung fremder Planeten eingesetzt werden sollen.

Der Rover LSR-1 ist ein sieben Kilogramm leichter Demonstrator. Seine Räder haben einen Durchmesser von 20 cm und sind faltbar. Das 97 cm lange und 70 cm breite Fahrzeug besitzt eine Bodenfreiheit von 29 cm. Sojourner wog im Vergleich dazu mehr als 11 kg bei einer Länge von nur 63 cm und einer Breite von nur 45 cm. Auch seine Bodenfreiheit war um 7 cm geringer. LSR-1 überwindet Hindernisse bis zu einer Höhe von 40 cm, kann einige Monate auch bei extremen Temperaturschwankungen in Betrieb bleiben und dabei mehrere Kilometer Weg zurücklegen.

Geologie auf dem Mars

Die Mars-Missionen der NASA drehen sich jedoch nicht nur um kleine autonome Fahrzeuge. Im Januar 1999 startet MVACS (Mars
Volatiles and Climate Surveyor), eine Mission
zur Erforschung geologischer und klimatischer
Zustände auf dem Mars. Die NASA sucht
auf dem roten Planeten nach Wasser und Koh-
lendioxid. Außerdem soll die Bodentempe-
ratur sowie die Wärmeleitfähigkeit der roten
Erde gemessen werden.

Dafür integrierten die Wissenschaftler auf der
Mars-Landefähre den Roboterarm Mars
Arm II, der von Dr. Hari Das entwickelt wurde.
Dieser Arm besitzt vier Freiheitsgrade und ist
auf der Oberseite des "Lander" befestigt. An
seinem letzten Segment befindet sich eine Art
heizbare Baggerschaufel, auf deren Rückseite
eine ebenfalls beheizbare Röhre mit integriertem
Thermoelement sitzt. Mit dem Roboterarm
kann nun die Röhre in den Boden gebracht und
die Temperatur in wenigen Zentimetern Tiefe
gemessen werden. Heizt man die Röhre auf
und mißt man dann den zeitlichen Verlauf der
Abkühlung des Meßrohres im Boden, läßt
sich auf weitere geologische Eigenschaften
schließen.

Die Baggerschaufel selbst dient dazu, Bodenproben aufzunehmen und in eine Meßkammer
auf dem Oberdeck des Lander zu befördern.Die
Heizung der Schaufel soll unter anderem helfen,
den Füllvorgang der Kammer zu erleichtern,
da festgeklebte oder gefrorene Teilchen sich nicht
von selbst von der Schaufel lösen. In der Meßkammer wird dann unter anderem der CO_2- und
Wassergehalt der Probe bestimmt. Die Landefähre selbst besitzt eine Sensorausrüstung zur
Messung atmosphärischer Parameter wie
Wind, Temperatur und Druck.

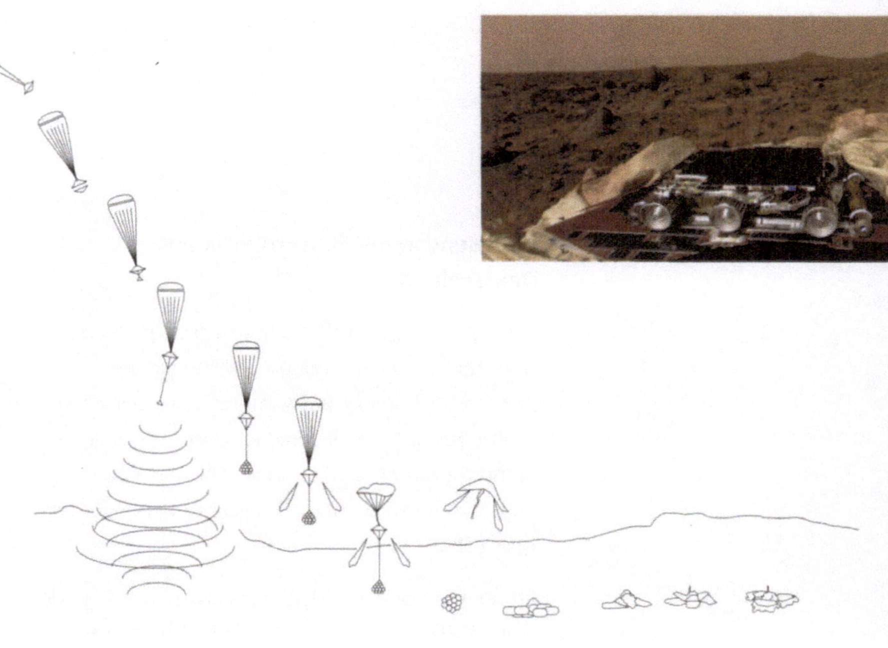

Planetenrover LSR-1
zusammen mit Sojourner,
JPL, USA

Planetenrover LSR-1 mit
Roboterarm Micro Arm I,
JPL, USA

Sollte demnächst eine Mission wieder einen Rover auf Mars oder Mond schicken, der weit
entfernt von der Landefähre Bodenproben ent-
nehmen muß, so sind die JPL-Ingenieure gewappnet. Der LSR-1 ist jetzt schon in der Lage,
den kleinen Roboterarm Micro Arm I zu
tragen, der ähnliche Aufgaben wie der Mars
Arm II auf freiem Feld erledigen kann.

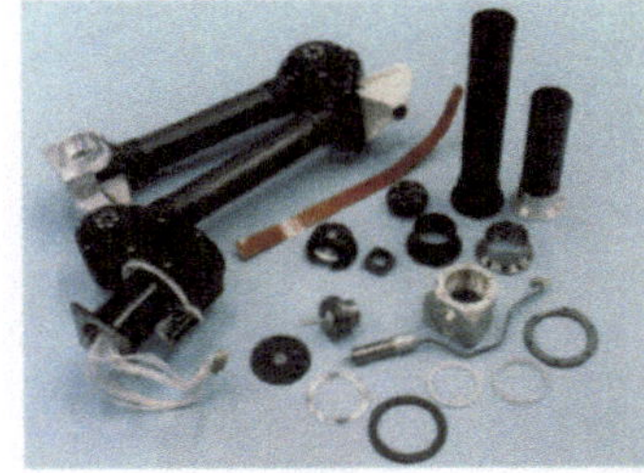

Multisensorielle Spacerobotik aus Deutschland

Die DLR in Oberpfaffenhofen verfolgt bei der Roboterentwicklung einen ganzheitlichen Ansatz. Auf breiter Basis integriert er Leichtbau, multisensorielle Intelligenz, lokale Autonomie, Fernprogrammierbarkeit und Selbstlernfähigkeiten bereits im Entwurf dieser neuen Robotergeneration .

Im Rahmen der Spacelab-D2-Mission wurde Ende April 1993 ein Meilenstein in der Geschichte der Raumfahrt gesetzt. Zum ersten Mal führte Rotex, ein kleiner, mit lokaler, "multisensorieller" Intelligenz ausgestatteter Roboter an Bord eines Raumfahrzeugs Aufgaben völlig flexibel in den unterschiedlichsten Betriebsarten durch: vorprogrammiert (und während der Mission vom Boden aus umprogrammiert), von Astronauten über die sog. DLR-Steuerkugel und einen TV-Stereo-Monitor ferngesteuert, aber auch vom Boden aus fernprogrammiert und ferngesteuert.

Der Roboter mußte in diesen Betriebsarten Steckverbindungen mit Bajonett-Verschluß lösen und wieder herstellen, mechanische Strukturen zusammen- und auseinanderbauen und ein freifliegendes Objekt einfangen.

• **Internes Servicing mit Rotex im Rahmen der Spacelab-D2-Mission, DLR, Deutschland**
• **Interner Serviceroboter, DASA und DLR, Deutschland**

Grafiksimulation denkt voraus

Für die "shared autonomy" sorgt die auf Bord-Sensorrückkopplung aufbauende lokale Autonomie. Damit versucht der Roboter im Normalfall stets, die vom menschlichen Operateur oder Bahnplaner kommenden Grobkommandos über seine Sensorik selbständig zu verfeinern. Einzige Ausnahme (und wegen dieser Erschwernis besonders spektakulär) war das vollautomatische Einfangen eines freifliegenden Objekts: on-line und rein über die Bildverarbeitungrechner am Boden gesteuert. Und das bei sechs Sekunden Signallaufzeit.

Um diese Signallaufzeit zu kompensieren, mußte das Roboterverhalten auch unter dem Einfluß der sensorischen Perzeption und der lokalen Signalrückkopplung vorausberechnet werden. Dafür wurde eine prädiktive, laufzeitkompensierende 3D-Grafik-Simulation eingesetzt. Dadurch wurde neben der sensorgestützten Fernprogrammierung auch die sensorgestützte Online-Fernsteuerung durch den Operateur und die rein maschinelle Intelligenz am Boden möglich.

Die mit Rotex gewonnenen Erfahrungen bilden die Entwicklungsbasis für künftige Raumfahrt-Roboter. Die hier verwendeten Methoden sind sowohl für internes als auch externes Servicing direkt anwendbar.

Auszeit für Astronauten

Rotex und die bisher durchgeführten Nachentwicklungen haben Experimente in Raumlabors bestens vorbereitet. Der nächste größere Schritt könnte bereits ein operationelles System sein, das Astronauten entlastet oder zeitweise ersetzt. Es sollte entweder auf 3-achsigen Schienen beweglich sein oder die Form eines Klettersystems haben.

Bei entsprechend konsequenter Fortführung der F&E-Arbeiten könnte ein solches System bereits in hohem Maß autonom und fernprogrammierbar sein. Ähnlich gut vorbereitet wie die interne Experimentbedienung ist der Robotereinsatz auf extern angebrachten Experimentierpaletten.

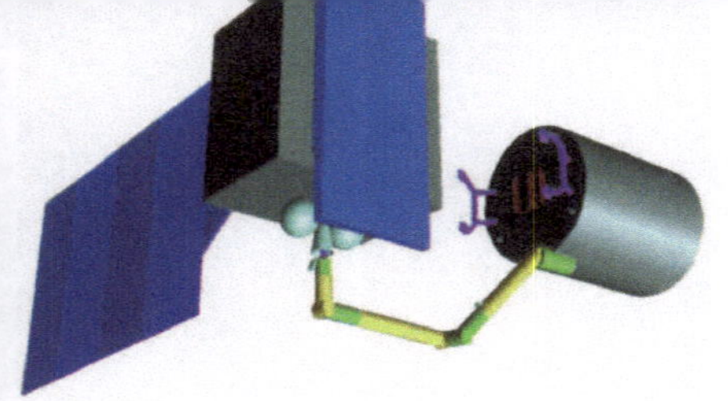

**motor eines defekten TV-Satelliten,
DASA/DLR, Deutschland**

Das von der DASA initiierte Projekt ESS (Experimental Servicing Satellit) zielt auf die Vorentwicklung freifliegender Teleroboter ab. Sie fliegen Raumflugsysteme an, um sie zu inspizieren und zu warten.

Als Demonstrationsobjekt für ein erstes Experimentalsystem wurde der defekte TV-Sat 1 gewählt, bei dem sich nach der Positionierung ein Solar-Panel nicht geöffnet hatte. Geostationäre Nachrichtensatelliten dieser Art sind zwar bis heute nicht auf Roboterwartung vorbereitet, aber die Steuerdüse ihres Apogäumsmotors würde sich als natürlicher Andock-Port eignen.

Im ESS-Projekt wurde ein neuartiges Capture-Tool entwickelt, das ein vollautomatisches Eintauchen des Roboter-"Endeffektors" in die Apogäums-Düse erlaubt. Dafür besitzt er einen Kraftsensor, zwei längs des Tools versetzte Arrays mit je drei sternförmig angeordneten Laserentfernungsmessern, eine TV-Kamera und einen speziell angepaßten Spreizmechanismus.

Am Zielort würde der reparaturbedürftige Satellit herangezogen und mit einem einfachen Greifmechanismus umklammert. Der nun wieder freie Arm holt sich dann über einen Wechseladapter eine ebenfalls im Projekt neu entwickelte, elektromechanische Schere und schneidet die Klammern auf, die das Solarpanel des TV-Sat blockieren.

Apogäumsmotor:

Der Apogäumsmotor ist ein Raketentriebwerk, mit dem jeder geostationäre Satellit ausgerüstet sein muß. Die Trägerrakete bringt den Satelliten nur auf eine elliptische Erdumlaufbahn. Der Abstand des maximal von der Erde entfernten Scheitelpunktes dieser Ellipse (das Apogäum) beträgt 36000 km. Mit Hilfe des Apogäumsmotors wird der Satellit aus diesem Scheitelpunkt derart herausbeschleunigt, daß er die geostationäre kreisrunde Umlaufbahn erreicht.

Der europäische Roboterarm ERA wird zur Zeit im Auftrag der Europäischen Raumfahrt-Agentur ESA durch die Firmen Fokker, DASA-RI, TS u.a. gebaut, integriert und getestet. ERA ist für Montage- und Wartungsarbeiten am russischen Segment der internationalen Raumstation ISS vorgesehen und soll ab dem Jahr 2000/2001 im Weltraum zum Einsatz kommen.

ERA ist ein ca. 11 m langer Roboterarm mit sieben Freiheitsgraden in symmetrischer Ausführung. Er kann sich eigenständig über die Raumstation bewegen und an definierten Docking-Adaptern fixiert werden. Für zukünftige Entwicklungen (ERA-Extension) soll der Arm mit zusätzlichen kleineren Roboterarmen (ca. 1,5 m) ausgerüstet werden, um komplexere Reparaturarbeiten an der Raumstation durchführen zu können.

Die dritte Hand des Astronauten

Zur Unterstützung der Astronauten innerhalb der Raumstation sind stationäre oder mobile Roboter zur Bedienung der einzelnen wissenschaftlichen Experimente vorgesehen. Dabei ist eine flexible Anpaßbarkeit der Roboterkinematiken an unterschiedliche Aufgabenstellungen und insbesondere eine möglichst niedrige Eigenmasse der Roboterarme bei hoher Nutzlast von entscheidender Bedeutung.

Entsprechende Entwicklungen werden zur Zeit von Daimler-Benz Aerospace und DLR durchgeführt. Geplant ist beispielsweise ein mobiler Roboter mit drei etwa 100 cm langen Armen, mit denen er sich entlang der Geräteschränke bewegt und die einzelnen Experimente bedient.

**Capture-Tool von ESS -
Andocken am Apogäumsmotor,
DASA/DLR, Deutschland**

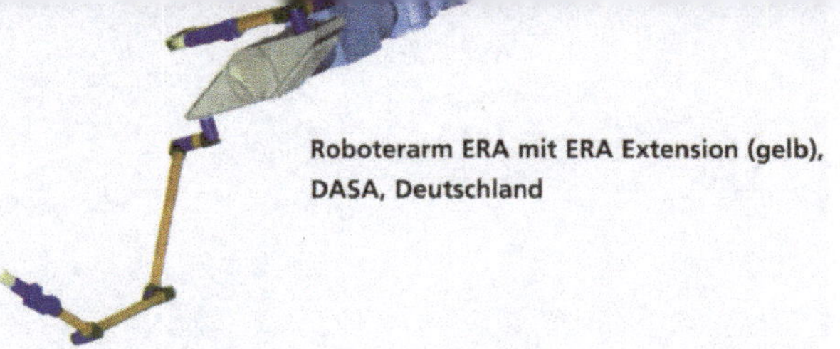

Roboterarm ERA mit ERA Extension (gelb),
DASA, Deutschland

Fliegender Helfer

Inspector ist ein freifliegendes Servicesystem der Daimler-Benz Aerospace, das auf der geplanten Internationalen Raumstation (ISS) eingesetzt werden soll, um Astronauten bei ihren Weltraumspaziergängen zu entlasten, schwer zugängliche Stellen zu überwachen und Wartungs- und Reparaturaufgaben durchzuführen.

In einer ersten Ausbaustufe (X-Mir Inspector) ist das Servicesystem mit einem neuartigen Videosystem für Beobachtungs- und Inspektionsaufgaben ausgerüstet und bereits im Rahmen der russischen Mir getestet worden. In weiteren Ausbaustufen ist daran gedacht, das Servicesystem mit zusätzlichen Manipulatorarmen auszurüsten, um an der Raumstation andocken und Wartungs- und Reparaturarbeiten durchführen zu können.

Im Rahmen der Internationalen Raumstation ISS sollen auf deren Gitterstrukturen außerhalb der druckbeaufschlagten Module Paletten zum Aufbau wissenschaftlicher Experimentvorrichtungen installiert werden. Die Bedienung und Versorgung dieser Experimente erfolgt durch TEF (Technology Exposure Facility). TEF ist ein extern stationierter kleiner Experimentierroboter mit 1,5 bis 2 m Armlänge und sieben Freiheitsgraden, der mit entsprechenden externen Sensoren wie Kraft-Momenten Sensor, CCD-Kamera und Laserdioden ausgerüstet ist.

Spin-Off für die zivile Nutzung

In der prestigeträchtigen Raumfahrt stehen Kosten- und Renditeaspekte nicht im Vordergrund. Für die Entwicklung von Robotertechnologie ist dieser Bereich überaus interessant. Mit Sicherheit werden Entwicklungen der Spacerobotik bald auch in irdische Serviceroboter einfließen, bei denen der praktische Nutzen nicht hinter der Faszination zurücksteht.

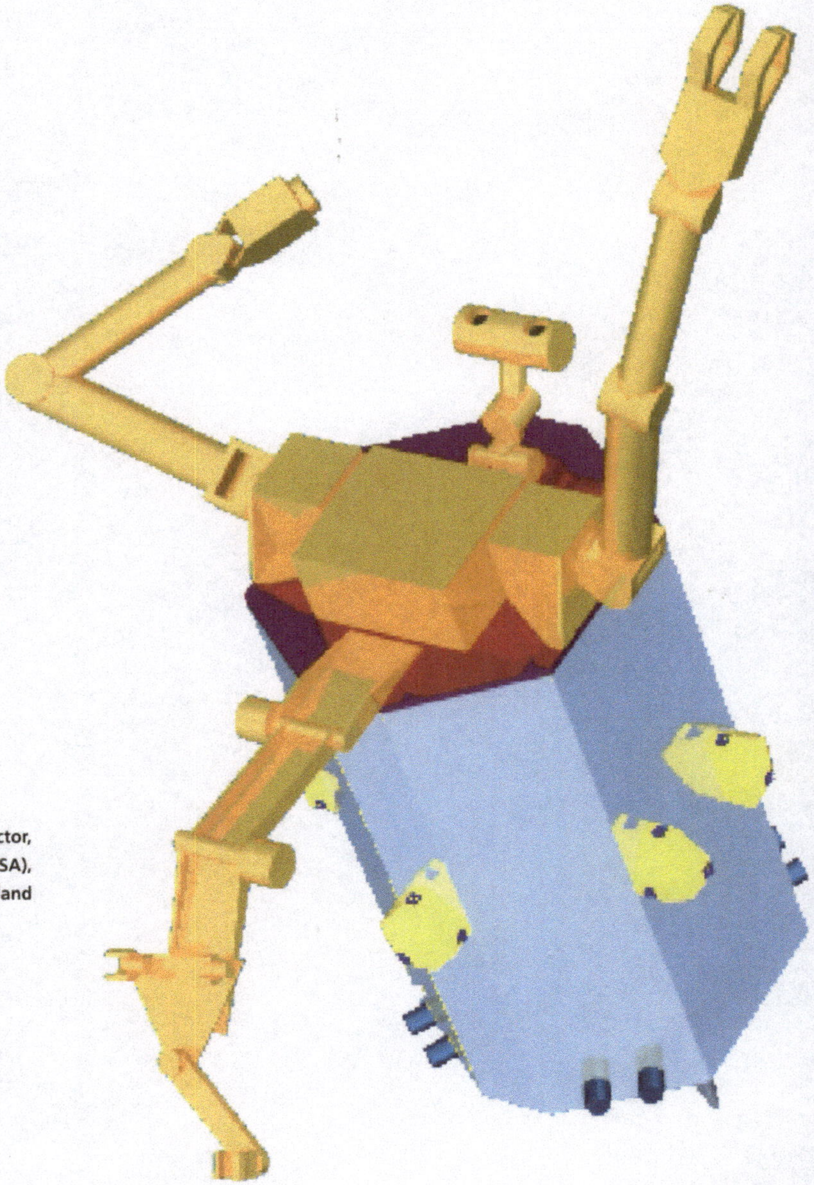

Freifliegendes Servicesystem Inspector,
Daimler-Benz Aerospace (DASA),
Deutschland

Zukunft

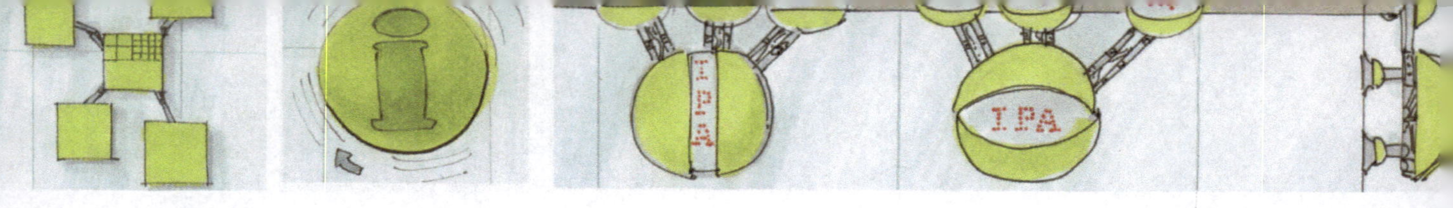

Serviceroboter im Alltag

Wie geht es weiter mit den Servicerobotern? Welche Applikationen werden uns in Zukunft begegnen? Die Kreativität und Phantasie der Ingenieure auf der ganzen Welt ließe viele Antworten auf diese Frage zu.

In diesem abschließenden Kapitel sollen stellvertretend für die unerschöpfliche Anzahl an neuen Einsatzfeldern vier Szenarien mit Servicerobotern vorgestellt werden, die vielleicht in drei, fünf oder zehn Jahren zu unserem Alltag gehören könnten. Die hier gezeigten Visionen wurden sowohl von Ingenieuren, die täglich mit Robotersystemen konfrontiert sind, als auch von Produktdesignern, die sich seit den ersten ScienceFiction-Filmen mit Robotern befassen, generiert.

Als die Werbung klettern lernte

Außenwerbung ist ein fester Bestandteil unserer Umwelt. Leuchtreklamen, Laufschriften und Werbetafeln wetteifern um unsere Aufmerksamkeit. Diese Werbeträger, aber auch Uhren und sonstige Informationssysteme werden statisch an Gebäudefassaden angebracht.

Das menschliche Auge nimmt Bewegungen besonders gut wahr. Aus diesem Grund versuchen Werbefachleute mit bewegten Bildern oder Buchstaben auf statischen Tafeln oder Videoleinwänden Aufmerksamkeit zu erzielen. Hat sich der Mensch aber an die Position des Werbe- oder Informationsträgers gewöhnt, nimmt er ihn meist nicht mehr wahr. Großflächige Videotafeln, wie sie in Stadien zu sehen sind, verursachen hohe Anschaffungs- und Betriebskosten und sind somit für den Werbe- oder Informationseinsatz außerhalb von Massenveranstaltungen ungeeignet.

Der Gewohnheitseffekt, der bei konventionellen Werbe- und Informationsträgern nach gewisser Zeit eintritt, wird umgangen, wenn sich das Trägersystem etwa entlang einer Fassade bewegt. Ingenieure des Stuttgarter Fraunhofer IPA denken hier an eine Synthese aus Kletterroboter und Werbe- bzw. Informationsträger, die konventionellen Werbesystemen in ein paar Jahren den Rang ablaufen könnte: die Animated Ads.

Erst Osterhase, dann Nacktputzer

Vorstellbar: an der Fassade eines großen Kaufhauses klettert vor Weihnachten ein Nikolaus, der nebenher noch die Scheiben reinigt und auf seinem Rücken die aktuelle Temperatur anzeigt. An Ostern bekäme der Kletterer dann ein paar lange Ohren aufgesetzt und im Sommer könnte der Roboter ohne Verkleidung sein wahres Äußeres präsentieren.

Durch die Modulbauweise wären unterschiedlichste Ausführungsvarianten möglich: je nach Trägersystem und Nutzlast. Das Trägersystem besteht aus Modulen für Haftung, Bewegung, Antrieb, Steuerung, Energiespeicherung, Navigation und Bewegungsplanung.

Die Steuerung der Bewegungsmodule wäre mit einer modular erweiterbaren Steuerungskonzeption machbar, so daß jederzeit zusätzliche Elemente ergänzt werden könnten.

Sensoren ermöglichen die Navigation an der Oberfläche nach Regeln oder nach einem vorgegebenem Bewegungsmuster. Ein interaktiver Eingriff in die Programmsteuerung durch Passanten oder Besucher steigert die Attraktivität noch weiter.

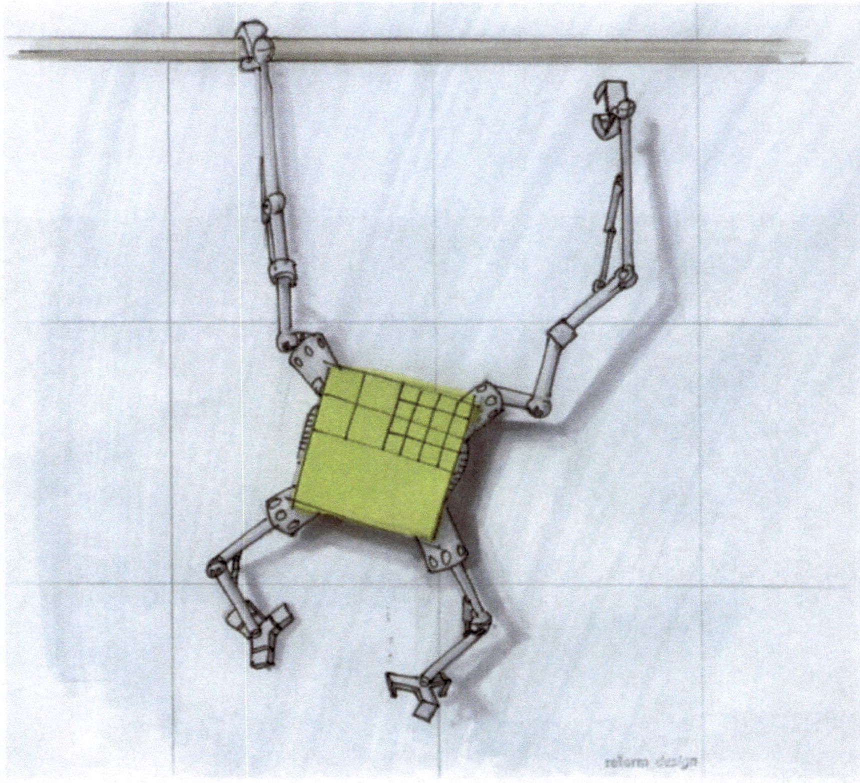

**Animated Ads -
Serviceroboter als Werbeträger,
Fraunhofer IPA und reform design,
Stuttgart**

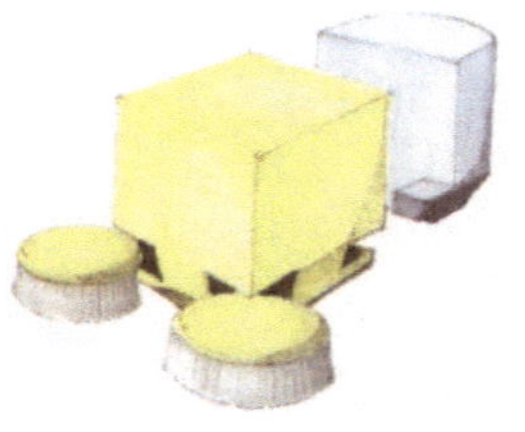

Serviceroboter zur Reinigung von Straßen und Plätzen,
Lothar Kotulla und Andreas Kull, HfG Schwäbisch Gmünd

Roboter im Stadtbild

Visionär ist auch die Idee eines autonomen mobilen Roboters zur Reinigung von Straßen und Plätzen, die im Rahmen einer Diplomarbeit an der Hochschule für Gestaltung FH Schwäbisch Gmünd 1997 entstand: Andreas Kull und Lothar Kotulla gestalteten eine führerlose Reinigungsmaschine für den Einsatz in öffentlichen Bereichen. Das technische Konzept wurde in Zusammenarbeit mit dem Fraunhofer IPA entwickelt.

Der autonom arbeitende Roboter dient der menschlichen Reinigungskraft als mechanischer Helfer. Sie ist nicht mehr an die Maschine gebunden, sie kann frei und flexibel mit dem Roboter arbeiten. Mensch und Maschine bilden ein effizientes Reinigungsteam. Der Reinigungskraft bleibt allerdings die Möglichkeit der manuellen Führung erhalten. Das wartungsfreundliche Konzept sieht einen modularen Aufbau mit trennbaren Antriebs- und Funktionsmodulen wie Rasenmäher oder Splitstreuer vor.

Die für die Steuerung benötigten Bewegungsbahnen werden im Teach-in-Modus programmiert. Für die Orientierung sorgt ein digitalisierter Stadtplan, auf dem sich der Roboter mit Hilfe eines Satelliten-Navigationssystems zurechtfindet. Radarsensoren erkennen Hindernisse, akustische und optische Signale signalisieren Reaktionen des Roboters wie Ausweichen oder Stehenbleiben.

Trennung des Funktionsmoduls von der Bewegungsplattform

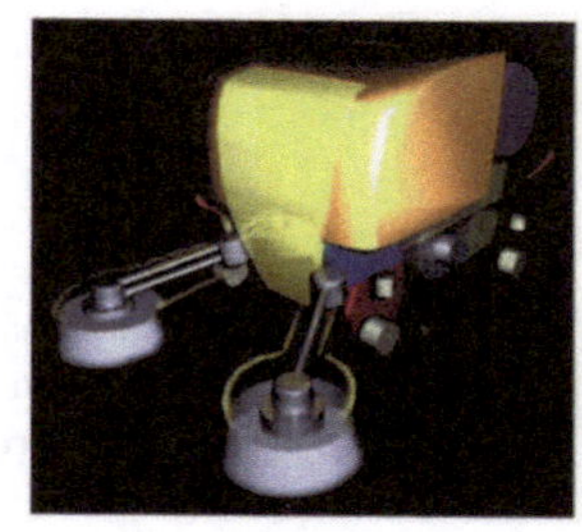

Darstellung der technischen Komponenten des Serviceroboters

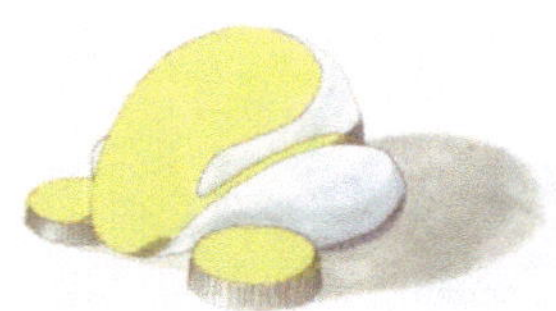

Am Licht sollt ihr ihn erkennen

Damit der Roboter wahrgenommen wird, ist er mit pulsierenden Leuchtbalken versehen. Weitere Lichtelemente erzeugen am Boden eine visuelle Barriere zur Abgrenzung des Arbeitsbereichs. Die Art der Beleuchtung soll als charakterisierendes Merkmal des Roboters gegenüber anderen Maschinen dienen.

Große, gewölbte Flächen bewirken ein angenehmes Erscheinungsbild. Technisch kantige Formen dienen dazu, den Maschinencharakter zu erhalten: der Roboter muß als Arbeitsmaschine erkennbar bleiben. Ein freundliches und vertrauenerweckendes Erscheinungsbild ist bei einem Roboter besonders wichtig, schließlich soll er von Passanten nicht als Bedrohung empfunden, sondern als Teil des Straßenbildes der Zukunft akzeptiert werden.

Bei ständiger Präsenz in der Innenstadt wäre der Roboter Imageträger für eine saubere und fortschrittliche Stadt, größere Gewerbeflächen und Industrieunternehmen.

Abgrenzung des Arbeitsbereiches durch Licht

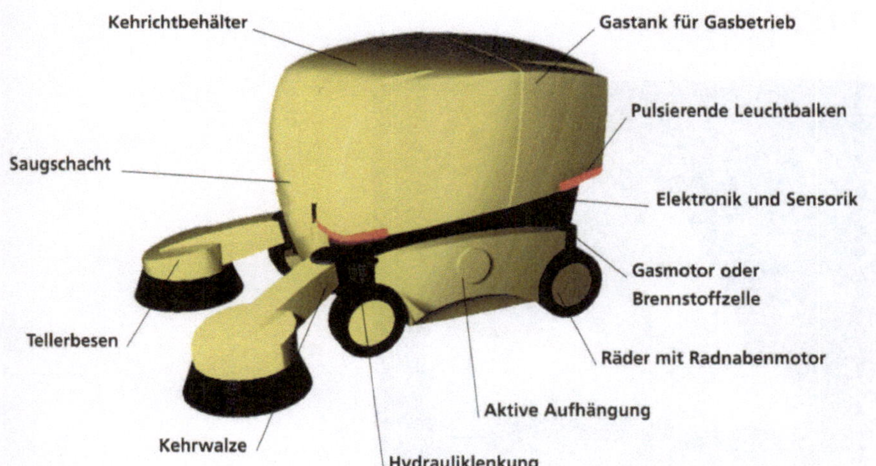

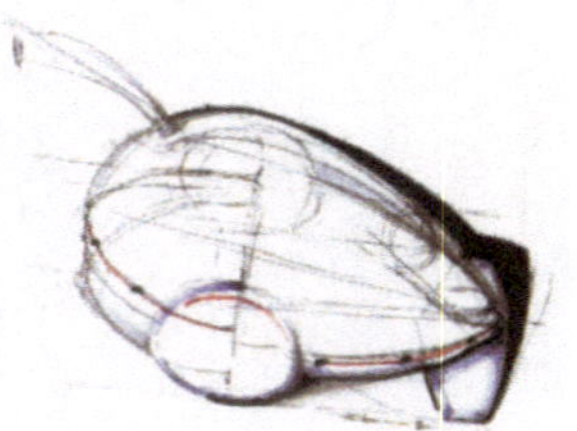
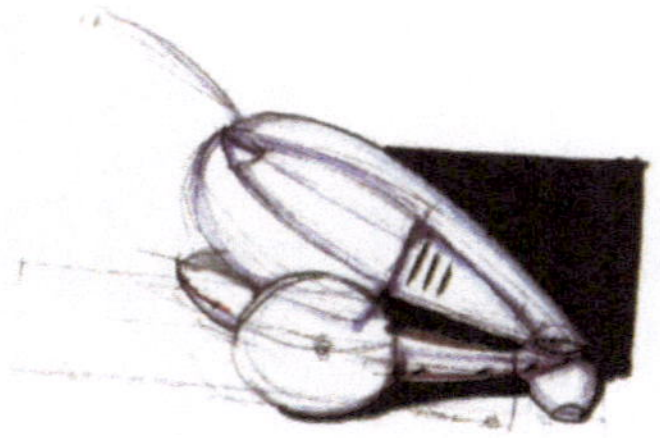
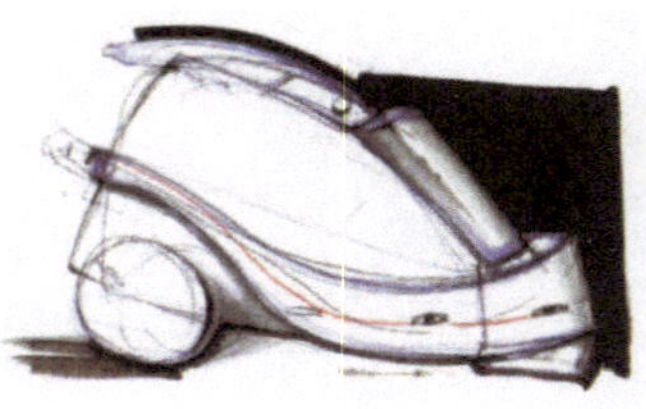

Designstudie zu einem autonomen Staubsauger, Jochen Bittermann, HfG Offenbach

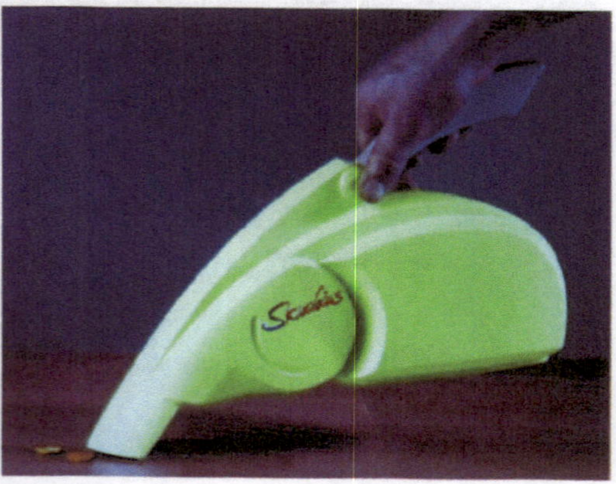

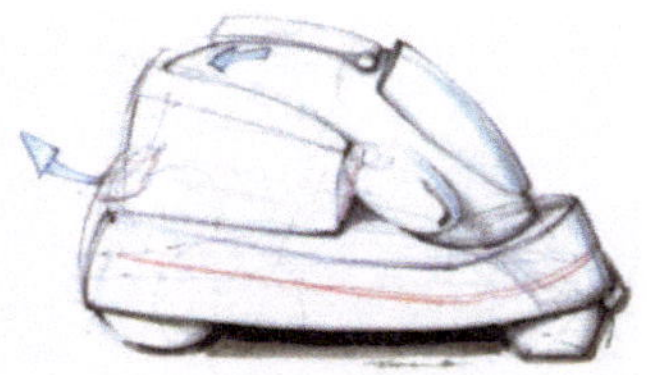
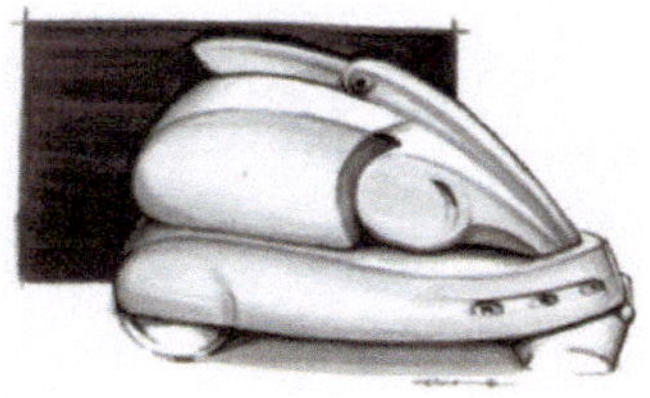

Es saugt und bläst der Heinzelmann...

Ein autonom agierender Staubsauger kann uns im Haushalt der Zukunft die monotone Bodenreinigung abnehmen. Sein eigenständiges Verhalten und seine selbständige Orientierung im Raum vermittelt dem Betrachter das Gefühl, ein Wesen mit Eigenleben in seiner Wohnung zu beherbergen. Obwohl der Staubsaugerroboter mit einfachen Sensoreinheiten ausgestattet ist, hat er ein wenig die Anmutung eines Haustiers. Das Staubsaugerwesen soll Vertrautheit, Effizienz und Zuverlässigkeit symbolisieren. Nur dann wird es im privaten Umfeld akzeptiert.

Die von Jochen Bittermann an der Hochschule für Gestaltung in Offenbach angefertigte Arbeit beschäftigt sich hauptsächlich mit dem Design des Serviceroboters Skarabäus und seiner Integration in die dynamische Umgebung eines Haushalts. Skarabäus saugt den Raum eigenständig ab, kann aber jederzeit vom Benutzer korrigiert und kontrolliert werden. Vergessenen Rotweingläsern am Teppichboden geht er behutsam aus dem Weg.

Skarabäus kann sich im Raum mit einer 180° Ultraschall-Sensoreinheit und taktilen Sensoren, die rundum in einer Bumperleiste angebracht sind, horizontal und zum Teil auch vertikal orientieren und sich seinem Umfeld durch seine Raumkenntnisse immer wieder anpassen.

Manuelle Führung auf Treppen

Allerdings sind Hindernisse wie Stufen und Treppen für einen bezahlbaren Putzroboter noch nicht überwindbar. Ein Kompromiß ist der manuelle Eingriff: man nimmt den integrierten Handstaubsauger aus der Fahrzeugplattform und saugt Stufen, Fensterbänke und frisch entstandene Schmutzflächen ab.

Alle Reinigungsfunktionen stecken im Handstaubsauger. Die Fahrzeugplattform dient nur der Orientierung und Navigation. Ist der Handstaubsauger in die Fahrzeugplattform eingesetzt, bilden die Komponenten wieder eine geschlossene Einheit. Die Fahrzeugplattform dient nun als Ladestation für den Handstaubsauger. Der nun wieder autonom agierende Roboter fährt weiter den Raum ab.

Sind die in der Fahrzeugplattform integrierten Akkus aufgebraucht, visiert Skarabäus seine Dockingstation an, die nicht nur als Ladestation fungiert, sondern auch als seine „Behausung". Die halb überdachte Station erinnert ein wenig an ein Hundekörbchen. Sie besitzt ein integriertes Touchscreen-Display, mit dem die Putzzeiten eingegeben und Bedienerhinweise („Staubbeutel wechseln") angezeigt werden.

Multitalent im Supermarkt

Tankstellen-Shops und moderne Bahnhofs-
konzepte mit Einkauszentren belegen das Interesse der Kunden an zeitlich unbeschränkten
Einkaufsmöglichkeiten. Im Jahr 1995 gingen
13% des Umsatzes im Lebensmittel-Einzel-
handel über Tankstellenshops, und 40% der
Tankstellenkunden gehen dort nur zum
Einkaufen hin!

Wie kann der herkömmliche Supermarkt dieser
inzwischen erheblichen Umsatzabwanderung
bei den immer noch bestehenden Ladenschluß-
regelungen begegnen? Eine Studie des
Fraunhofer IPA zeigt, wie auch die Nachtzeit
im Supermarkt mit Servicerobotern sinnvoll
genutzt und zugleich eine zeitlich unbeschränkte
Einkaufsmöglichkeit geboten werden kann.

Ein Serviceroboter mit optischem Erkennungs-
system und zusätzlichem Barcode-Leser
kann ohne Probleme ein Verkaufsregal mit
Waren aus dem Lager beschicken. Sein
Greifer muß jede Verpackung sicher, aber
schonend fassen können. Entsprechend der

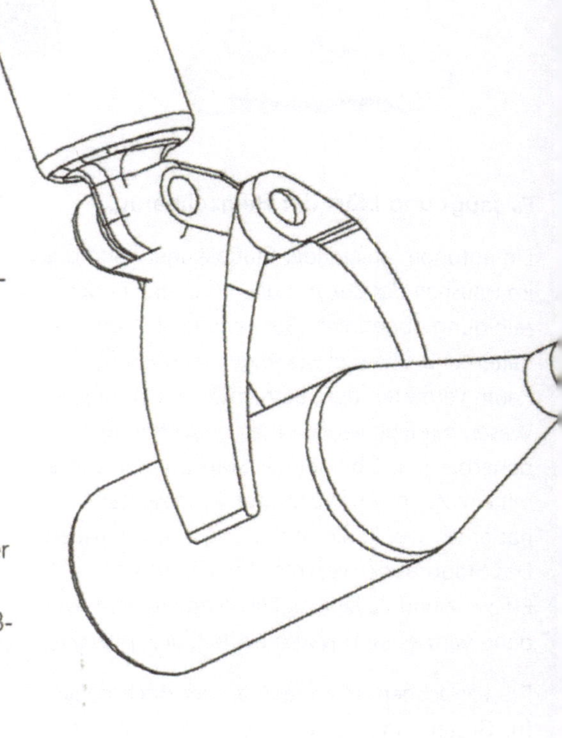

Vielfalt an Formen und Oberflächenstrukturen
bei Supermarktwaren weist der Greifer
verschiedene Systeme zur kraftkontrollierten
Handhabung auf: auch die Mehltüte ist bei
ihm in sicheren Händen.

Das mobile, autonome und freifahrende Fahrzeug
benötigt Navigationsfähigkeiten und Aus-
weichstrategien, um sich in den Gängen eines
Supermarkts zurechtzufinden und Hindernissen angemessen zu begegnen. Es muß kom-
munikationsfähig sein, um seine Aufgaben
mit einem Leitstand koordinieren zu können.

Im Rahmen der Lagerwirtschaft kann der Serviceroboter den Warenbestand auf Vollständigkeit
und Verfalldatum prüfen, Beschädigungen und
Fehleinsortierungen durch Kunden erkennen
und aus dem Lager für Nachschub sorgen. Mit
entsprechenden Funktionseinheiten sind auch
Reinigungsarbeiten ausführbar, die ohnehin im
menschenleeren Laden einfacher sind.

Individuelle Kundenbedienung
rund um die Uhr

Kombiniert mit einem Bestellterminal mit Touchscreen, Kreditkartenleser und Warenschleuse
vor dem Laden kann so auch eine automatisierte
Warenausgabe in der Nacht realisiert werden.
Mit der gleichen Funktionalität lassen sich
auch Fernbestellungen via Internet kommissionie-
ren, die dann am nächsten Morgen sofort vom
Personal ausgeliefert werden können. Der
Leitrechner sorgt für die zeitliche Koordination
aller Aufgaben entsprechend ihrer Priorität.

Entscheidend bei diesem Szenario ist die Integration des Serviceroboters in eine bestehende
Infrastruktur, die in der Regel manuell bedient
wird und eben nicht wie ein Hochregallager
a priori automatengerecht gestaltet ist. Anstelle
eines Supermarkts lassen sich natürlich zahl-
lose andere Einsatzfelder setzen.

Sicherheitsbedenken bei einem völlig unbe-
aufsichtigten System ließe sich durch eine
zentrale Fernüberwachung begegnen. Mit
entsprechender Ausrüstung wie Kamera und
Reizgas könnte der Serviceroboter dadurch
auch zur Abwehr von Einbrechern aktiviert
werden. Seine Vielseitigkeit macht so ein Multi-
talent zu einer rentableln Investition.

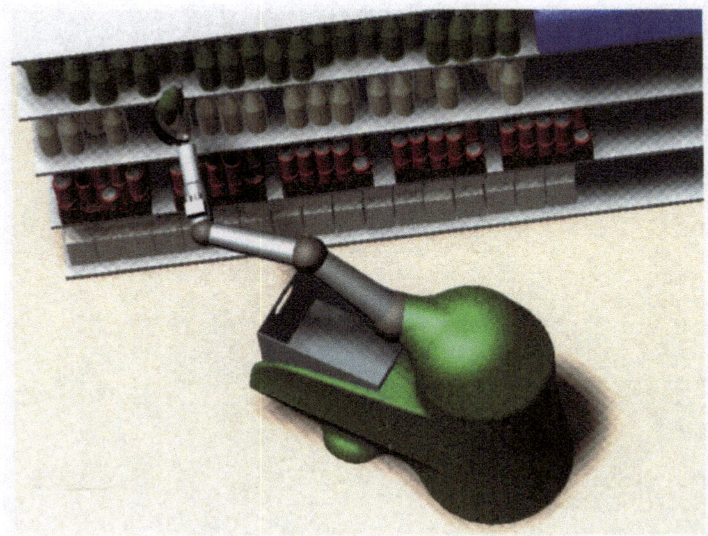

Supermarktroboter, Martin Fröhlich, Fraunhofer IPA

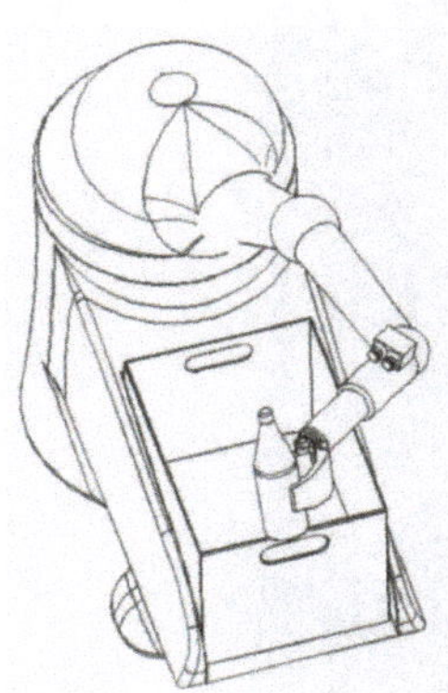

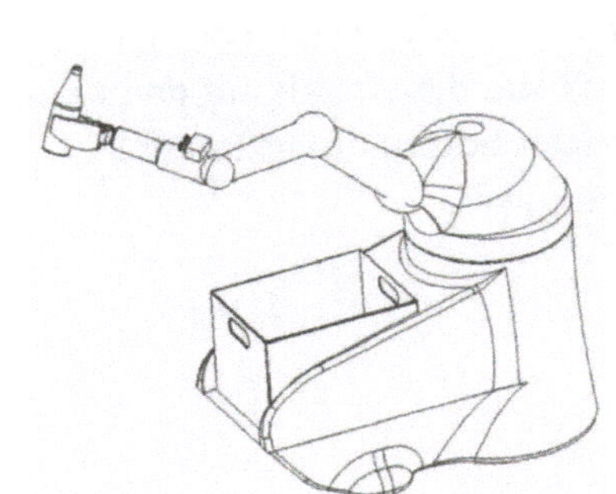

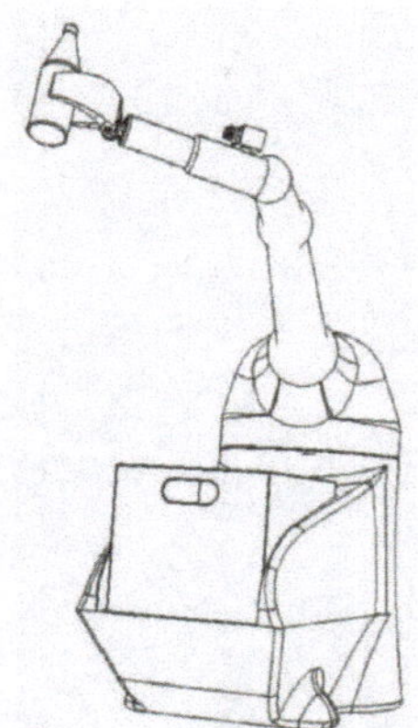

Dieses Buch wird aufgrund der rasanten
Entwicklungsgeschwindigkeit auf dem
Gebiet der Serviceroboter zwangsweise
mit der Zeit an Aktualität verlieren.

Anstatt eines statischen Literaturverzeich-
nisses verweisen wir deshalb auf eine
WWW-Seite, die dynamisch mit den neuesten Serviceroboter-Entwicklungen
schritthalten wird.

enter

http://www.ipa.fhg.de/srbuch

CLOSE